工程图样识读与绘制

主　编　梁国高　　刘登平
副主编　黄　伟　　张成祥
主　审　华建慧

U0342676

北　京
冶金工业出版社
2015

内 容 提 要

本书依据项目教学方式结构体系组织安排内容，其主要内容包括简单形体图样绘制与识读、组合体图样绘制与识读、图样表达方式规范与训练、常用零件图识读与绘制、装配图的识读与绘制等。本书可作为高等职业院校、高等专科院校、中等职业院校机械制造及自动化、机电一体化、数控技术、模具设计和制造等机械类专业的教学用书，也可供相关专业技术人员参考，也可作职工职业培训教材。

图书在版编目（CIP）数据

工程图样识读与绘制／梁国高，刘登平主编. —北京：冶金工业出版社，2015.8
高职高专"十二五"规划教材
ISBN 978-7-5024-6992-4

Ⅰ.①工… Ⅱ.①梁… ②刘… Ⅲ.①工程制图—高等职业教育—教材 ②工程制图—识别—高等职业教育—教材 Ⅳ.①TB23

中国版本图书馆 CIP 数据核字（2015）第 166014 号

出 版 人 谭学余
地 址 北京市东城区嵩祝院北巷 39 号 邮编 100009 电话 (010)64027926
网 址 www.cnmip.com.cn 电子信箱 yjcbs@cnmip.com.cn
责任编辑 俞跃春 贾怡雯 美术编辑 杨 帆 版式设计 葛新霞
责任校对 石 静 责任印制 牛晓波
ISBN 978-7-5024-6992-4
冶金工业出版社出版发行；各地新华书店经销；北京印刷一厂印刷
2015 年 8 月第 1 版，2015 年 8 月第 1 次印刷
787mm×1092mm 1/16；16.75 印张；405 千字；260 页
42.00 元
冶金工业出版社 投稿电话 (010)64027932 投稿信箱 tougao@cnmip.com.cn
冶金工业出版社营销中心 电话 (010)64044283 传真 (010)64027893
冶金书店 地址 北京市东四西大街 46 号(100010) 电话 (010)65289081(兼传真)
冶金工业出版社天猫旗舰店 yjgycbs.tmall.com
（本书如有印装质量问题，本社营销中心负责退换）

前　言

"工程图样识读与绘制"是高职院校机械设计制造与自动化专业、数控技术专业、模具制造专业的专业基础课，其主要任务是通过教学，培养学生具备绘图、读图的工作能力。为提高学生的学习质量，增强学生的实际工作能力，本教材以任务为载体，使师生明确教学方向，提高学生学习效率，通过任务的实施增强学生的实践能力，使理论与实践有机地结合。教材编写组引入业界专家参与教材编写，通过研讨，基于社会对学生的任职能力要求，以必须够用为度来选取实习内容。

本书内容共分为五个学习情境：

情境1：简单形体图样绘制与识读，该模块共设计有三个任务，分别为棱柱体的投影线绘制、棱锥体（台）的投影线绘制、圆柱体及圆锥体（台）的投影线绘制任务。通过该部分内容的学习，理解投影原理、物体三视图的形成原理，理解平面体及曲面体三视图的形成原理，能绘出单形的平面及曲面体三视图。

情境2：组合体图样绘制与识读，该模块设计任务分别为切割体的三视图绘制，相贯体三视图绘制，复杂组合体的形体分析与绘制，组合体的尺寸注法，看组合体视图的方法，测绘绘制实物零件三视图。通过该部分内容的学习，能绘制组合体三视图，能读懂组合体的三视图，并正确标注。

情境3：图样表达方式规范与训练，该模块设计任务分别为向视图的表达方式选择、剖视图的表达方式选择与绘制、断面图的表达方式选择与绘制、局部放大图和简化画法规范与绘制、表达方法综合举例。通过该部分内容的学习，掌握零件的各种表达方法，能准确表达各种复杂零件的内外形状。

情境4：常用零件图识读与绘制，该模块共设计有六个任务，分别为螺纹及螺纹连接件的识读与绘制、键连接的识读与绘制、齿轮零件的识读与绘制、技能训练、零件图中的尺寸公差标注和零件图中的形位公差标注。通过该部分内容的学习，掌握标准件的画法、各类典型零件的表达方法及读法、尺寸公差及形位公差的标注方法。

情境 5：装配图的识读与绘制，该模块共设计有四个任务，分别为认识装配图的作用、内容及表达方法，装配图的画法分析，装配图的尺寸标注规范分析，识读装配图及拆画零件图。通过该部分内容的学习，掌握装配图的视图表达方法、装配体的视图绘制方法、装配图的阅读方法，能由装配图测绘零件图。

本书由梁国高副教授、刘登平副教授担任主编，黄伟副教授、张成祥副教授担任副主编，华建慧副教授担任主审。四川机电职业技术学院的梁国高、刘登平、黄伟、张成祥、高文敏、郑凌云、杨和建、朱昜、许勇军、李春平、苟在彦、焦莉、谭蓉及攀钢西昌钢钒公司的曾正琼参与编写。

本书在编写过程中得到四川鸿舰重型机械制造有限公司高级工程师李晓青、宴仕富的大力支持和帮助，他们提出了许多宝贵的建议和意见，并亲自参与教材部分内容的编写。在此，对他们表示衷心的感谢！

本书在编写时参阅了国内外有关教材、资料与文献，在此谨致谢意。

本书可作为《工程图样识读与绘制习题集》（冶金工业出版社 2015 年 8 月出版）配套教材。

由于编者的水平所限，书中有不足之处，恳请读者批评指正。

编　者
2015 年 4 月

目　录

学习情境1 简单形体图样绘制与识读

【知识目标】

（1）理解投影原理、物体三视图的形成原理、三视图间的方位、尺寸关系；

（2）理解平面体三视图形成原理、平面立体表面取点的方法；

（3）理解曲面体三视图形成原理，曲面立体表面取点的方法。

【技能目标】

（1）能绘出平面基本体三视图；

（2）能绘出曲面基本体三视图。

【本情境导语】

基本体是形体中最基本的几何元素，许多复杂的形体都是由基本体组合而成的。因此，掌握基本体的三视图是学习较复杂形体三视图的基础。形体由于其功能的不同，在形状和结构上千差万别，按其几何性质，可以分为平面立体和曲面立体两大类。平面立体的表面是由平面组成的，而曲面立体的表面部分或全部是曲面组成的。平面体常见的有棱柱和棱锥两类，棱台是棱锥的一种变体。

本教学情境学习任务的目的是培养简单形体的投影图的绘制能力和简单形体投影图的识读能力。

任务1.1 棱柱体的投影线绘制

1.1.1 任务描述

请绘制图1-1所示的四棱柱体和六棱柱体的三视图，并归纳投影规律。

1.1.2 任务组织与实施

采用小组工作法，分组进行，每组5~8人。具体实施步骤如下：

（1）教师布置工作任务；

（2）学生完成分组，并在教师处领取实体模型；

（3）小组分工合作完成投影轮廓线的绘制；

（4）教师组织学生评优并评讲；

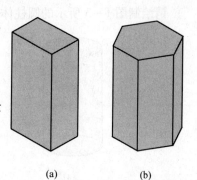

(a)   (b)

图1-1 棱柱体

(a) 四棱柱体；(b) 六棱柱体

（5）教师提问启发学生对棱柱投影轮廓线的思考：

1）每一轮廓线反映的是一条线还是一个面？举例说明。

2）形体摆放的位置不一样，投影轮廓线有何不同？举例说明。

3）怎样摆放形体，绘制的投影轮廓线才最简单？

（6）相关知识讲解。

任务 1.2　棱锥体（台）的投影线绘制

1.2.1　任务描述

请绘制图 1 - 2 所示的三棱锥体的三视图，并归纳投影规律。

1.2.2　任务组织与实施

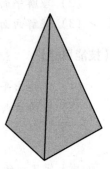

采用小组工作法，分组进行，每组 5 ~ 8 人。具体实施步骤如下：

（1）教师布置工作任务；

（2）学生完成分组，并在教师处领取实体模型；

（3）小组分工合作完成投影轮廓线的绘制；

（4）教师组织学生评优；

（5）教师评讲；

图 1 - 2　三棱锥体

（6）教师提问启发学生对棱锥投影轮廓线的思考：

1）三棱锥体的投影轮廓线能否实现每一投影轮廓线均为对称图形？

2）从上往下看，棱锥体有何共同特征？

3）怎样摆放形体，绘制的投影轮廓线才最简单？

（7）相关知识讲解。

任务 1.3　圆柱体、圆锥体（台）的投影线绘制

1.3.1　任务描述

请绘制图 1 - 3 所示的圆柱体、圆锥体、球体的三视图，并归纳投影规律。

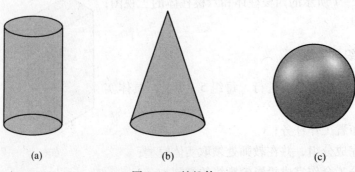

（a）　　　　　　　　　　　（b）　　　　　　　　　　　（c）

图 1 - 3　棱锥体

（a）圆柱体；（b）圆锥体；（c）球体

1.3.2　任务组织与实施

采用小组工作法，分组进行，每组 5~8 人。具体实施步骤如下：
（1）教师布置工作任务；
（2）学生完成分组，并在教师处领取实体模型；
（3）小组分工合作完成投影轮廓线的绘制；
（4）教师组织学生评优；
（5）教师评讲；
（6）教师提问启发学生对圆柱体、圆锥体、球体投影轮廓线的思考：
1）圆柱体斜着摆放，从上往下看，还是圆形吗？
2）圆锥体和棱锥体有何共同特征？
（7）相关知识讲解。

任务 1.4　相关知识学习

1.4.1　投影的基本知识，三视图的形成

1.4.1.1　投影的形成

在生活中，我们常可以看到物体在光源下投射出影子的现象。如图 1−4 所示，如果物体上放有一个点光源 S，由于物体遮住了一部分光线，物体就会在它下面的平面（投影面）上留下一个影子——光线照不到的"暗区"。

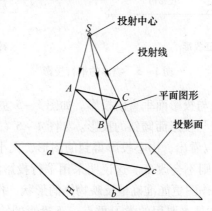

图 1−4　物体的"影子"

投影面上影子的形状和物体本身的形状类似，物体上最外侧的轮廓线的影子，组成了物体投影的边界，而物体其他轮廓线的影子则无法在投影中显现，因此我们平时看到的影子只能显示物体的外形轮廓，物体的形状、结构则根本无法显示得完整清楚。

如果观看点位于光源的位置观察物体，而我们的视线取代光线，把看到的物体上的每一条轮廓线都投画在它的影子所在的投影面位置上，这样就能得到比较真实的物体形状投影。

在工程上，将物体按投影规则投影到投影平面上所得到的视图称为投影，把承接投影的平面称为投影面，把光线或视线称为投射线，把形成投影所用的这种方法称为投影法。投射线、被投影的物体和投影面，称为"投影三要素"。

1.4.1.2　投影法分类

A　中心投影法

如图 1 – 4 所示的投影，所有的投射线都从一点发出，该点称为投射中心。这种投影方法称为中心投影法。用中心投影法画出的投影称为中心投影。尽管采用中心投影法得到的图形直观性强，但是由于作图方法烦琐、度量性差，除一般建筑图样采用外，机械图样很少采用这种投影方法。

B　平行投影法

如果投射中心 S 在无限远，所有的投射线就相互平行。投射线都互相平行的投影方法称为平行投影法，如图 1 – 5 所示。平行投影法分为斜投影法和正投影法。

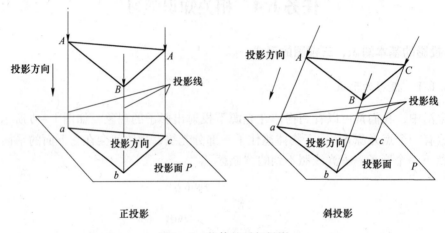

正投影　　　　　　　　　　　　　斜投影

图 1 – 5　物体的平行投影

（1）正投影法：投射线与投影面垂直的投影。如图 1 – 5 左图所示。

（2）斜投影法：投射线与投影面倾斜的投影。如图 1 – 5 右图所示。

从图 1 – 4、图 1 – 5 可以看出，中心投影得到的图形，大小要随着物体与投影面距离的改变而改变，而平行投影则不会改变。这说明采用平行投影法时，其投影具有真实性。在作图原理上，由于正投影作图更能准确地反映物体的形状，作图方便，度量性好，所以在工程上得到广泛应用，也是本课程的学习重点。正投影的缺点是立体感差，只有掌握工程制图知识且具备较好空间想象能力的人才能看得懂。有时我们会采用轴测图辅助看图。

1.4.1.3　正投影法的投影特点

（1）线或面平行于投影面时，其投影反映实长或实形，投影具有真实性。

（2）线或面垂直于投影面时，其投影积聚为一点或一直线，投影具有积聚性。

（3）线或面倾斜于投影面时，其投影为不反映实形的类似形，此类投影具有类似性。

1.4.1.4　物体的三视图投影

A　三面投影体系

在正投影中，如果只采用单面投影，不能准确确定物体的形状和大小。如图 1-6 所示的正投影效果，三个形体在同一个方向的投影完全相同，但三个形体的空间结构却不相同。为了准确反映物体各面的长、宽、高、形状及结构，在工程图样中一般采用多面正投影的方法来表达物体的形状和结构。物体的形状、结构不同，设置的投影面位置和数量不同，这需要根据物体的复杂程度来确定。在机械制图学习中，一般以三面投影作为基本训练方法。

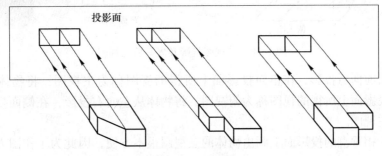

图 1-6　正投影效果

我们取三个互相垂直的平面，由于三个互相垂直的平面将空间分为八个角，我们称为第Ⅰ角、第Ⅱ角、…、第Ⅷ角，如图 1-7 所示。我们把这个体系称为三面投影体系，根据我国国标《机械制图》（GB 4458.1—1984）规定"采用第一角投影法"，即把物体放在第一角中，向互相垂直的三个面投影，得到三个方向的投影图。

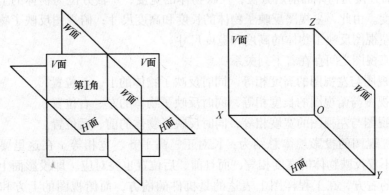

图 1-7　第Ⅰ角投影

B　物体的三视图形成

正对我们位置的投影面，称为正面投影面，用 V 表示，又简称为 V 面；水平位置的投影面称为水平投影面，用 H 表示，又简称为 H 面；右侧投影面称为侧面投影面，用 W 表示，又简称为 W 面。投影面与投影面的交线称为投影轴，分别以 OX、OY、OZ 表示，三根投影轴的交点 O 称为原点。

将物体向投影面投影所得到的投影图称为视图，物体在第Ⅰ角中分别向三个投影面投影所得到的视图称为三视图，如图 1-8 所示。

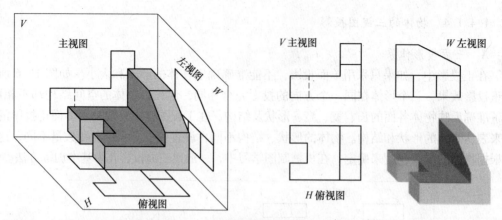

图 1 - 8　三视图投影及展开后三视图

将物体从前向后投影，在正面投影面上所得的视图称为主视图；将物体从上向下投影，在水平投影面上所得的视图称为俯视图；将物体从左向右投影，在侧面投影面上所得的视图称为左视图。

在三个互相垂直的投影面上画出物体的三视图很不方便，因此为了作图方便，我们规定 V 面保持不动，把 Y 轴一分为二，让 H 面绕 X 轴向下旋转 90°与 V 面保持在同一平面上，使 W 面绕 Z 轴向右旋转 90°与 V 面在同一平面，这样就得到如图 1 - 8 所示的平摊在一个平面上的三视图。

C　三视图的方位、尺寸关系

在机械制图上，当物体放置在第 I 角投影时，X 轴方位为物体的左右方位，反映物体的长度；Y 轴方位为物体的前后方位，反映物体的宽度；Z 轴方位为物体的上下方位，反映物体的高度。由此，主视图反映了物体的长度和高度尺寸；俯视图反映了物体的长度和高度尺寸；左视图反映了物体的高度和宽度尺寸。

物体的三视图之间存在着下列关系：

（1）主视图与左视图的高度相等，同时反映了物体的上、下位置；

（2）主视图与俯视图的长度相等，同时反映了物体的左、右位置；

（3）俯视图与左视图的宽度相等，同时反映了物体的前、后位置。

我们把三视图的投影规律总结为：长对正、高平齐、宽相等。在这里要注意：俯视图、左视图不仅反映物体的宽度相等，而且前、后位置也要对应。即投影面上俯视图的下方和左视图的右方，在工程样图上表达的是机件的前方，而俯视图的上方和左视图的左方，表达的是机件的后方。

三视图的这些特性也是多面正投影的投影规律，不仅适用于机件（物体）整体的投影，也适用于机件局部结构的投影。

1.4.2　点、线、面的投影

1.4.2.1　点的投影

A　点的三视图投影

当空间点位于第 I 角中，分别向 V、H、W 面投影时，可以依次得到点的正面投影、水平投影、侧面投影，这就是点的三面投影，如图1-9的左图所示。

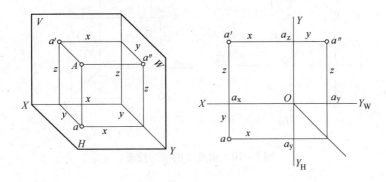

图1-9 点的三面投影

首先把空间点A分别向三个投影面投影，得到点的三视图，水平投影a、正面投影a'、侧面投影a''，然后把互相垂直的三个投影面旋转平摊在一个平面上，如图1-9右图所示。

观察三视图，得到点的三视图投影特性如下：

（1）点的投影依然为点（分别用小写字母a、a'、a''表示）。

（2）点的正面投影a'和水平投影a的连线垂直于OX轴，即$aa'\perp OX$。

（3）点的正面投影a'到OX轴的距离等于点A到H面的距离，即$a'a_x=Aa$。

（4）点的水平投影a到OX轴的距离等于点A到V面的距离，即$aa_x=Aa'$。

B 直角坐标确定点的投影位置

由于空间点A到投影面的距离可以用三个坐标值来确定，而每个投影面又包含了其中两个坐标轴，所以点的投影位置也可以用A点其中的两个坐标值来表达；因此空间点A的坐标与点A的投影之间有如下的关系：

（1）点A到W面的距离$Aa''=aa_y=a'a_z=a_xO=x$。

（2）点A到V面的距离$Aa'=aa_x=a''a_z=a_yO=y$。

（3）点A到H面的距离$Aa=a'a_x=a''a_y=a_zO=z$。

空间点的任一个投影可以反映两个坐标，水平投影a由x、y坐标确定，正面投影a'由x、z坐标确定，侧面投影由y、z坐标确定。

【例1-1】 已知空间点A的两个投影a'、a，求其第三投影a''（图1-10左图）。

作图步骤：

（1）过点a'作OZ轴的垂线，并延长到W面。

（2）过a点作OY_H轴的垂线，并延长与45°辅助线相交，再从交点作aa'的平行线与过a'与OZ轴的垂线延长线相交。

（3）所作两直线的交点a''即为点A的侧面投影（图1-10右图）。

【例1-2】 已知：$A(20、15、24)$，求点A的三面投影。

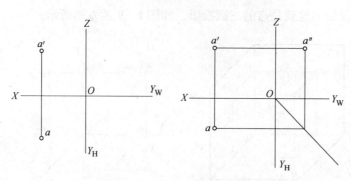

图 1 - 10　求点 A 的第三投影

作图步骤：

（1）画出投影轴 OX、OY_H、OY_W、OZ，分别在各轴上量取 $Oa_x = 20$，$Oa_z = 24$，$Oa_{Y_H} = 15$，如图 1 - 11（a）所示。

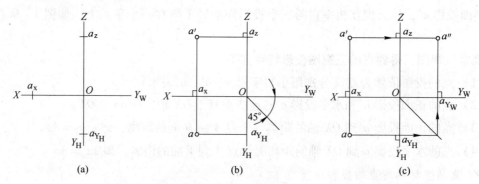

图 1 - 11　点的投影

（2）分别作 a_x、a_z、a_{Y_H} 投影轴的垂线，垂线两两相交，V 面交点为 A 的正面投影 a'，H 面交点为 A 的水平投影 a，如图 1 - 11（a）所示。

（3）过原点作 45°辅助线，如图 1 - 11（b）所示。

（4）延长 aa_{Y_H} 与 45°辅助线相交，由交点作 Oa_{Y_W} 轴的垂线，再延长 $a'a_z$，二者相交，交点即为 A 点的侧面投影 a''，如图 1 - 11（c）所示。

　　C　点的相对位置判断

根据两点的同名投影坐标，是判断空间两点相对位置的最简单的方法。如图 1 - 12 所示，X 坐标可判断两点左右之间的关系，X 坐标大的 A 在左，则 B 点在右；Y 坐标可判断两点前后之间的关系，Y 坐标大的 A 点在前，则 B 点在后；Z 坐标可判断两点上下之间的位置关系，Z 坐标大的 B 点在上，则 A 点在下。

　　D　重影点的可见性判断

如图 1 - 13 左图所示，点 A、B 位于物体的同一线段上，它们在 V 面的正投影重合为一点，此点称为 V 面的重影点。由于 A 点在前，B 点在后，因此 A 点的正投影可见，B 点的正投影不可见，不可见点的投影用括号括起来，如图 1 - 13 右图所示。其他投影面的重影点可见性判断方法相同。

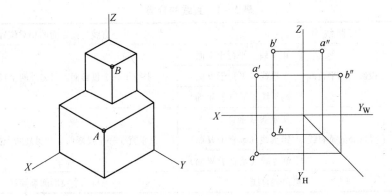

图 1-12　两点的相对位置

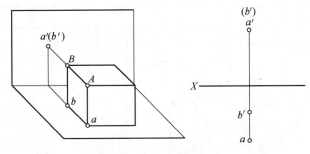

图 1-13　重影点

1.4.2.2　直线的投影

A　直线的投影特性

两点确定一条直线，直线的投影，实质就是求作直线两端点的投影。直线的投影就转化为求作直线两端点的同名投影，然后连接同名投影两点为一条直线，这条直线就是空间直线的投影，如图 1-14 所示。

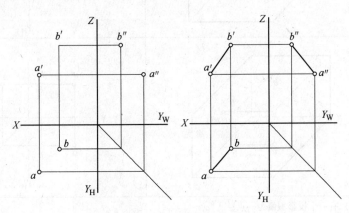

图 1-14　直线的投影

直线的投影特性是由直线和投影面的相对位置（表 1-1）决定的。

表 1−1　直线的分类

直线分类			直线与投影面的相对位置
特殊位置直线	投影面的平行线	正平线（平行于 V 面）	平行于一个投影面。与另外两个投影面倾斜
		水平线（平行于 H 面）	
		侧平线（平行于 W 面）	
	投影面的垂直线	正垂线（垂直于 V 面）	只垂直于一个投影面。与另外两个投影面平行
		铅垂线（垂直于 H 面）	
		侧垂线（垂直于 W 面）	
	一般位置直线		与三个投影面都倾斜

投影面垂直线如表 1−2 所示。

表 1−2　投影面垂直线

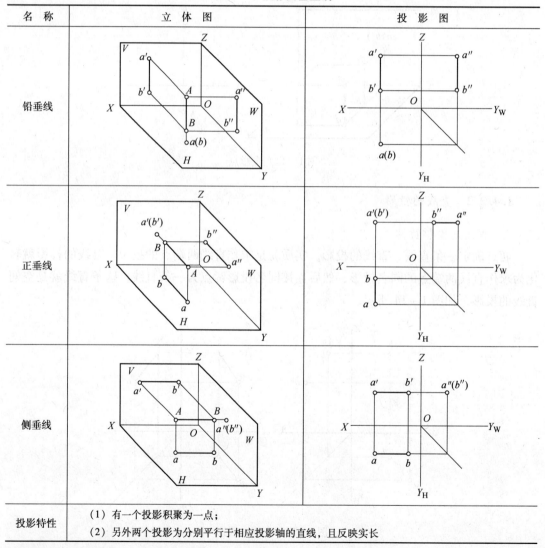

名　称	立　体　图	投　影　图
铅垂线		
正垂线		
侧垂线		
投影特性	（1）有一个投影积聚为一点； （2）另外两个投影为分别平行于相应投影轴的直线，且反映实长	

投影面的平行线如表 1−3 所示。

表 1 – 3　投影面的平行线

名　称	立　体　图	投　影　图
水平线	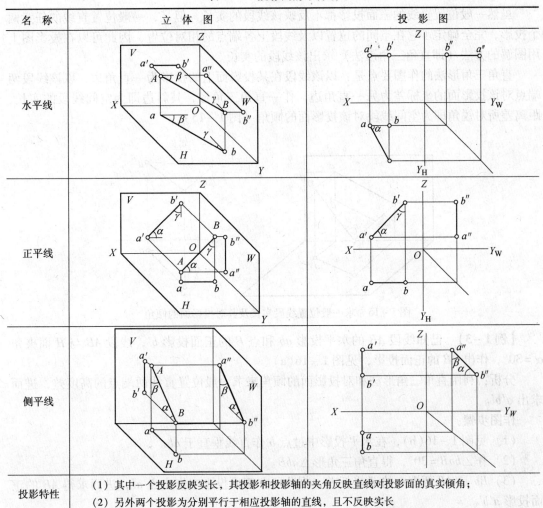	
正平线		
侧平线		
投影特性	（1）其中一个投影反映实长，其投影和投影轴的夹角反映直线对投影面的真实倾角； （2）另外两个投影为分别平行于相应投影轴的直线，且不反映实长	

一般位置直线如表 1 – 4 所示。

表 1 – 4　一般位置直线

名　称	立　体　图	投　影　图
一般位置直线	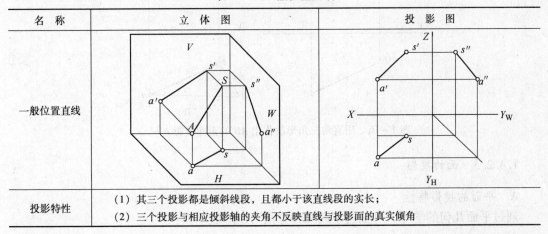	
投影特性	（1）其三个投影都是倾斜线段，且都小于该直线段的实长； （2）三个投影与相应投影轴的夹角不反映直线与投影面的真实倾角	

B　求一般位置直线的实长

虽然一般位置直线的三面投影都不反映该线段的实长，但是，一般位置直线的任意两个投影，完全确定了它在空间的位置以及线段上各端点的相对位置，因此可以在投影图上用图解的方法（即直角三角形法）求出该线段的实长。

直角三角形法的作图要点是：以该线段在某投影面上的投影为一直角边，以该线段两端点对该投影面的坐标差为另一直角边，作一直角三角形，其斜边即为空间线段的实长，距离差所对锐角即为空间线段对该投影面的倾角（图 1 – 15）。

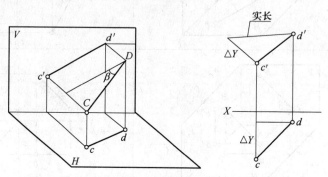

图 1 – 15　求一般位置线段实长及其对投影面的倾角

【例 1 – 3】　已知线段 AB 的水平投影 ab 和点 B 的正面投影 b'，线段 AB 与 H 面夹角 $\alpha = 30°$，作出 AB 的正面投影，见图 1 – 16(a)。

分析：利用直角三角形法和对投影面的倾角来求一般位置直线两端点的高度差，进而求出 $a'b'$。

作图步骤：

（1）见图 1 – 16(b)，在水平投影中过点 b 作直线垂直于 ab。

（2）作 $\angle baB = 30°$，得直角三角形 $\triangle abB$。

（3）Bb 是 AB 两端点的 Z 坐标差，据此可在正面投影中作出点 a'，进而求得 AB 的正面投影 $a'b'$。

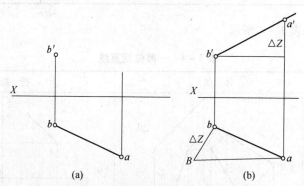

图 1 – 16　用直角三角形法作出 AB 的正面投影 $a'b'$

1.4.2.3　面的投影

A　平面的投影特性

通过平面几何的学习，可知道下列几种方法可以形成平面：

（1）不在一直线上的三点；

（2）一直线和直线外的一点；

（3）相交两直线；

（4）平行两直线；

（5）任意平面图形。

平面的投影特性是由其和投影面的相对位置决定的，如表 1-5 所示。

表 1-5　平面的投影特性

平面类型	平面分类		平面与投影面相对位置
特殊位置平面	投影面的平行面	正平面（平行于 V 面）	平行于一个投影面。与另外两个投影面垂直
		水平面（平行于 H 面）	
		侧平面（平行于 W 面）	
	投影面的垂直面	正垂面（垂直于 V 面）	垂直于一个投影面。与另外两个投影面倾斜
		铅垂面（垂直于 H 面）	
		侧垂线（垂直于 W 面）	
一般位置平面			与三个投影面都倾斜

投影面的垂直面的投影特性见表 1-6。

表 1-6　投影面的垂直面的投影特性

名称	铅垂面（垂直于 H 面）	正垂面（垂直于 V 面）	侧垂面（垂直于 W 面）
轴测图			
投影图			

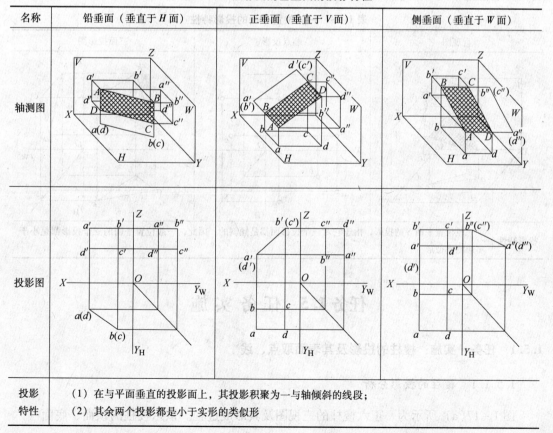

投影特性	（1）在与平面垂直的投影面上，其投影积聚为一与轴倾斜的线段；
	（2）其余两个投影都是小于实形的类似形

投影面的平行面的投影特性见表1-7。

表1-7　投影面的平行面的投影特性

名称	水平面（平行于 H 面）	正平面（平行于 V 面）	侧平面（平行于 W 面）
轴测图	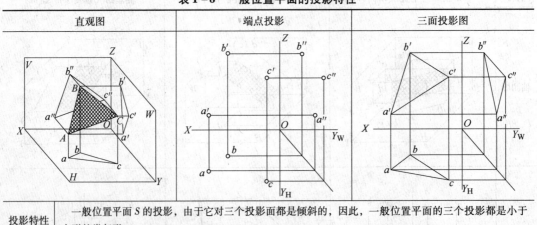		
投影图			
投影特性	（1）在与平面平行的投影面上，其投影反映实形； （2）其余两个投影分别为水平线段或垂直线段，且都具有积聚性		

一般位置平面的投影特性见表1-8。

表1-8　一般位置平面的投影特性

直观图	端点投影	三面投影图

投影特性	一般位置平面 S 的投影，由于它对三个投影面都是倾斜的，因此，一般位置平面的三个投影都是小于实形的类似形

任务1.5　任务实施

1.5.1　任务一实施：棱柱的投影及其表面取点、线

1.5.1.1　棱柱的投影分析

图1-17(a)所示为一正六棱柱的三视图及其形成过程。该六棱柱的顶面、底面（六

边形）均为水平面，其水平投影反映实形，正面投影和侧面投影积聚为直线；6 个侧棱面均为矩形，其中前后两侧棱面为正平面，正面投影反映实形，水平投影和侧面投影积聚为直线；其余侧棱面为铅垂面，水平投影均积聚为直线，正面投影和侧面投影均为类似形（矩形）。

1.5.1.2　作棱柱的三视图

由以上分析可知，当棱柱的底面为水平面时，其俯视图为反映底面实形的多边形，主视图、左视图分别为一组矩形，作图时可先画棱柱的俯视图——实形多边形，再根据投影规律作出其他两个视图。如图 1 - 17(b) 所示。

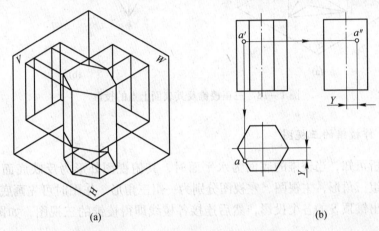

(a)　　　　　　　　　　　　　　　　(b)

图 1 - 17　正六棱柱及其表面上点的投影

1.5.1.3　棱柱表面取点

在平面立体表面上取点的原理和方法，与平面上取点相同。如图 1 - 17(b) 所示，正六棱柱的各个表面都处于特殊位置，因此在棱柱表面上取点可利用积聚性原理作图。对于立体表面上点的投影的可见性，规定表面可见点可见，表面被遮挡，其上点的投影亦不可见；当表面投影具有积聚性时，其上点的投影为可见。以下各类立体上点的投影同理，不再赘述。

如图 1 - 17(b) 所示，已知棱柱表面上一点 A 的正面投影 a′，求其 H 面、W 面投影 a、a″。由于点 a′是可见的，因此，点 A 必在棱柱的左前棱面上，该棱面是铅垂面，其水平投影积聚成直线，所以点 A 的水平投影 a 必在该直线上，由 a′和 a 即可求得侧面投影 a″。a″可见，如图 1 - 17(b) 所示。

1.5.2　任务二实施：棱锥的投影及其表面取点、线

1.5.2.1　棱锥的投影分析

如图 1 - 18(a) 所示为一正三棱锥的三视图及形成过程。棱锥的锥顶为 S，底面为 △ABC，△ABC 为水平面，其 H 面投影反映实形，正面投影和侧面投影积聚为一直线；棱面 △SAB、△SBC 为一般位置面，它们的各个投影均为类似形——三角形；棱面 △SAC 为

侧垂面，其 W 面投影积聚为一条直线，另两投影为类似形——三角形。

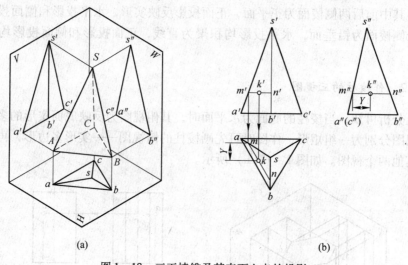

图1-18　三正棱锥及其表面上点的投影

1.5.2.2　作棱锥的三视图

由以上分析可知，当棱锥的底面为水平面时，其俯视图外形为反映底面实形的多边形、内部为一组三角形，主视图、左视图分别为一组三角形。作图时可先画底面多边形的各投影，再作出锥顶 S 的各个投影，然后连接各棱线即得棱锥的三视图，如图1-18(b)所示。

1.5.2.3　棱锥表面取点

在棱锥表面上取点，首先要确定点所在的平面，再分析该平面的投影特性，当该平面为一般位置平面时，可采用辅助直线法求出点的投影。

如图1-18(b)所示，已知点 k 的正面投影 k'，求作点 k 的其他两投影 k、k''。因为 k' 可见，因此断定点 k 必定在棱面 SAB 上。SAB 为一般位置平面，需用辅助直线法求点。过点 k' 作一直线 $m'n'//a'b'$ 由正面投影 $m'n'$ 求出水平投影 mn，根据点与直线的从属关系，在直线 mn 由 k' 求出水平投影 k，再由 k'、k 求出侧面投影 k''，如图1-18(b)所示。

1.5.3　任务三实施：圆柱、圆锥、球投影及其表面取点

1.5.3.1　圆柱投影及其表面取点、线

A　圆柱的投影分析

圆柱表面由圆柱面和上、下底面圆组成。其中圆柱面是由一直母线绕与之平行的轴线回转而成。母线在圆柱面（回转面）上的任意位置称为素线，回转面即为所有素线的集合。图1-19(a)所示为圆柱的三视图及其形成过程。该圆柱的轴线为铅垂线，上、下底面圆为水平面，其水平投影反映实形，正面投影和侧面投影积聚为一直线；由于圆柱的轴线垂直于 H 面，所以圆柱面上所有素线都垂直于 H 面，故圆柱面的水平投影积聚为圆，

正面投影和侧面投影均为矩形，如图 1 – 19(b) 所示。其中，正面投影是前、后两半圆柱面的重合投影，矩形的两条竖线分别是圆柱的最左、最右素线的投影，也是前、后两半圆柱面投影的分界线，一般称为圆柱正面投影的转向轮廓线；侧面投影是左、右两半圆柱面的重合投影，矩形的两条竖线分别是圆柱的最前、最后素线的投影，也是左、右两半圆柱面投影的分界线，一般称为圆柱侧面投影的转向轮廓线。

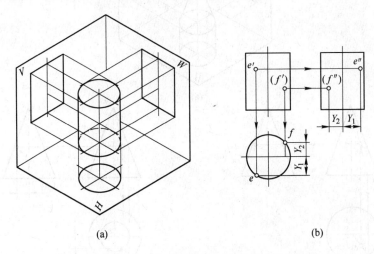

图 1 – 19　圆柱的三视图及形成过程

B　作圆柱的三视图

由以上分析可知，当圆柱的轴线垂直于 H 面时，其俯视图为反映底面实形的圆，主视图、左视图为矩形。作图时可先画俯视图，再画主视图、左视图。

C　圆柱表面取点

如图 1 – 19 所示，已知圆柱表面上点 E 和 F 的正面投影 e' 和 f'，求作 E、F 的其他两投影。因为 e' 可见，所以点 E 必在前半圆柱面上。根据圆柱面水平投影具有积聚性的特征，在水平投影前半圆上即可求得 e，再由 e'、e 求得 e''，如图 1 – 19(b) 所示。因 E 在左半圆柱面上，故 e'' 可见。由 F 点的正面投影可知，F 点在圆柱面的左、后半部分，其水平投影应在俯视图的后半圆周上，侧面投影为不可见。作图过程与 E 点相同。如图 1 – 19(b)所示。

1.5.3.2　圆锥投影及其表面取点、线

A　圆锥的投影分析

圆锥表面由圆锥面和底面的圆组成。圆锥面是由一直母线绕与它相交的轴线回转而成的。图 1 – 20(a) 所示为圆锥的三视图及形成过程。该圆锥的轴线为铅垂线，底面圆为水平面，其水平投影反映实形，正面投影和侧面投影均为等腰三角形，与圆柱相类似，正面投影是前、后两半圆锥面的重合投影，三角形的两腰分别是圆锥的最左、最右素线的投影，也是前、后两半圆锥面投影的分界线，一般称为圆锥正面投影的转向轮廓线；侧面投影是左、右两半圆锥面的重合投影，三角形的两腰分别是圆锥的最前、最后素线的投影，也是左、右两半圆锥面投影的分界线，一般称为圆锥侧面投影的转向轮廓线。

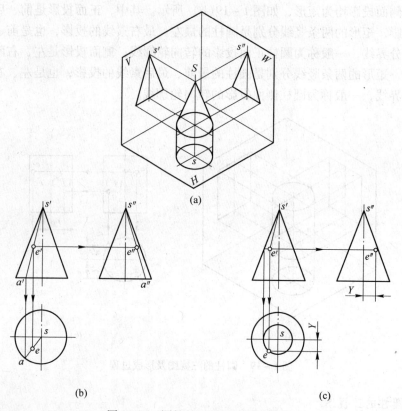

图 1 - 20　圆锥的三视图及形成过程

B　作圆锥的三视图

由以上分析可知，当圆锥的轴线垂直于 H 面时，其俯视图为反映底面实形的圆，主视图、左视图为等腰三角形。作图时可先画俯视图，再画主视图、左视图。

C　圆锥表面取点

如图 1 - 20(b) 所示，已知圆锥表面上点 E 的正面投影 e'，求作点 E 的其他两投影 e、e''。因为 e' 可见，所以点 E 必在前半个圆锥面上，具体作图可采用下列两种方法：

（1）辅助素线法。

过锥顶投影 s' 和点 e' 作一辅助直线 $s'a'$，由 $s'a'$ 求出水平投影 sa 和侧面投影 $s''a''$，再根据点在直线上的投影性质，由 e' 求出 e 和 e''，如图 1 - 20(b) 所示。

（2）辅助圆法。

过点 E 作一垂直于回转轴线的水平辅助圆，该圆的正面投影为过 e' 且平行于底面圆投影的直线，该直线反映辅助圆的直径，由此可作出辅助圆的水平投影（圆），e 必在此圆周上，由 e' 求得 e，再由 e'、e 求出 e''，如图 1 - 20(c) 所示。

1.5.3.3　球投影及其表面取点、线

A　球体的投影分析

球体的表面是球面。球面是由一条圆母线绕通过其圆心且在同一平面上的轴线回转而成。球面可分为前、后两半球面或左、右两半球面或上、下两半球面。

图 1 –21（a）所示为球体的三视图及形成过程。球的正面、水平和侧面投影均为圆，且圆的直径均与球的直径相等，正面投影圆为前半球面和后半球面的重合投影，也是前、后半球面投影的分界线；水平投影圆为上半球面和下半球面的重合投影，也是上、下半球面投影的分界线；侧面投影圆为左半球面和右半球面的重合投影，也是左、右半球面投影的分界线。与圆柱的投影类似，3 个投影圆是球面 3 个方向的转向轮廓线。

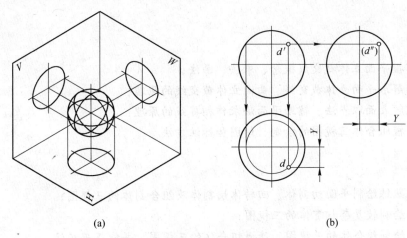

(a)　　　　　　　　　　　(b)

图 1 –21　球体的三视图及形成过程

B　作球体的三视图

由以上分析可知，不论在任何位置，球体的三视图都是圆，直径等于球体直径。作图时先给出球心的三面投影，再画 3 个圆。

C　球表面取点

球面的投影没有积聚性，且球面上也不存在直线，所以必须采用辅助圆法求作其表面上点的投影。如图 1 –21（b）所示，已知球面上点 D 的正面投影 d'，求作点 D 的其他两投影 d、d''。过点 D 作一平行于 H 面的辅助圆，它的正面投影为一直线，水平投影为直径等于该直线的圆，必定在该圆周上，由 d' 即可求得 d，再由 d、d' 求出 d''，如图 1 –21（b）所示。由正面投影 d' 可知，点 D 在球面的前、右、上半部分，所以投影 d 可见，d' 不可见。

学习情境 2　组合体图样绘制与识读

【知识目标】

（1）掌握平面立体截交线概念、求法、画法；

（2）理解求平面立体截交线、曲面立体截交线的原理；

（3）理解表面取点法、辅助平面法求作相贯线的原理；

（4）掌握组合体三视图的绘制、读图和标注方法。

【技能目标】

（1）能熟练绘制平面切割体、回转体切割体及组合割体的三视图；

（2）能绘制较复杂相贯体的三视图；

（3）能绘制组合体的三视图、读懂组合体的三视图，并能正确标注。

【本情境导语】

基本体是形体中最基本的几何元素，许多复杂的形体都是由基本体组合而成的。因此，掌握基本体的三视图是学习较复杂形体三视图的基础。形体由于其功能的不同，在形状和结构上千差万别，按其几何性质，可以分为平面立体和曲面立体两大类。平面立体的表面是由平面组成的，而曲面立体的表面部分或全部是由曲面组成的。常见的平面体有棱柱和棱锥两类，棱台是棱锥的一种变体。

本教学情境学习任务的目的是培养学生掌握简单形体三视图的绘制能力和简单形体的识读能力。

任务 2.1　切割体的三视图绘制

2.1.1　任务描述

请绘制图 2－1 所示的平面体切割体三面投影视图，并归纳切割体三视图的绘制规律。

2.1.2　任务组织与实施

采用小组工作法，分组进行，每组 5～8 人。具体实施步骤如下：

（1）教师布置工作任务；

（2）学生完成分组，并在教师处领取实体模型；

（3）小组分工合作完成投影轮廓线的绘制；

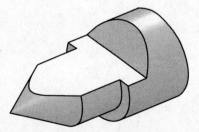

图 2－1　切割体

（4）教师组织学生评优并评讲；

（5）教师提问启发学生对切割体截交线绘制方法的思考：

1）每一截交线是开放的还是封闭的？举例说明。

2）截交线与截面真实形状有无相似性？举例说明。

3）怎样摆放形体，截交线的绘制才最简单？

2.1.3　相关知识学习

2.1.3.1　平面切割体

A　截交线概念及其性质

在零件上常有平面与立体相交而成的交线，画图时，为了清楚地表达零件的形状，必须正确地画出其交线的投影。平面与立体相交，可以认为是立体被平面截切，该平面称为截平面，截平面与立体的交线称为截交线，如图2-2所示。

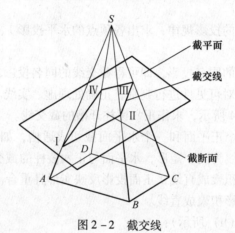

图2-2　截交线

截交线的性质如下：

（1）共有性。截交线既在截平面上，又在立体表面上，因此截交线是截平面与立体表面的共有线，截交线上的点是截平面与立体表面的共有点。

（2）封闭性。由于立体表面是封闭的，因此截交线一般是封闭的线框。

B　平面立体截交线

平面立体的表面是由若干个平面图形组成的，所以它的截交线是由直线所组成的封闭的平面多边形。多边形的各顶点是截平面与平面立体棱线的交点，多边形的边是截平面与平面立体上棱面的交线。可见，作平面立体的截交线，就是先求出截平面与平面立体上各被截棱线的交点，再依次连接各点即得截交线。

【例2-1】　如图2-3所示，求作斜切正四棱锥的截交线。

分析： 正四棱锥被正垂面 P 斜切，截交线为四边形。其4个顶点分别是截平面与4条侧棱线的交点。因此，只要求出截交线4个顶点在各投影面上的投影，然后依次连接各点的同名投影，即可得截交线的投影。

作图步骤（如图2-3(b) 所示）：

（1）因截交线的正面投影积聚成直线，可直接求出截交线各顶点的正面投影 1'、

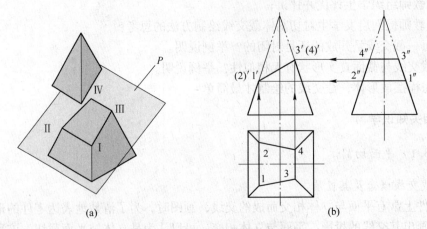

(a)　　　　　　　　　　　　　　　　(b)

图 2 - 3　斜切正四棱锥的截交线

(2′)、3′、(4′)。

（2）再根据直线上点的投影规律，求出各顶点的水平投影 1、2、3、4 和侧面投影 1″、2″、3″、4″。

（3）依次连接各顶点的同名投影，即可得截交线的同名投影。

（4）在完成的图上，对可见性进行判别，正确处理虚、实线。

【例 2 - 2】　如图 2 - 4 所示，求作正六棱柱开槽的截交线。

分析：正六棱柱被两个正平面和一个水平面截切成通槽，如图 2 - 4（a）所示。两个正平面与正六棱柱的截交线为两个矩形，水平面与正六棱柱的截交线为一六边形。两个矩形的水平投影和侧面投影积聚成直线，正面投影反映实形且重合。六边形的水平投影反映实形，正面投影和侧面投影积聚成直线。

作图步骤（如图 2 - 4（b）所示）：

（1）两个正平面和一个水平面截交线的侧面投影均积聚成直线，可直接作出截交线上各点的侧面投影。

（2）根据直线上点的投影规律，作出截交线上各点的正面投影和水平投影。

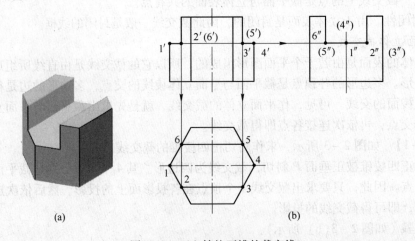

(a)　　　　　　　　　　　　　　　　(b)

图 2 - 4　正六棱柱开槽的截交线

（3）依次连接各点的同名投影，即可得截交线投影。

（4）判别可见性，正确处理虚、实线。由于水平面在正面投影中不可见，故它的正面投影积聚成的直线为虚线。

2.3.1.2 曲面切割体

A 圆柱的截交线

根据截平面对圆柱轴线的相对位置不同，可得到三种截交线（如表 2-1 所示）。

表 2-1 圆柱体的三种截交线

截面的位置	与圆柱轴线平行	与圆柱轴线垂直	与圆柱轴线倾斜
投影图	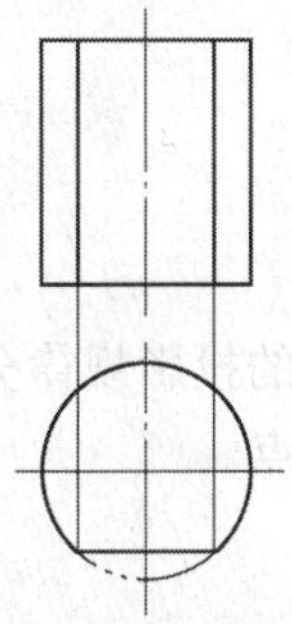	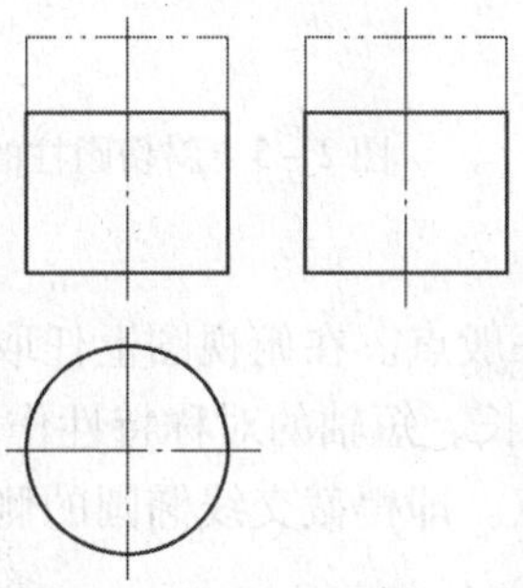	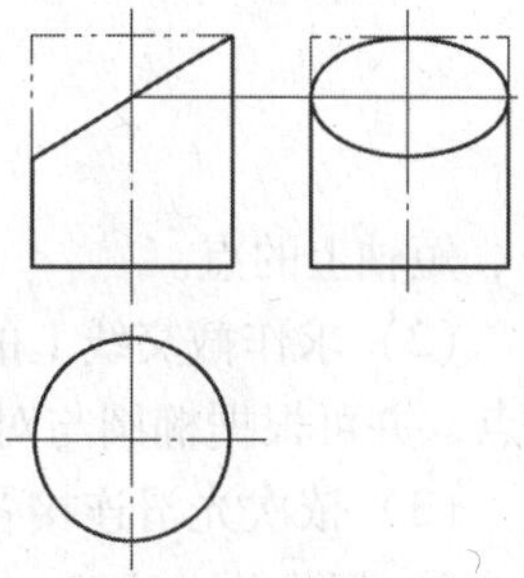
直观图	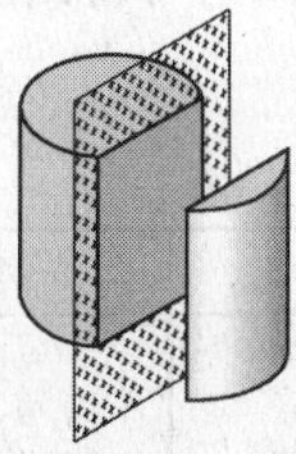	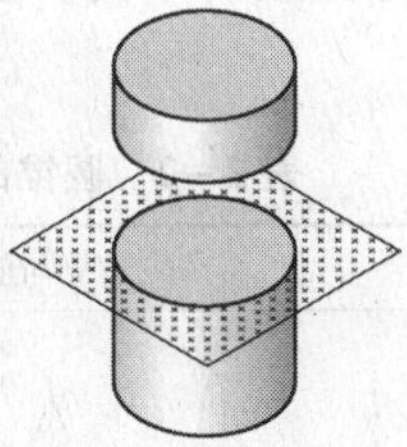	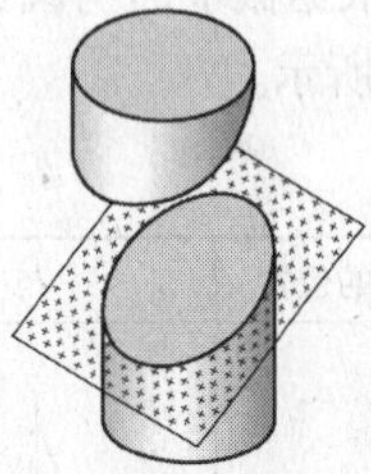
截交线的形状	两条素线	圆	椭圆

（1）截平面与圆柱轴线平行时，截交线为两条平行素线；

（2）截平面与圆柱轴线垂直时，截交线为圆；

（3）截平面与圆柱轴线倾斜时，截交线为椭圆。

下面以截交线为椭圆的圆柱为例，分析圆柱截交线的画法。

【例 2-3】 如图 2-5 所示，作斜切圆柱的截交线。

分析：图 2-5 所示为圆柱被正垂面所截，截平面与圆柱轴线斜交，截交线为椭圆。

（1）主视图上，由于被正垂面所截，截交线（椭圆）积聚为斜线。

（2）俯视图上，圆柱表面积聚为圆，则截交线在圆周上。

（3）左视图上，根据圆柱截交线的性质，应为椭圆。

作图步骤（如图 2-5(b) 所示）：

（1）找出特殊点。点Ⅰ、点Ⅲ分别为椭圆的最低点和最高点，点Ⅱ、点Ⅳ分别为椭圆的最前点和最后点，根据点的投影规律，可直接找出这 4 个点的三面投影，从而得到椭圆

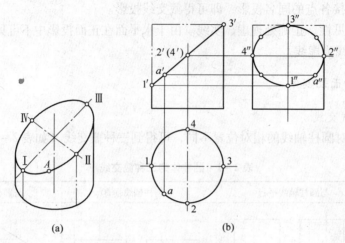

图 2 - 5　斜切圆柱的截交线

长、短轴上的点。

（2）求作截交线上的一般点。在俯视图上任取点 a，根据点的投影规律分别作出 a' 和 a'' 点，并可根据椭圆与对其长、短轴的对称特性作出点 A 的对称点。

（3）依次光滑连接各点。即得截交线椭圆的侧面投影。

B　圆锥的截交线

根据截平面与圆锥轴线相对位置的不同，在圆锥体表面上可得出五种截交线，如表 2 - 2 所示。

表 2 - 2　圆锥的截交线

截面的位置	与一条素线平行	与圆锥轴线垂直	与圆锥轴线倾斜
投影图			
直观图			
截交线的形状	抛物线	圆	椭圆

截面的位置	与圆锥轴线平行	过圆锥锥顶
投影图	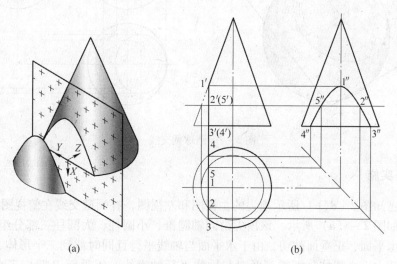	
直观图		
截交线的形状	双曲线	相交两直线

下面以截交线为双曲线的圆锥为例，分析圆锥体表面截交线的画法。

【例 2-4】　如图 2-6 所示，求作圆锥的截交线。

(a)　　　　　　　　　　　　(b)

图 2-6　圆锥截交线

分析：如图 2-6 所示，截平面（侧平面）与圆锥轴线平行且不过锥顶，截交线为双曲线。

（1）主视图、俯视图上由于截平面是侧平面，则截交线积聚在正面投影 1′3′ 和水平投影 43 上。

（2）左视图上截交线的投影是双曲线的真实投影。

作图步骤（如图 2-6(b) 所示）：

（1）找出'特殊点。即双曲线上最上点 1'、1、1″和最前点 3'3、3″和最后点 4'、4、4″，同时Ⅲ、Ⅳ点也在圆锥底圆上。

（2）求作截交线上的一般点。在主视图上任取一点 2'（5'），利用纬圆法作出投影 2、2″、5、5″。

（3）连接曲线：连接左视图上所求各点，即为双曲线的侧面投影。

C　圆球的截交线

圆球被任何截平面所截，产生的交线均为圆，根据切口平面与投影面的相对位置关系，截交线圆的投影将会是圆、椭圆或直线。

【例 2 – 5】　如图 2 – 7 所示，求作圆球的截交线。

分析：圆球被正垂面截切，截交线为圆。主视图上由于截平面是正垂面，则截交线积聚成斜线，其他两个视图中交线的投影为椭圆。

作图步骤（如图 2 – 7(b) 所示）：

（1）找特殊点。1、2、A、A（俯视图、左视图同时进行）。

（2）求一般点。Ⅲ、Ⅳ，在 1'、2'中间任取 3'、4'，用辅助平面法求得 3、4，3″、4″，同理求出其他一系列点。

（3）连接图线。连接截交线上各点的投影即为所求。

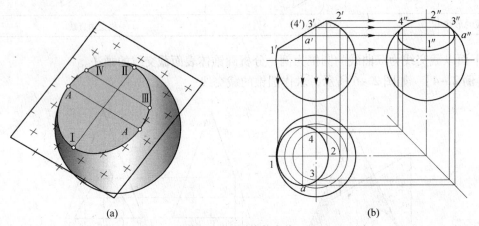

(a)　　　　　　　　　　　　　　　　　　　(b)

图 2 – 7　圆球截交线

2.1.4　任务实施

项目：已知图 2 – 8(b) 所示顶尖的主视图和左视图，补画截交线在俯视图上的投影。

分析：如图 2 – 8(a) 所示，该顶尖由同轴圆锥、小圆柱、大圆柱三部分组成。圆锥、圆柱分别被水平面、正垂面截切，由于水平面与轴线平行且同时截到三个形体，截圆锥得到双曲线，截大、小圆柱分别得到两对与轴线平行的素线；正垂面 R 截切于大圆柱部分（截交线为椭圆的一部分），并与水平面 P 相交于 AB 直线。分段作出双曲线、两对平行素线、部分椭圆的投影即可。

（1）主视图上 P、R 两平面截得的截交线分别积聚在切口的二直线 1'–4'和 4'–6'上。

（2）左视图上截交线分别积聚在 4″–5″及圆弧 4″–6″–5″上。

（3）俯视图根据主视图、左视图分别求出双曲线，平行两直线、部分椭圆的投影。

作图步骤（如图 2 – 9 所示）：

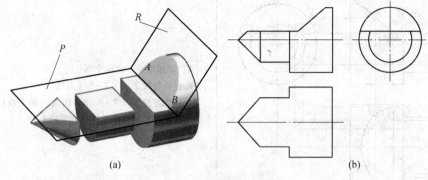

(a)　　　　　　　　　　　　　　　　　(b)

图 2 - 8　顶尖的截交线

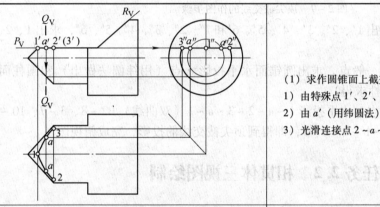

（1）求作圆锥面上截交线双曲线的投影：

1）由特殊点 1′、2′、3′，补画 1″、2″、3″和 1、2、3；

2）由 a′（用纬圆法）求作 a″和 a 一般点；

3）光滑连接点 2~a~1~a~3（双曲线）

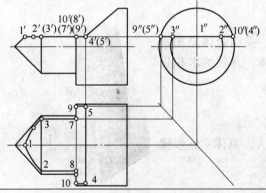

（2）求作两圆柱面上截交线为平行两直线的投影：

1）由点 4′、5′和 4″、5″补画 4、5；7′、8′和 7″、8″补画 7、8；9′、10′和 9″、10″补画 9、10；

2）连接直线：2-8-7-3，4-10，9-5

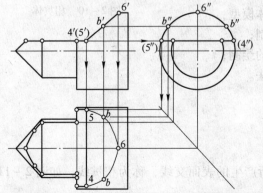

（3）求作大圆柱面上截交线椭圆的一部分：

1）由特殊点 6′和 6″，补画 6；

2）求一般点：B 点，在大圆柱投影圆上任取一点 b″，利用积聚性求作 b′，二求一作出 b；

3）光滑连接点 4~b~6~b~5（椭圆的一部分）

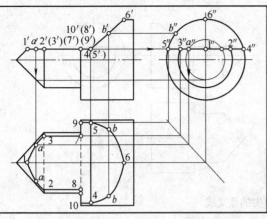

(4) 加深检查，完成全图：
1) 连接直线 2－3、7－8（虚线）；
2) 加深连接直线 7－9、8－10 等（粗实线）；
3) 加深光滑连接各曲线（粗实线）

图 2－9　顶尖截交线的作图步骤

（1）找出特殊点。找出 1′、2′、3′、4′、5′、6′和 1″、2″、3″、4″、5″、6″，求出 1、2、3、4、5、6。

（2）求作截交线上的一般点。求出圆锥面水平投影 a 点（用纬圆法做出）和圆柱面水平投影 b 点（利用积聚性求得）。

（3）依次光滑连接各点。水平投影 1~a~2~3~a~1（双曲线）B2－8、3－7、10－4、9－5（直线）及 5~4~b~6~b~5，即得到顶尖截交线的投影，完成俯视图。

任务2.2　相贯体三视图绘制

2.2.1　任务描述

由若干个基本体组合或变化而构成的另一类组合体是相贯体，如图 2－10 所示。请用三视图表达相贯体，并归纳求相贯线的方法。

2.2.2　任务组织与实施

采用小组工作法，分组进行，每组 5~8 人。具体实施步骤如下：

（1）教师布置工作任务；
（2）学生完成分组，并在教师处领取实体模型；
（3）小组分工合作完成投影轮廓线的绘制；
（4）在教师的指导下完成主视图相贯线的绘制；
（5）教师与学生一起总结求相贯线的方法。

图 2－10　相贯体

2.2.3　相关知识学习

2.2.3.1　相贯线的概念

两个相交的基本体，称为相贯体，它们所产生的表面交线，称为相贯线，如图 2－11 所示。

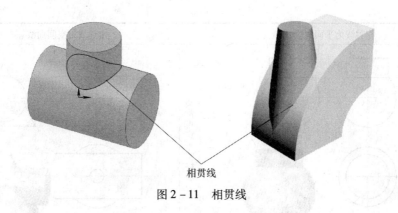

相贯线

图 2-11 相贯线

2.2.3.2 相贯线的性质

如表 2-3 所示,由于两相贯体的几何形状、尺寸及相对位置的不同,会产生不同形状的相贯线,但它们具有如下共性:

(1) 相贯线一般是一条封闭的空间曲线(在特殊情况下是平面曲线或直线),见表 2-3。

(2) 相贯线是两相贯体表面的共有线(即分界线),相贯线上的所有点一定是两相贯体表面的共有点。

表 2-3 几种常见的相贯线

	相贯线为平面曲线			相贯线为空间曲线	
两等径圆柱轴线正交			两圆柱轴线垂直交叉		
圆柱与圆锥面相切			圆柱贯穿于圆锥面		

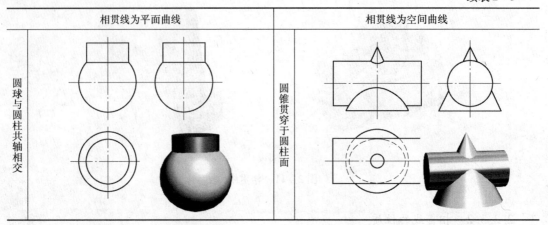

相贯线为平面曲线	相贯线为空间曲线
圆球与圆柱共轴相交	圆锥贯穿于圆柱面

2.2.3.3　相贯线的画法

A　表面取点法求相贯线

根据曲面立体表面上点的一个投影求其他投影的方法，称为表面取点法。两回转体相交，如果其中至少有一个回转体是轴线垂直于投影面的圆柱，则相贯线在该投影面上的投影就重合在圆柱面的积聚投影上，成为已知投影。这样就可以在相贯线的已知投影上确定一些点，按回转体表面取点的方法作出相贯线的其他投影。

【例 2 –6】　如图 2 – 12 所示，已知两相交圆柱的三面投影，求作它们的相贯线的投影。

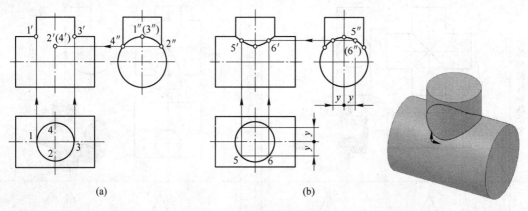

(a)　　　　　　　　　　　　(b)

图 2 – 12　两圆柱的相贯线

分析：由图 2 – 12(a) 可知，本例为轴线垂直相交的两不等径圆柱相贯，相贯线为前后、左右对称的空间曲线。由于大圆柱的轴线垂直于 W 面，小圆柱的轴线垂直于 H 面，所以相贯线的 W 面、H 面投影均有积聚性，只有 V 面投影待求。

作图步骤：

(1) 求特殊点。相贯线的 H 面投影为一圆，在圆上定出最左、最右、最前、最后点的投影 1、2、3、4 点，再在相贯线的 W 面投影（圆弧）上找到 1″、2″、3″、4″点，然后由 1、2、3、4 和 1″、2″、3″、4″点求出正面投影 1′、2′、3′、4′，如图 2 – 12(a) 所示。

（2）求一般点。在已知相贯线的 W 面投影上任取一重影点 $5''$（$6''$），求出 H 面投影 5、6，然后由 5、6 和 $5''$（$6''$）求出 V 面投影 $5'$、$6'$，如图 2-12（b）所示。

（3）光滑连接各点。相贯线的 V 面投影左右、前后对称，后面的相贯线与前面的相贯线重影，只需按顺序光滑连接前面可见部分各点的投影，即可完成作图。

B 不等径圆柱正交相贯线的简化作图

在一般的铸造、锻造及机械加工精度要求不高，同时又不至于引起误解时，可用圆弧近似代替两圆柱正交（轴线垂直相交）时的相贯线。画图步骤：

（1）以 $1'$（或 $2'$）为圆心、$D_2/2$ 为半径画弧交轴线于 O' 点；

（2）以 O' 为圆心、$D_2/2$ 为半径由 $1' \sim 2'$ 画弧。如图 2-13(c) 所示。

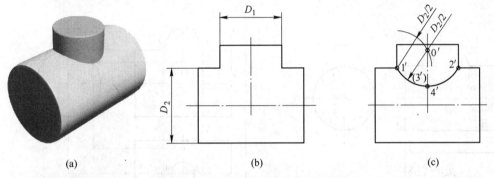

图 2-13 圆柱正交相贯线的简化作图

C 利用辅助平面法求作相贯线

假设作一辅助平面，使与相贯的两回转体相交，先求出辅助平面与两回转体的截交线，则两回转体上截交线的交点必为相贯线上的点。如图 2-14 所示，用一个垂直于圆锥轴线（同时也平行于圆柱轴线）的辅助平面，在相贯线的范围内，把两曲面立体切开，则截平面对圆锥体的交线是圆，而对圆柱体的交线则是两条平行的素线。圆和素线的交点就是相贯线上的点。若作一系列的辅助平面，便可得到相贯线上的若干点，然后判别可见性，依次光滑连接各点，即为所求的相贯线。这种求相贯线上点的方法称为辅助平面法。

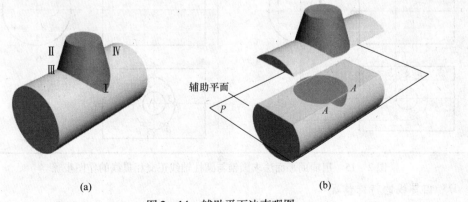

图 2-14 辅助平面法直观图

【例 2-7】 如图 2-15 所示，圆锥与圆柱相贯时的相贯线投影。

分析： 如图 2-15 中（1）所示，圆锥完全相交于圆柱之中，则相贯线是一条空间曲线。

（1）左视图上相贯线积聚在 $1''\sim2''$ 圆弧上；

（2）主视图、俯视图中，相贯线位于形体相交的公共区域内。

作图步骤：

（1）找特殊点。如图 2-15 中（2）所示；

（2）求作一般点。A 点，如图 2-15 中（3）所示；

（3）连接图线。如图 2-15 中（4）所示。

（1）已知三视图补画主视图、俯视图中的相贯线投影	（2）求作相贯线上的特殊点：Ⅰ、Ⅱ、Ⅲ、Ⅳ由 $1''$、$2''$、$3''$、$4''$ 和 $1'$、$2'$、$3'$、$4'$ 点，"二求一" 找出 1、2、3、4 点
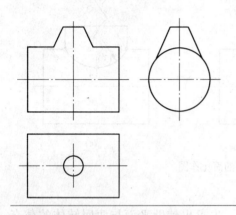	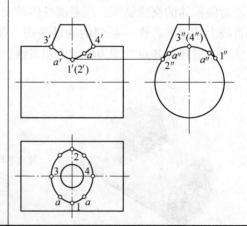
（3）利用辅助平面法求作相贯线一般点：A 点 1）在左视图上 $1''-3''$ 之间作辅助水平面 P_W；分别交于圆锥、圆柱（得到交线圆、直线）； 2）圆与直线相交得到交点 A，同理可作其他点	（4）连接图线：由于相贯线均为可见，因而依次光滑连接相贯线上的各点即为所求
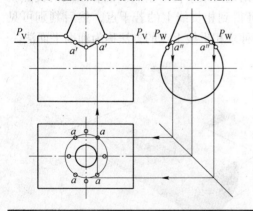	

图 2-15　用辅助平面法求圆锥与圆柱轴线正交相贯线的作图步骤

D　相贯线的特殊情况

在一般情况下，两回转体的相贯线是空间曲线，但在某些特殊情况下，也可能是平面曲线或直线。

（1）两回转体轴线相交，且平行于同一投影面，若它们能公切于一个球，则相贯线是垂直于这个投影面的椭圆。

图 2 - 16 所示的圆柱与圆柱、圆柱与圆锥、圆锥与圆锥相交，其轴线都分别相交，且平行于正面，并公切一个球，因此它们的相贯线都是垂直于正面的两个椭圆，连接它们正面投影的转向轮廓素线的交点，得到两条相交直线，即为相贯线的正面投影。

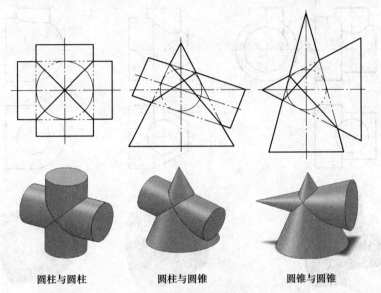

圆柱与圆柱　　　　　　圆柱与圆锥　　　　　　圆锥与圆锥

图 2 - 16　相交轴线回转体的相贯线

（2）两个同轴回转体的相贯线是垂直于轴线的圆，如图 2 - 17 所示。

（3）轴线平行的两圆柱的相贯线是两条平行的素线，如图 2 - 17 所示。

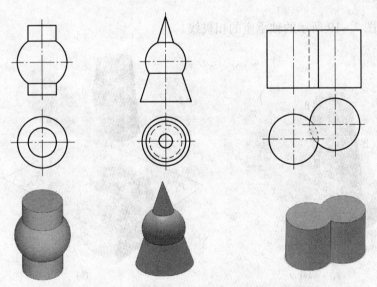

图 2 - 17　两个同轴、轴线平行回转体的相贯线

E　组合相贯线的画法

某一立体和另外两个立体相贯时，会在该立体表面上产生两段相贯线。它们的投影按两两相贯时的相贯线的画法分别绘制。但要注意两段相贯线的组合形式。如图 2 - 18（a）

中的直立圆柱与两共轴的不等径圆柱相贯，两段相贯线被圆平面隔开，因而在正面投影中两段相贯线的投影相错。图 2-18(b) 中的直立圆柱与共轴的圆柱圆台相贯，两段相贯线相交，其交点为三个立体表面的共有点。图 2-18(c) 中的直立圆柱与相切的球、圆柱相贯，两段相贯线是圆滑连接的。

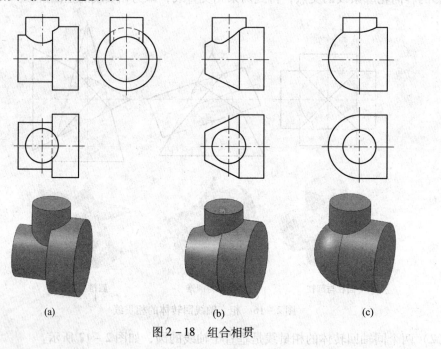

(a)   (b)   (c)

图 2-18 组合相贯

2.2.4 任务实施

项目：求图 2-19 所示的轴承座的相贯线。

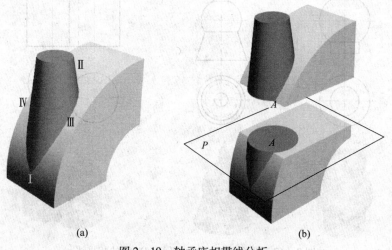

(a)   (b)

图 2-19 轴承座相贯线分析

2.2.4.1 形体分析

从直观图可以看出该轴承盖左右是对称的，所以这里只以左半部分为例。

如图 2-19 所示，该零件是由圆锥与圆柱（轴线垂直交叉）相交而成，圆锥完全相交于圆柱之中，相贯线是一条空间曲线。

2.2.4.2　投影分析

如图 2-20（1）所示，主视图上相贯线积聚在圆弧 1′、2′之间，左视图、俯视图相贯线待求。

2.2.4.3　投影作图

作图步骤：

（1）找出特殊点。1′、2′、3′、4′点，高平齐求得 1″、2″、3″、4″点，"二求一"找出 1、2、3、4 点，如图 2-20 中的（1）所示。

（1）求作相贯线上的特殊点：Ⅰ、Ⅱ、Ⅲ、Ⅳ 由 1′、2′、3′、4′点，求作 1″、2″、3″、4″及 1、2、3、4 点	（2）利用辅助平面法求作相贯线一般点：A、B 点 1）在相贯线上取一点 a′；b′； 2）过 a′在 1′-2′间作辅助平面 $P_{V1}P_{V2}$，分别交于圆锥和圆柱，得到交线圆、直线；圆与直线的交点为 a、b 点
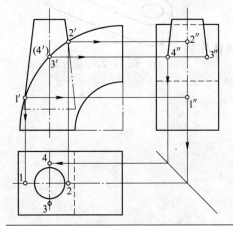	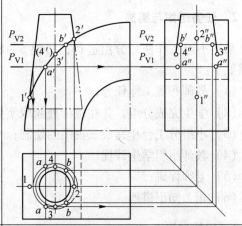
（3）加深连接可见相贯线（粗实线）： 1）加深光滑连接 1~a~3~b~2~b~4~a~1； 2）加深光滑连接 1′~a′~3′~b′~2′~b′~4′~a′~1′； 3）加深光滑连接 4″~a″~1″~a″~3″	（4）加深检查，完成全图： 1）加深连接不可见相贯线：4″~b″~2″~b″~3″（虚线）； 2）检查加深其他图线即为所求
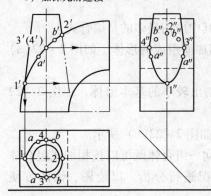	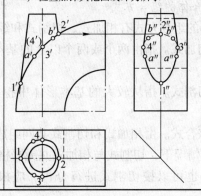

图 2-20　圆锥与圆柱轴线偏交（辅助平面法）相贯线的作图步骤

（2）求作一般点。如图 2 – 20 中的（2）所示，在相贯线上任取一点 a'，过 a' 作辅助平面（水平面）P_{V1} 分别交于圆锥（交线为圆）和圆柱（交线为一直线），交线圆与直线相交于点 a，同理，可求出 b'、b、b'' 点。

（3）连接图线并判别可见性。如图 2 – 20 中的（3）所示，俯视图相贯线均为可见曲线直接连接，左视图可见画实线，不可见画虚线。

任务 2.3　复杂组合体的形体分析与绘制

2.3.1　任务描述

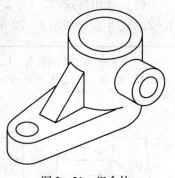

大多数机械零件都可以看作是由一些基本形体组合而成的组合体。这些基本形体可以是一个完整的几何体，如棱柱、棱锥、圆柱、圆锥、球、环等。由若干个基本体（或经切割后的基本体）组合而成的物体称为组合体。请绘制图 2 – 21 所示的组合体的三视图。

2.3.2　任务组织与实施

采用小组工作法，分组进行，每组 5 ~ 8 人。具体实施步骤如下：

图 2 – 21　组合体

（1）教师布置工作任务；

（2）学生完成分组，并在教师处领取实体模型；

（3）小组分工合作完成三视图的绘制；

（4）教师组织学生评优；

（5）老师评讲；

（6）相关知识讲解。

2.3.3　相关知识学习

2.3.3.1　组合体的组合形式

A　组合体的组合方式

组合体的组合方式有相加式、切割式和综合式等，其中应用最多的是综合式。

（1）相加式。指由两个或两个以上的基本几何体相加而组成的形体。如图 2 – 22(a) 所示。

（2）切割式。指从较大的基本形体中挖掘出或切割出较小的基本形体，如图 2 – 22 (b) 所示。

（3）综合式。由相加式和切割式共同组成的形体，如图 2 – 22(c) 所示。

在许多情况下，切割式与相加式并无严格的界限，同一组合体既可以按相加式组合体进行分析，也可以按切割式进行分析。应根据具体情况进行分析，以绘图、读图方便为准。

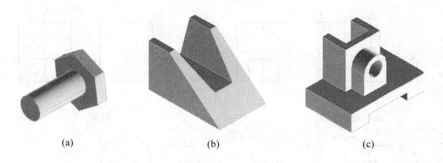

图 2 - 22 相加式组合体

（a）叠加型；（b）切割型；（c）综合型

B 组合体表面的连接关系

无论以何种方式构成的组合体，其同一方向的相邻表面都可以分为平齐、不平齐、表面相交和相切四种连接关系。形体间的表面连接关系不同，其结合处的图线画法就不同。

（1）两表面间不平齐。两表面产不平齐的连接处应有线隔开，如图 2 - 23 所示。

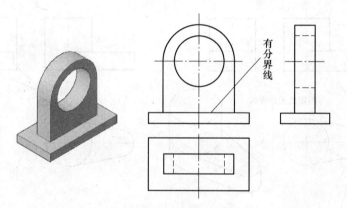

图 2 - 23 两表面间不平齐

（2）两表面间平齐。两表面间平齐的连接处没有线隔开，如图 2 - 24 所示。

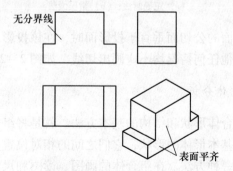

图 2 - 24 两表面间平齐

（3）表面相交。画视图时，表面相交处应有交线。包括平面与平面相交、平面与曲面相交和曲面与曲面相交，如图 2 - 25 所示。

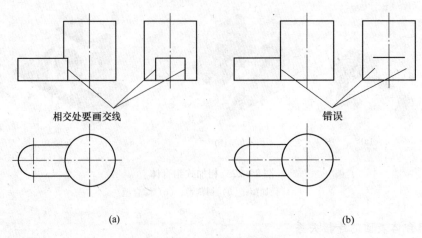

图 2 - 25　表面相交的画法
（a）正确画法；（b）错误画法

（4）表面相切。画视图时，表面相切处一般不画线。包括平面与曲面相切和曲面与曲面相切，如图 2 - 26 所示。

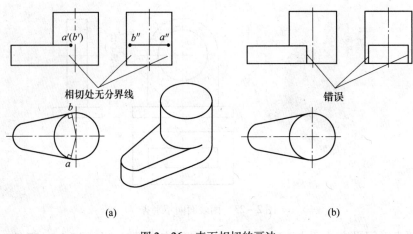

图 2 - 26　表面相切的画法
（a）正确画法；（b）错误画法

当平面与曲面或两曲面的公切面垂直于投影面时，在该投影面上的投影要画出相切的转向轮廓线，除此之外其他任何情况均不应画出切线，如图 2 - 27 所示。

2.3.3.2　组合体的形体分析

形体分析法是分析组合体形状和结构的基本方法。就是将组合体按照其组成方式分解为若干基本形体，弄清各基本形体的形状，它们之间的相对位置关系及表面连接形式，从而得到形体的总体结构的一种方法。在组合体的画图、读图和尺寸标注时，常常要运用形体分析法。其分析内容包括：

（1）组合体的组合形式：切割、叠加、综合。

（2）组合体的表面关系：错开、对齐、相交、相切。

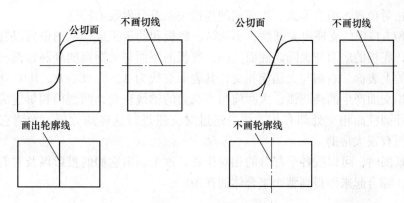

图 2 - 27　相切的画法

（3）组合体各组成部分之间的位置关系：上、下、左、右、前、后。

（4）组合体各组成部分的结构状况：各部分的尺寸大小；内、外结构；主要结构、次要结构等。

对图 2 - 28(a) 所示的组合体进行形体分析的步骤：

（1）从图 2 - 28(b) 所示的支座立体图中可以看出，此组合体由 4 个基本几何体组成：底板、大圆筒、肋板和小圆筒。

（2）底板、肋板分别是不同形状的平板。

（3）底板的前、后侧面都与大圆筒柱面相切，肋板的前、后两侧面与大圆筒柱面相交，底板的顶面与大圆筒柱面相交，大圆筒与小圆筒柱面相贯。

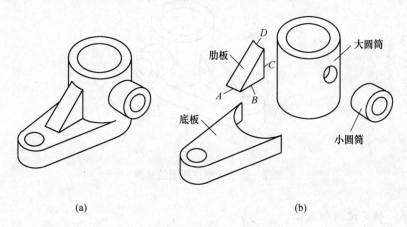

(a)　　　　　　　　　　　　　　　　(b)

图 2 - 28　组合体及其形体分析

(a) 支座；(b) 形体分析图

2.3.4　任务实施

项目：绘制图 2 - 28(a) 所示的组合体支座三视图。

2.3.4.1　形体分析

画图前，首先应对组合体进行形体分析，分析该组合体是由哪些基本体组成的，了解它们之间的相对位置、组合形式、表面间的连接关系及分界线的特点。

图 2 - 28(b) 中的支座由大圆筒、小圆筒、底板和肋板组成，从图中可以看出大圆筒与底板接合，底板的底面与大圆筒底面共面，底板的侧面与大圆筒的外圆柱面相切；肋板叠加在底板的上表面，右侧与大圆筒相交，其表面交线为 A、B、C、D，其中 D 为肋板斜面与圆柱面相交而产生的椭圆弧；大圆筒与小圆筒的轴线正交，两圆筒相贯连成一体，因此两者的内外圆柱面相交处都有相贯线。通过对支座进行这样的分析，弄清它的形体特征，对于画图有很大帮助。

在具体画图时，可以按各个部分的相对位置，逐个画出它们的投影以及它们之间的表面连接关系，综合起来即得到整个组合体的视图。

2.3.4.2　选择主视图

表达组合体形状的一组视图中，主视图是最主要的视图。在画三视图时，主视图的投影方向确定以后，其他视图的投影方向也就确定了。因此，主视图的选择是绘图中的一个重要环节。主视图的选择一般根据形体特征原则来考虑，即以最能反映组合体形体特征的那个视图作为主视图，同时兼顾其他两个视图表达的清晰性。选择时还应考虑物体的安放位置，尽量使其主要平面和轴线与投影面平行或垂直，以便使投影能得到实形。如图 2 - 29 所示的支座，比较箭头所指的各个投影方向，选择 A 向投影为主视图较为合理。

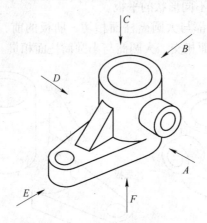

图 2 - 29　支座主视图的选择

2.3.4.3　确定比例和图幅

据组合体的尺寸大小和复杂程度，依据相关的国家标准（如 GB/T 14689—2008、GB/T 14690—1993 等），选择出适合的图纸幅面和绘图比例。

在一般情况下，尽可能选用 1∶1 的比例，图幅则要根据所绘制视图的面积大小以及留足标注尺寸和画标题栏的位置来确定。

2.3.4.4　布置视图位置

根据组合体的复杂程度和尺寸大小，通过简单计算将各视图均匀地布置在图框内。各视图位置确定后，用细点划线或细实线画出作图基准线，作图基准线一般为底面、对称面、重要端面、重要轴线等。

　　该步骤应力求图面匀称、视图间的距离恰当，有足够的标注尺寸的空间。

　　支座的绘图步骤如图 2 - 30 所示。

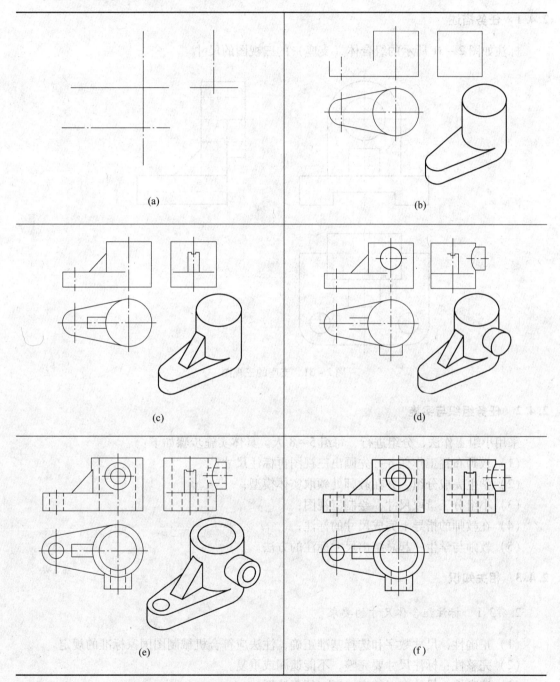

图 2 - 30　支座三视图的作图步骤

（a）布置视图，画主要基准线；（b）画底板和大圆筒外圆柱面；（c）画肋板；

（d）画小圆筒外圆柱面；（e）画三个圆孔；（f）检查、描深，完成全图

任务 2.4　组合体的尺寸注法

2.4.1　任务描述

标注如图 2 - 31 所示的组合体（支座）的三视图的尺寸。

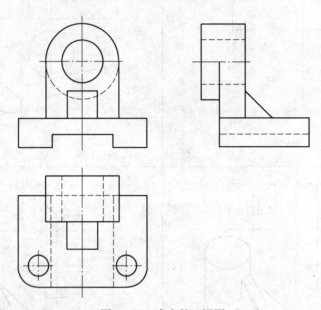

图 2 - 31　支座的三视图

2.4.2　任务组织与实施

采用小组工作法，分组进行，每组 5 ~ 8 人。具体实施步骤如下：

（1）教师布置工作任务：先画出三视图再标注尺寸；

（2）学生完成分组，并在教师处领取实体模型；

（3）小组分工量取尺寸，绘制三视图；

（4）在教师的指导下完成尺寸的标注；

（5）教师与学生一起总结出尺寸标注的方法。

2.4.3　相关知识

2.4.3.1　标注组合体尺寸的要求

（1）正确性：尺寸数字和选择基准正确，注法应符合机械制图国家标准的规定。

（2）完整性：标注尺寸要完整，不能遗漏或重复。

（3）清晰性：尺寸布置整齐清晰，便于读图。

2.4.3.2　组合体视图的尺寸基准

标注尺寸的起始位置称为尺寸基准。组合体有长、宽、高三个方向的尺寸，每个方向至少应有一个尺寸基准。组合体的尺寸标注中，常选取对称面、底面、端面、轴线或圆的中心线等几何元素作为尺寸基准。在选择基准时，每个方向除一个主要基准外，根据情况还可以有几个辅助基准。基准选定后，各方向的主要尺寸（尤其是定位尺寸）就应从相应的尺寸基准进行标注。

图 2-32 所示支架，是用竖板的右端面作为长度方向尺寸基准；用前、后对称平面作为宽度方向的尺寸基准；用底板的底面作为高度方向的尺寸基准。

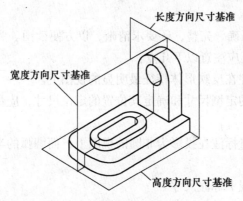

图 2-32 支架的尺寸基准分析

2.4.3.3 标注尺寸要完整、清晰

A 尺寸种类

要使尺寸标注完整，既无遗漏，又不重复，最有效的方法是对组合体进行形体分析，根据各基本体形状及其相对位置分别标注以下几类尺寸。

（1）定形尺寸。确定各基本体形状大小的尺寸。例如：图 2-33(a) 中的 50、34、10、R8 等尺寸确定了底板的形状。而 R14、18 等是竖板的定型尺寸。

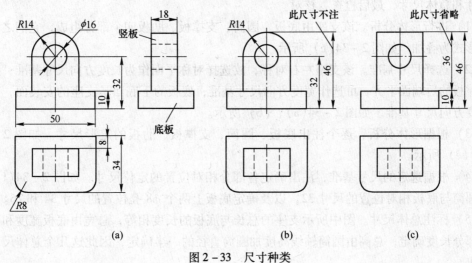

图 2-33 尺寸种类

（2）定位尺寸。确定各基本体之间相对位置的尺寸。例如：图 2-33(a) 俯视图中的尺寸 8 确定竖板在宽度方向的位置，主视图中尺寸 32 确定 φ16 孔在高度方向的位置。

（3）总体尺寸。确定组合体外形总长、总宽、总高的尺寸。总体尺寸有时和定型尺寸重合，例如：图2-33（a）中的总长50和总宽34同时也是底板的定型尺寸。对于具有圆弧面的结构，通常只注中心线位置尺寸，而不注总体尺寸。如图2-33（b）中总高可由32和R14确定，此时就不再标注总高46了。在标注了总体尺寸后，有时可能会出现尺寸重复，这时可考虑省略某些定型尺寸。如图2-33（c）中总高46和定形尺寸10、36重复，此时可根据情况将此二者之一省略。

　　B　标注尺寸要清晰

标注尺寸不仅要求正确、完整，还要求清晰，以方便读图。为此，在严格遵守机械制图国家标准的前提下，还应注意以下几点：

（1）尺寸应尽量标注在反映形体特征最明显的视图上。

（2）同一基本形体的定型尺寸和确定其位置的定位尺寸，应尽可能集中标注在一个视图上。

（3）直径尺寸应尽量标注在投影为非圆的视图上，而圆弧的半径应标注在投影为圆的视图上。

（4）尽量避免在虚线上标注尺寸。

（5）同一视图上的平行并列尺寸，应按"小尺寸在内，大尺寸在外"的原则来排列，且尺寸线与轮廓线、尺寸线与尺寸线之间的间距要适当。

（6）尺寸应尽量配置在视图的外面，以避免尺寸线与轮廓线交错重叠，保证图形清晰。

2.4.4　任务实施

项目：标注如图2-31所示的组合体（支座）的三视图的尺寸。

标注组合体的尺寸时，应先对组合体进行形体分析，选择基准，标注出定型尺寸、定位尺寸和总体尺寸，最后检查、核对。

（1）进行形体分析。该支座由底板、圆筒、支撑板、肋板四个部分组成，它们之间的组合形式为叠加。如图2-34（c）所示。

（2）选择尺寸基准。该支座左右对称，故选择对称平面作为长度方向尺寸基准；底板和支撑板的后端面平齐，可选作宽度方向尺寸基准；底板的下底面是支座的安装面，可选作高度方向尺寸基准。如图2-34（a）、（b）所示。

（3）根据形体分析，逐个注出底板、圆筒、支撑板、肋板的定形尺寸。如图2-34（d）、（e）所示。

（4）根据选定的尺寸基准，注出确定各部分相对位置的定位尺寸。如图2-34（f）中确定圆筒与底板相对位置的尺寸32，以及确定底板上两个φ8孔位置的尺寸34和26。

（5）标注总体尺寸。图中所示支座的总长与底板的长度相等，总宽由底板宽度和圆筒伸出部分长度确定，总高由圆筒轴线高度加圆筒直径的一半确定，因此这几个总体尺寸都已标出。

（6）检查尺寸标注有无重复、遗漏，并进行修改和调整，最后结果如图2-34所示。

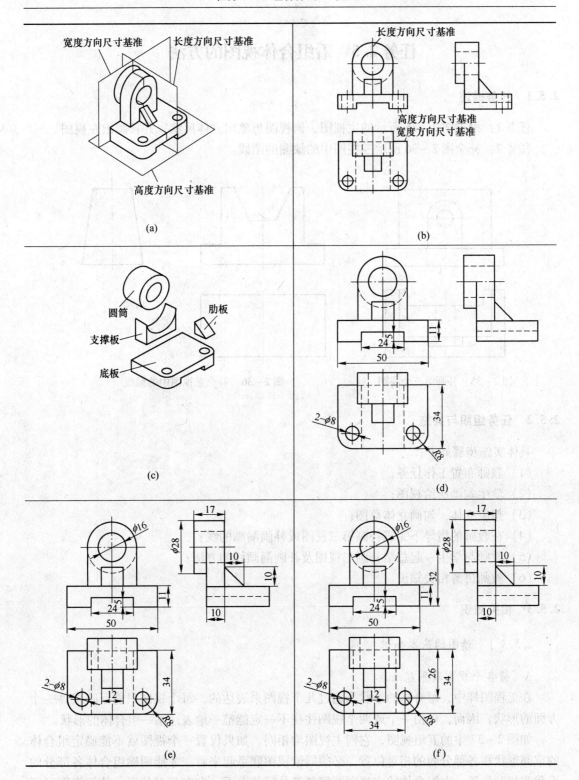

图 2-34　支座三视图的作图步骤

(a) 支座；(b) 画底板和大圆筒外圆柱面；(c) 支座形体分析；(d) 画小圆筒外圆柱面；

(e) 标注圆筒、支撑板、肋板定形尺寸；(f) 标注定位尺寸、总体尺寸

任务 2.5　看组合体视图的方法

2.5.1　任务描述

任务 1：根据图 2 – 35 所示的主视图、俯视图想象出立体形状，并补画出左视图。

任务 2：补全图 2 – 36 所示三视图中的缺漏的图线。

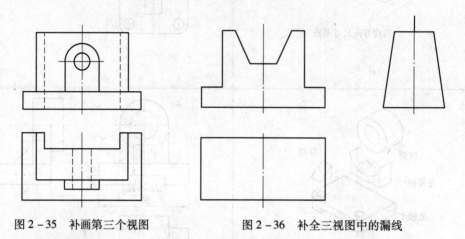

图 2 – 35　补画第三个视图　　　　图 2 – 36　补全三视图中的漏线

2.5.2　任务组织与实施

具体实施步骤如下：

（1）教师布置工作任务；

（2）学生勾画所给视图；

（3）想象立体，勾画立体草图；

（4）在教师的指导下完成补画第三视图或补画漏画的线；

（5）教师与学生一起总结补画三视图及补画漏画线的方法；

（6）教师讲解相关知识。

2.5.3　相关知识

2.5.3.1　读图的基本知识

A　将各个视图联系起来读

在工程图样中，组合体的形状是通过几个视图来表达的，每个视图只能反映机件一个方面的形状，因而，仅由一个或两个视图往往不一定能唯一地表达某一组合体的形状。

如图 2 – 37 中的五组视图，它们主视图均相同。如果仅看一个视图就不能确定组合体的空间形状和各部分间的相对位置，必须同俯视图联系起来看，才能明确组合体各部分的形状和相对位置。由组合体的主视图了解各部分间的上下、左右相对位置，从俯视图可了解各部分之间的前后、左右的相对位置。又如，图 2 – 38 所示的五组视图，它们主视图、俯视图均相同，但也表示了五种不同形状的物体。

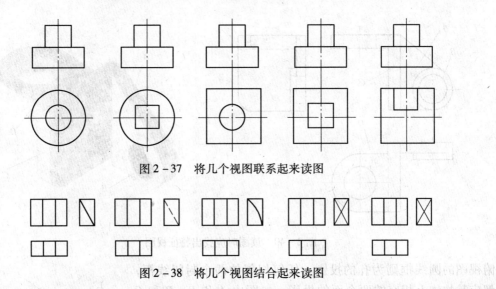

图 2 - 37　将几个视图联系起来读图

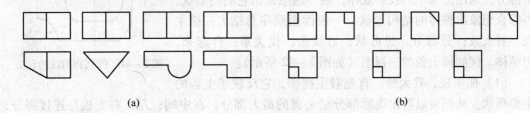

图 2 - 38　将几个视图结合起来读图

由此可见,在读图时必须把所给出的几个视图联系起来读,才能准确地想象出表示的物体的形状。

B　寻找特征视图

所谓特征视图,就是把物体的形状特征及相对位置关系反映得最充分的那个视图。例如图 2 - 39(a) 中的俯视图及图 2 - 39(b) 中的左视图。找到这个视图,再配合其他视图,这样就能比较准确地掌握形体的结构形状了。

![寻找特征视图]

(a)　　　　　　　　　　　　　　　　　　　　　　(b)

图 2 - 39　寻找特征视图

(a) 主视图完全相同,俯视图为特征视图;(b) 主视图、俯视图完全相同,左视图为特征视图

但是,由于组合体的组成方式不同,物体的形状特征及相对位置并非总集中在一个视图上,有时是分散于各个视图上。例如图 2 - 40 中的支架就是由四个形体叠加而成的。主视图反映物体 A、B、C 的特征,俯视图反映物体 D 的特征。所以在读图时,要抓住反映特征较多的视图。

C　了解视图中的图线和线框的含义

弄清视图图线和线框的含义,是读图的最基本条件,下面以图 2 - 39 为例加以说明。

视图中的每一条图线可以是曲面的转向轮廓线的投影,如图 2 - 41 中直线 1 是圆柱的转向轮廓线;也可以是两表面的交线的投影,如图 2 - 41 中直线 2;还可以是面的积聚性投影,如图 2 - 41 中直线 4。

视图中的每一个封闭线框,可以是形体上不同位置平面和曲面的投影,也可以是孔的投影。如图 2 - 41 中 A、B 和 D 线框为平面的投影,线框 C 为曲面的投影,而图 2 - 39 中

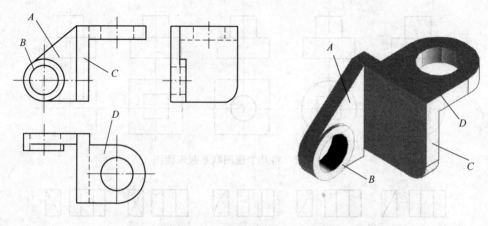

图 2－40　读图时应找出特征视图

俾视图的圆线框则为孔的投影。任何相邻的两个封闭线框，都应是物体上相交的两个面的投影。如图中 A 和 B、B 和 C 都是相交两表面的投影，B 和 D 则是前后平行两表面的投影。

2.5.3.2　读图方法

A　形体分析法

根据视图特点，把比较复杂的组合体视图按线框分成几个部分，运用三视图的投影规律，逐一地想象出它们的形状，再综合想象出整体的结构形状。一般读图顺序总结为：抓主视，看大致；分部分，想形状；对线条，找关系；合起来，想整体。例如读上盖的三视图（如图 2－42 所示）。

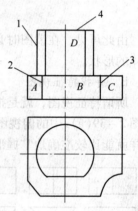

图 2－41　线框和图线的含义

（1）抓主视，看大致。首先看主视图，它反映了上盖的主要形状，从图可以看出拱形部分是上盖的最大部分，在中间；左、右支板是连接部分，上面是凸缘部分。

（2）分部分，想形状。从主视图上大致可将上盖分为四个部分，即上盖半圆筒部分 1，凸缘部分 2，左支板 3，右支板 4，如图 2－43 及表 2－4 所示。

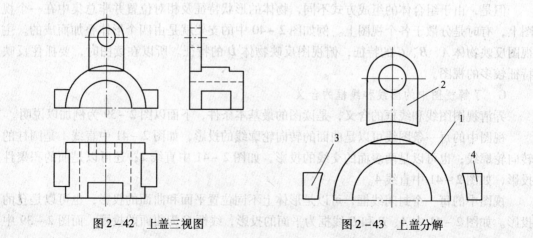

图 2－42　上盖三视图　　　　　　图 2－43　上盖分解

表 2－4　分部分，想形状

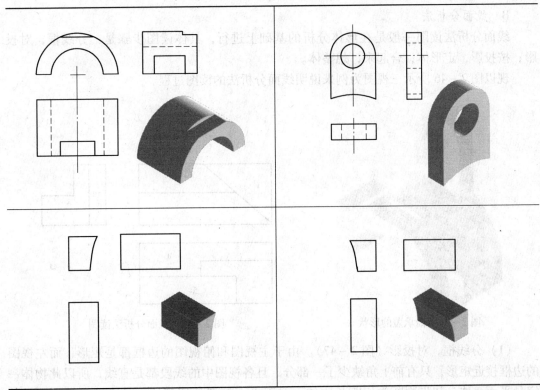

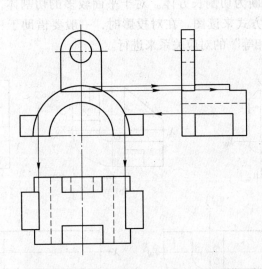

图 2－44　相邻部分表面交线及位置分析

（3）对线条，找关系。各部分形状想象出来后，它们之间的相互关系，可通过对线条，找出相互之间的位置关系和连接关系。从图 2－42 可以看出，支板在上盖半圆筒的两旁，它们之间连接在一起形成交线（图 2－44），在俯视图上表示得很清楚；凸缘部分和上盖半圆筒部分相连在一起，它们之间的交线从左视图上可以看清楚。

（4）合起来，想整体。经过分析、综合和想象，就可以将上盖的整体形状想象出来。

如图 2 - 45 所示。

　　B　线面分析法

　　线面分析法读图一般是在形体分析的基础上进行，具体读图步骤是：分线框，对投影；按投影，定形体；合起来，想整体。

　　现以图 2 - 46 所示三视图为例来说明线面分析法的读图过程。

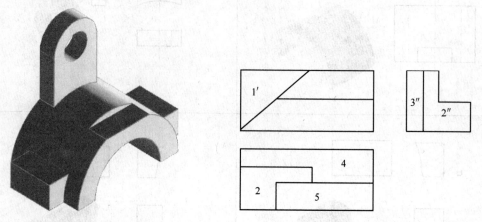

图 2 - 45　轴承盖的形状　　　　　　图 2 - 46　线面分析法读图

　　（1）分线框，对投影（图 2 - 47）。由于主视图和俯视图的边框都是矩形，而左视图的边框接近矩形，只有前上角缺少了一部分，且各视图中的线段都是直线，所以此物体一定是平面立体，初步判断为切割长方体。对于平面较多的切割体，可通过对各组成平面"分线框，对投影"的方式来读图。在对投影时，一般要借助于三角板、分规等工具按"长对正、高平齐、宽相等"的对应关系来进行。

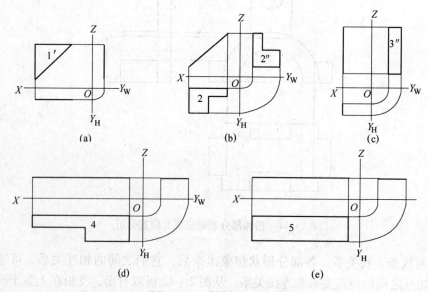

图 2 - 47　分线框，对投影

（a）相框 I；（b）相框 II；（c）相框 III；（d）相框 IV；（e）相框 V

　　根据正投影特性，平面在投影图上的表现形式有两种：直线——平面对投影面垂直时；线框——平面对投影面平行或倾斜时。对三投影面体系而言，平面的投影形式不外乎三种情况：

1）三个投影为类似形——该平面对三个投影面均倾斜（即一般位置平面）。

2）一个投影积聚为斜线，另两个投影为类似形——该平面垂直于一个投影面而倾斜于另两个投影面（即投影面垂直面）。

3）一个投影为线框，另两个投影积聚成直线——该平面平行于一个投影面而垂直于另两个投影面（即投影面平行面）。

以上分析为"分线框，对投影"提供了理论依据：如果某一视图中的某一线框在相邻视图中无对应的类似形线框时，则应找出其积聚为直线的投影。由于线框较形象，读图时往往从"分线框"入手。

图2-46所示切割体上的各组成平面，由其在三视图中的投影情况可分别分析出它们的三面投影如图2-47（a）~（e）。

（2）按投影，定形体。根据以上分析，三个视图中的线框的含义已确定出了，并且每个面、线的含义也已清楚了，这样就可据此来确定出Ⅰ、Ⅱ、Ⅲ等各个表面的形状、位置等。如图2-48所示。

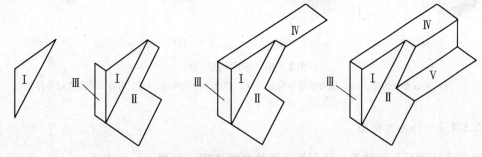

图2-48 按投影，定形体

（3）合起来，想整体。将线框Ⅰ、Ⅱ、Ⅲ、Ⅳ、Ⅴ的形状根据它们的相对位置，放入前面初步形体分析所得的立体上去，完整的形状就想象出来了。如图2-49所示。

线面分析法作为看组合体和画组合体视图的一种分析方法，必须掌握。要能准确地由视图中的图线分析出组合体的每一个表面和表面间的相对位置，并对表面的交线也能分析清楚，就要根据线面的投影规律，明确视图中图线、线框的含义。但在实际看图和画图时，往往不是一成不变地只用一种方法，而是根据形体的具体情况综合应用线面分析法和形体分析法这两种方法。

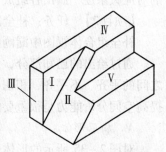

图2-49 合起来，想整体

2.5.4 任务实施

【项目1】 根据图2-35所示的主视图、俯视图想象出立体形状，并补画出左视图。

根据两个视图补画第三个视图是培养和检验读图能力常用的一种方法，它实际上是看图与画图的综合练习。首先应按照投影规律，读懂已知的两个视图，想象出立体形状，然后再根据投影规律及组合体的画图方法，补画出第三个视图。具体实施步骤如下。

2.5.4.1　形体构思及分析

本题从主视图的三个线框可知立体由三部分组成，按主、俯长对正的对应关系分析，可知该三部分的前后关系；再结合基本体投影特性分析，可知其底部为一挖槽长方形板，后部是一挖槽长方体，前面是一带孔半圆头凸缘。如图2-50(a)、(b)、(c)所示。底板与后方槽按后中对齐放置，凸缘在底板上面并紧贴后方槽的正前方，圆孔贯穿后方槽和凸缘。按已知视图确定的各部分相对位置将以上几部分组合起来，该形体空间形状如图2-50(d)所示。

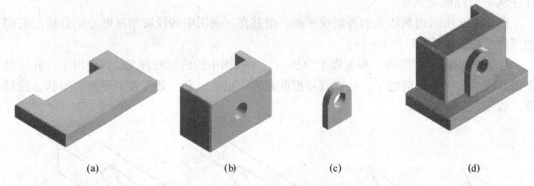

图2-50　读图构思过程

(a)底板形状构思；(b)后方槽形状构思；(c)前凸缘形状构思；(d)组合成空间立体形体

2.5.4.2　补画左视图

把前述结构分析的结果，按照组合体的画图步骤，根据主、左高平齐，俯、左宽相等的对应关系逐一画出各组成部分的左视图，如图2-51所示。

【项目2】　任务：补全图2-35所示三视图中的缺漏的图线。

补全组合体视图中漏画的图线也是提高读图能力，检验读图、画图效果常用的方法之一。通过给出的已知部分，分析组合体的特点及组合形式、相邻表面的连接关系，看它们之间的平齐、不平齐、相切、相交、相贯等的分界处情形是否表达正确，有无漏线，这对提高空间分析能力是很重要的。任务的实施步骤如下。

A　构思形体

对图2-35所示的形体进行初步分析，基本上可以确定这是一个由长方体切割而成的形体。根据图形的已知条件可以将形体的具体形状构思出来，其构思过程如图2-52所示。

B　补漏线

本题补漏线的难点在俯视图上，这是因为该形体上四个斜面在俯视图中均不积聚所致。像这样的倾斜于投影面的多边形平面，可利用"投影面的倾斜面的投影为类似形"的特性来解决其空间分析和画投影图的问题，其具体补漏线过程如表2-5所示。

本例中利用平面的投影特性对较难部分进行分析的方法，即线面分析法。在形体分析

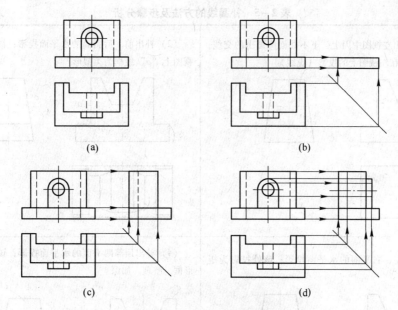

图 2 - 51　补画左视图步骤

（a）主、俯视图；（b）绘底板；（c）绘后槽板；（d）绘前凸缘

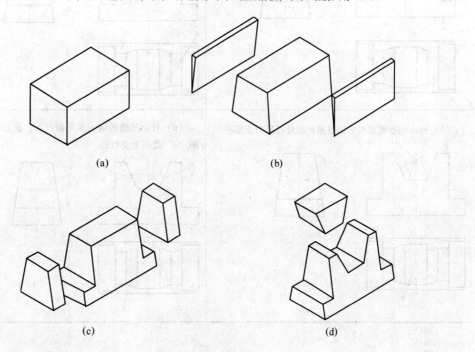

图 2 - 52　构思形体

（a）长方体；（b）切去前、后部分；（c）切去左、右部分；（d）开上方通槽，完成构思

的基础上，"线面分析攻难点"是对形体投影中画、看图较难的部分进行过细分析的一个重要方法，因为它必须用线、面的投影特性进行分析，所以恰当地运用这种方法，可进一步提高理论分析能力。

表 2 – 5　补漏线的方法及步骤分析

（1）补画出左视图中因上、下不共面应画出的交线；补出上部通槽在左视图上的投影（虚线） 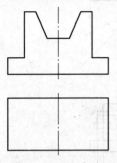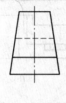	（2）补出前、后斜面的水平面投影；该处投影与主视图上"a"线框为类似形 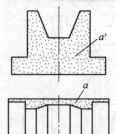
（3）补出左、右平面的水平面投影；该处投影为矩形框 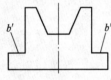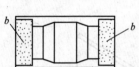	（4）补出顶部两平面的水平面投影；该处投影为矩形框。整理，加深 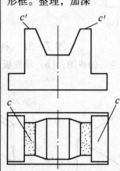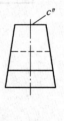
（5）补出凹槽底部水平面投影；该处投影为矩形框 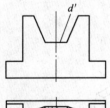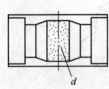	（6）补出凹槽两侧面水平面投影；该处投影与左视图"e"线框为类似形 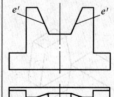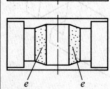

学习情境 3 图样表达方式规范与训练

【知识目标】

(1) 掌握基本视图、向视图、局部视图和斜视图的表达方式选择;

(2) 掌握剖视图、断面图的表达方式及画法;

(3) 掌握局部放大图和简化画法的基本概念及国标规定画法;

(4) 掌握图样规范与尺寸表达方式规范与画法。

【技能目标】

(1) 能正确利用基本视图、向视图、局部视图和斜视图来表达机件的结构特点;

(2) 能正确利用剖视图表达机件的结构特点;

(3) 能正确利用断面图表达机件的结构特点;

(4) 能正确利用局部放大图和简化画法表达机件的结构特点。

【本情境导语】

在工程中,机件的形状千变万化,当机件的内、外部结构比较复杂时,仍采用三视图来表达,就难以将它们的内、外部结构和形状表达清楚。为了能够完整、清晰、简便、规范地将机件的内、外部结构形状表达出来,国家有关技术制图、机械制图的标准规定了适应机件结构变化的各种表达方法,如视图、剖视、断面、局部放大、简化画法等,本章将着重介绍一些常用的表达方法。

任务 3.1 向视图的表达方式选择

3.1.1 任务描述

根据图 3-1 中机件的主视图和俯视图,补全机件的左视图、右视图、后视图、仰视图等六个基本视图。

3.1.2 任务组织与实施

采用项目驱动法。具体实施步骤如下:

(1) 教师将上述任务布置给学生;

(2) 学生利用前面学习的知识来完成任务;

(3) 教师针对学生完成的任务进行评讲,针对问题再学习相关知识;

(4) 教师提问启发学生对复杂机件表达的思考:

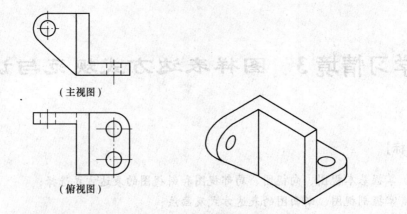

（主视图）

（俯视图）

图 3 - 1　补全机件的其他四个基本视图

1）利用三视图能否清楚表达复杂机件？

2）六个基本视图是怎样配置的？举例说明。

3）按向视图配置视图时，应怎样标注？举例说明。

3.1.3　相关知识学习

机件向投影面投影所得的图形称为视图。视图主要用来表达机件的外部结构形状，一般只画出机件的可见部分。

视图的种类分为基本视图、向视图、局部视图和斜视图四种。

3.1.3.1　基本视图

根据国标规定，在原有三个投影面的基础上，再增设三个投影面，构成一个正六面体，这六个投影面称为基本投影面，将机件放在正六面体内，分别向各基本投影面投影，所得的六个视图，称为基本视图，如图 3 - 2 所示。

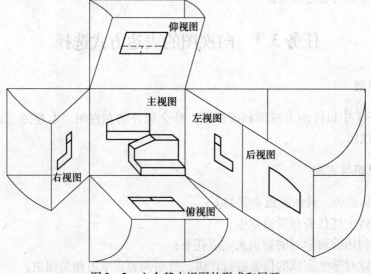

图 3 - 2　六个基本视图的形成和展开

基本视图的名称及投影方向、配置除了前面介绍的主视图、俯视图、左视图外，还有后视图——从后向前投影，仰视图——从下向上投影，右视图——从右向左投影的配置关系，原有三视图位置不变，右视图在主视图左面，仰视图在主视图的上面，后视图在左视图的右面。如图 3-3 所示。

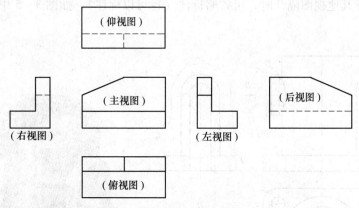

图 3-3　六个基本视图的配置

六个基本视图之间仍然保持"长对正，高平齐，宽相等"的投影规律，即主视图、俯视图、仰视图及后视图等四个视图长对正；右视图、主视图、左视图及后视图等四个视图高平齐；左视图、右视图、俯视图及仰视图等四个视图宽相等。

但是，实际绘图时，在能完整清晰地表达出机件各部分的形状、结构的前提下，视图数量应尽量少画。视图一般只画机件的可见部分，必要时才画出其不可见部分。

3.1.3.2　向视图

实际制图时，由于考虑到各视图在图纸中的合理布局问题，如不能按 5-1-3 配置视图，或各视图不画在同一张图纸上时，一般应在视图上标注大写拉丁字母，并在相应的视图附近用带有相同字母的箭头指明投影方向，这种视图称为向视图。向视图是可以自由配置的视图，如图 3-4 所示。

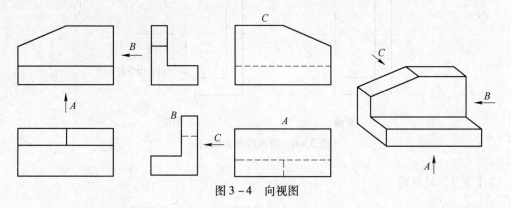

图 3-4　向视图

3.1.3.3　局部视图

将机件的某一部分向基本投影面投影所得到的视图称为局部视图。

画局部视图时应注意以下几点：

（1）局部视图可按基本视图的配置形式配置，也可按向视图的配置形式配置。

（2）一般应在局部视图的上方标出视图的名称"×"，在相应的视图附近用箭头指明投影方向，并注上同样的字母，如图 3 - 5 所示 B 向局部视图。当局部视图按投影关系配置，中间又没有其他视图隔开时，可省略标注（也可以标注），如图 3 - 5 中左侧凸台的局部视图。

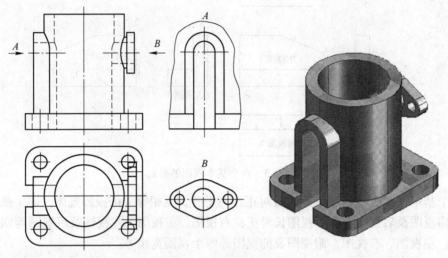

图 3 - 5　局部视图

（3）局部视图断裂处的边界线用波浪线表示，如图 3 - 5 中 A 向局部视图。当所表示的局部结构是完整的且外轮廓又呈封闭时，波浪线可省略不画，如图 3 - 5 中 B 向局部视图右侧凸缘的局部视图。当波浪线作为断裂分界线时，波浪线不应超过断裂机件的轮廓线，应画在机件的实体上，如图 3 - 6 所示空心方板用波浪线断开的画法。

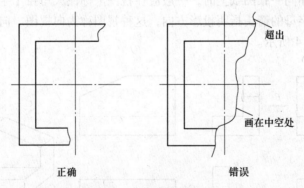

图 3 - 6　波浪线的正误画法

3.1.3.4　斜视图

机件向不平行于基本投影面的平面投影所得的视图称为斜视图。

如图 3 - 7 所示的机件左边是倾斜的，它的俯视图和左视图都不反映实形，使画图和标注尺寸都比较困难。若选用一个平行于此倾斜部分的平面作为新投影面，将其向新投影面投影，便可得到反映倾斜结构实形的图形，即斜视图。

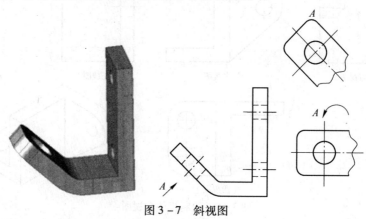

图 3 - 7　斜视图

斜视图通常按向视图的配置形式配置和标注，其断开边界一般用波浪线表示，如图 3 - 7 中 A 向视图所示。

也可以将斜视图旋转配置，但需标出旋转符号。斜视图可顺时针旋转或逆时针旋转，旋转方向与实际方向一致。

举例：根据图 3 - 1 中机件的主视图和俯视图，补全机件的左视图、右视图、后视图、仰视图等六个基本视图。

绘图步骤：

（1）根据机件左视图与主视图的高平齐，左视图与俯视图的宽相等的原则，在机件的主视图的正右边绘制左视图，如图 3 - 8 所示。

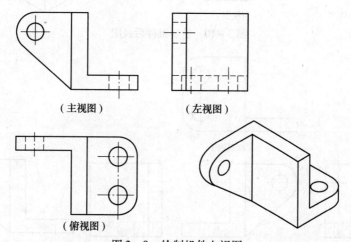

（主视图）　　　　（左视图）

（俯视图）

图 3 - 8　绘制机件左视图

（2）根据机件右视图与主视图的高平齐，右视图与俯视图的宽相等的原则，在机件主视图的正左边绘制右视图，如图 3 - 9 所示。

（3）根据机件左视图与后视图的高平齐，俯视图与后视图的长对正的原则，在机件左视图的正右边绘制后视图，如图 3 - 10 所示。

（4）根据机件仰视图与主视图的长对正，仰视图与左视图的宽相等的原则，在机件主视图的正上方边绘制后视图，如图 3 - 11 所示。

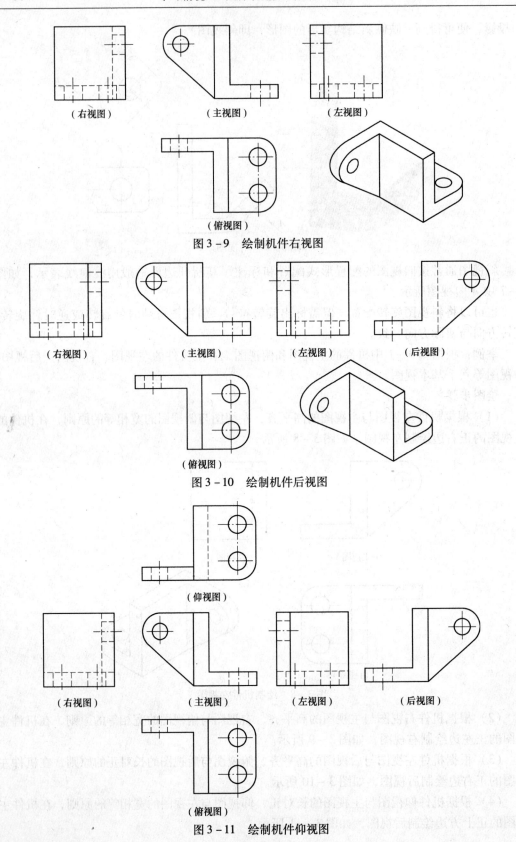

（右视图）　　　（主视图）　　　（左视图）

（俯视图）

图 3-9　绘制机件右视图

（右视图）　　　（主视图）　　　（左视图）　　　（后视图）

（俯视图）

图 3-10　绘制机件后视图

（仰视图）

（右视图）　　　（主视图）　　　（左视图）　　　（后视图）

（俯视图）

图 3-11　绘制机件仰视图

任务 3.2　　剖视图的表达方式选择与绘制

3.2.1　任务描述

将图 3 – 12 所示的机件的左视图用半剖的方式表达出来。

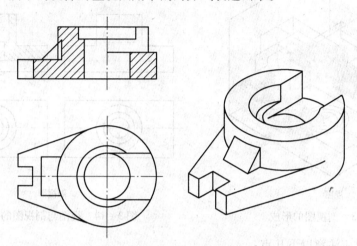

图 3 – 12　机件的左视图用半剖视图表达

3.2.2　任务组织与实施

采用项目驱动法。具体实施步骤如下：

（1）教师将上述任务布置给学生；

（2）学生利用前面学习的知识来完成任务；

（3）教师针对学生完成的任务进行评讲，针对问题再学习相关知识；

（4）教师提问启发学生对剖视图的表达方式的思考：

1）对于内部复杂机件能否采用剖视图表达？

2）剖视图的种类有哪些，如何选择？

3）画局部视图时应注意些什么？

4）剖切面的种类有哪些？

5）画阶梯剖视图时应注意哪些事项？

3.2.3　相关知识学习

3.2.3.1　剖视图的概念和画法

用视图表达机件的结构形状时，机件内部不可见的部分是用虚线表示的。当机件内部结构较复杂时，视图上势必出现许多虚线，使图形不清晰，给看图和标注尺寸带来不便。为了将内部结构表达清楚，同时又避免出现虚线，可采用剖视图的方法来表达。

如图 3 – 13 所示，用假想的剖切面将机件切开，将处在观察者和剖切面之间的部分移去，而将留下部分向投影面投影所得到的视图，称为剖视图。

对视图与剖视图进行比较可以看出，由于主视图采用了剖视的画法，将机件上不可见的部分变成了可见的，图中原有的虚线变成了粗实线，再加上剖面线的作用，使机件内部结构形状表达既清晰又有层次感。这样画图、看图和标注尺寸也很方便，如图 3－14 所示。

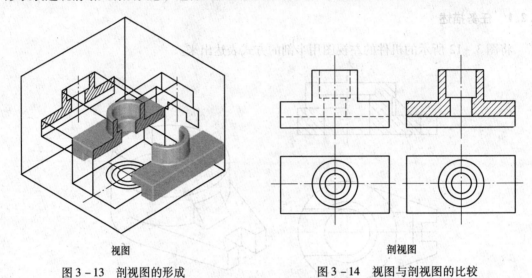

　　　　　视图　　　　　　　　　　　　　　　　　剖视图

　　图 3－13　剖视图的形成　　　　　　图 3－14　视图与剖视图的比较

画剖视图时应注意以下几点：

（1）因为剖切是假想的，并不是真把机件切开并拿走一部分。因此，当一个视图取剖视后，其余视图仍按完整机件画出，而不应出现如图 3－15(a) 所示的只画后半部分。

（2）剖切面与机件的接触部分，应画上剖面线。同一机件在各个剖视图中，其剖面线的画法都要一致。不应出现图 3－15(b) 所示的剖面线不一致。

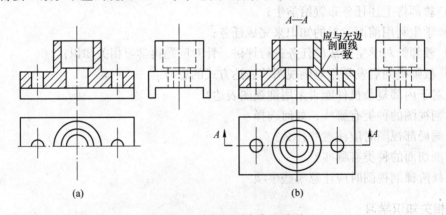

（a）　　　　　　　　　　　　　　　　（b）

图 3－15　画剖视图中常见错误

（a）视图不能只画一半；（b）同一零件在同一组视图中剖面线应一致

（3）剖切后所见轮廓线应全部画出，不得遗漏。

（4）为使图形清晰，剖视图中看不见的结构形状，在其他视图中已表示清楚时，其虚线可省略不画。

剖视图中，因机件的材料不同，剖面符号也不同。常用的国家标准所规定的剖面符号如表 3－1 所示。

表 3 – 1 常见材料的剖面符号

金属材料（已有规定剖面符合者除外）	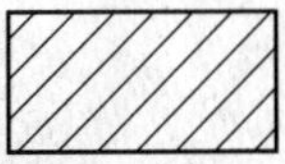	基础周围的混凝土	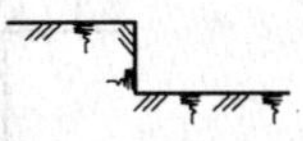
线圈绕组元件	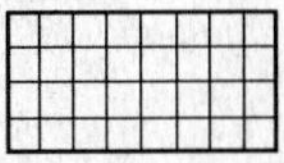	混凝土	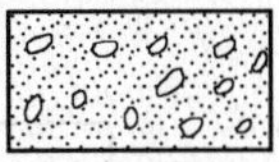
转子、电枢、变压器等的芯钢片		钢筋混凝土	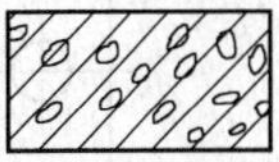
非金属材料（已有规定剖面符合者除处）	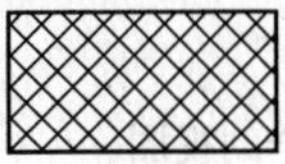	型砂、填砂、粉末冶金、砂轮、陶瓷刀片、硬质合金刀片等	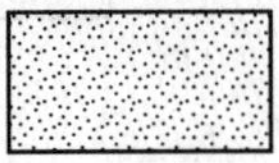
木质胶合板		玻璃及用于观察的透明材料	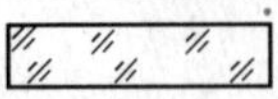
木材	 纵剖面	格网（筛网及过滤器）	
	 横剖面	液 体	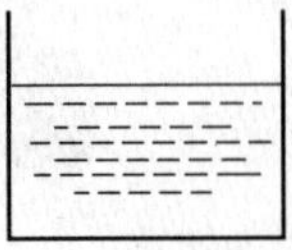
	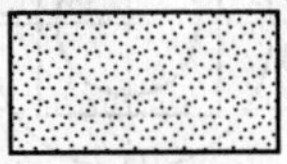 砖		

注：1. 剖面符号仅表示材料的类别，材料的名称和代号必须另行注明；

　　2. 芯钢片的剖面线方向应与束装中芯钢片的方向一致；

　　3. 液面用细实线绘制。

3.2.3.2　剖视图的标注

用粗实线指示剖切面起、迄和转折位置，并注上大写的拉丁字母，投影方向用箭头表示，然后在相应的剖视图上方用相同的大写字母注上"×—×"，表示该剖视图名称，如图 3 – 15(b) 所示。

当单一剖切平面通过机件的对称平面或基本对称平面，并且剖视图按投影关系配置，中间又没有其他图形隔开时，则不必标注，如图 3 – 15(b) 所示。

3.2.3.3　剖视图的种类

按机件被剖开的大小来分，剖视图分为全剖视图、半剖视图和局部剖视图三种。

A　全剖视图

全剖视图是用剖切平面完全地剖开机件所得到的视图，如图 3 – 15(b)、图 3 – 16 所示。

B　半剖视图

当机件具有对称平面时，向垂直于对称平面的投影面上投影，以对称线为分界线，一半画成剖视图，另一半画成视图，这样组合的视图称为半剖视图，如图 3 – 17 所示。

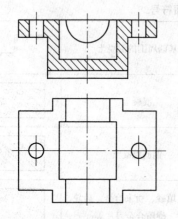
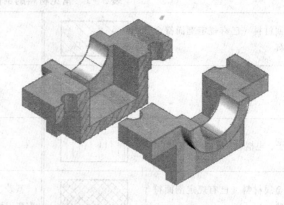

图 3 – 16　全剖视图

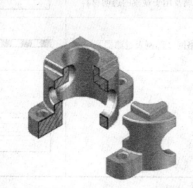
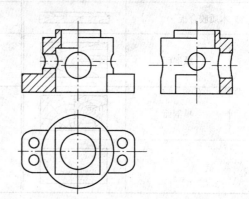

图 3 – 17　半剖视图

半剖视图的优点在于，一半剖视图能够表达机件的内部结构，而另一半剖视图可以表达外形，因为机件是对称的，所以很容易想象出整个机件的内、外部结构形状。

画半剖视图时，应注意以下几点：

（1）半剖视图与视图之间以点划线为分界线。

（2）在半剖视图和半个视图中，一般不画虚线。

（3）半剖视图的标注方法与全剖视图相同。

C　局部剖视图

用剖切平面局部地剖开机件所得的剖视图称为局部剖视图，如图 3 – 18 所示。

画局部剖视图时，应注意以下几点：

（1）在局部剖视图中，视图与剖视图的分界线，不能超出视图的轮廓线，不能与轮廓线重合，也不能穿空（孔、槽等）而过，如图 3 – 19 所示。

（2）在一个视图中局部剖视图的次数不宜太多，否则显得视图过于零乱，影响图形的清晰度。

（3）当被剖切的结构为回转体时，允许将该结构的中心线作为局部剖视与视图的分界线，如图 3 – 19（c）主视图所示。

（4）局部剖视图的标注，应符合剖视图的标注规则，在能正确读图时，也可省略标注。

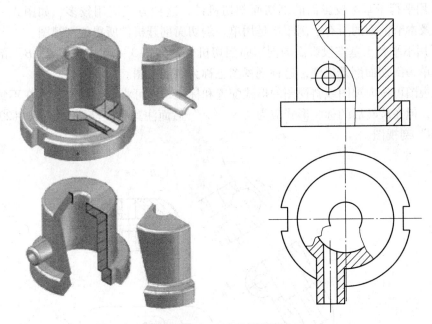

图 3 – 18　局部剖俯视图

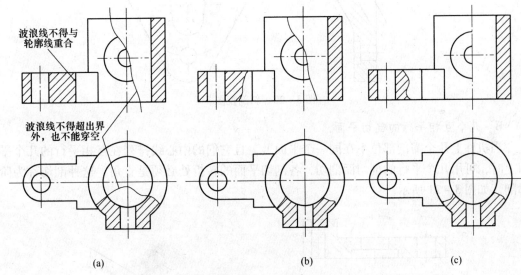

图 3 – 19　画局部剖视图波浪线的正确与错误比较

（a）错误；（b），（c）正确

3.2.3.4　剖切面种类

剖切面共有四种，即单一剖切面、平行剖切面、相交剖切面和复合剖切面。运用任何一种剖切面都可以得到全剖、半剖和局部剖视图。

A　单一剖切面

仅用一个剖切面剖开机件，称为单一剖。基于剖切面的位置，单一剖切面有以下两种情况：

（1）用平行于基本投影面的剖切面剖切机件，这种方式应用较多，如图 3 - 15(b)、图 3 - 16 及本节前面的所有示例图均是用单一剖切面剖开机件所得的剖视图。

（2）用不平行于基本投影面的剖切面剖切机件，如图 3 - 20 中的 "B—B" 剖视图采用倾斜的单一剖切面剖开机件，这种剖视图也称为斜剖视图。

斜剖视图可按向视图或斜视图的形式配置和标注，也可将剖视图平移或在不致引起误解时旋转，但在旋转后的标注形式应为 "$×$—$×$" 后面注写旋转符号，如图 3 - 20 所示中的 "B—B" 剖视图。

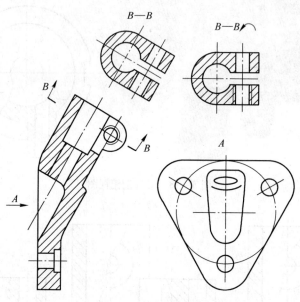

图 3 - 20　斜剖视图

B　几个互相平行的剖切平面

当机件上几个需剖部位不在同一个平面上，且它们的中心线排列在互相平行的几个平面上时，可用几个平行的剖切面剖切，各剖切平面的转折处必须是直角，这种剖切称为阶梯剖，如图 3 - 21 所示。

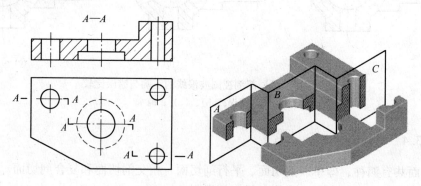

图 3 - 21　机件的阶梯剖

画阶梯剖视图时应注意以下几点：

（1）不允许画出剖切平面转折处的分界线，如图 3 - 22 所示。

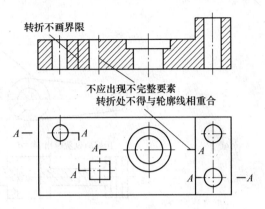

图 3 - 22　机件阶梯剖中的常见错误

（2）剖切平面转折处不应与视图中的轮廓线重合，如图 3 - 22 所示。

（3）图形中不应出现不完整的要素，如图 3 - 22 所示。只有当不同的孔、槽在剖视图中具有公共的对称中心线时，才允许剖切平面在孔、槽中心线或轴线处转折，如图 3 - 23 所示。

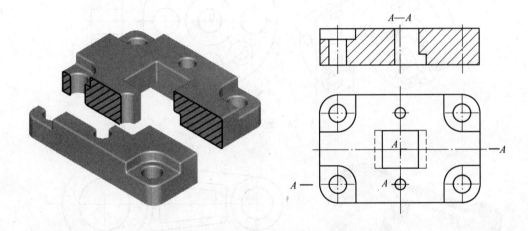

图 3 - 23　模板的剖视图

C　几个相交的剖切平面

用两个相交的剖切面（交线垂直于某一基本投影面）按剖切位置剖开机件，然后将被剖切的结构及其有关部分旋转到与选定的投影面平行后，进行投影，这种剖切称为旋转剖，如图 3 - 24 所示。

旋转剖的标注：必须用带字母的剖切符号表示出剖切平面的起、讫和转折位置以及投影方向，注出剖视图名称"×—×"，如图 3 - 24、图 3 - 25 所示。

D　复合剖切面

用组合的剖切平面剖开机件的方法称为复合剖，如图 3 - 26 所示。图中，用复合剖切面画出了连杆的"A—A"全剖视图。

举例：将图 3 - 12 所示的机件的左视图用半剖的方式表达出来。

绘图步骤：

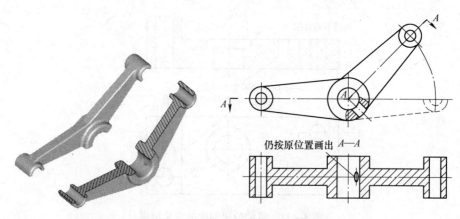

图3-24　两相交剖切面获得的剖视图

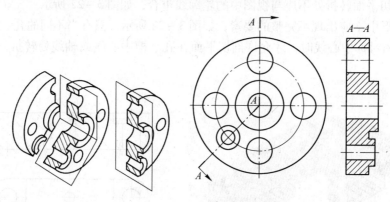

图3-25　旋转剖视图

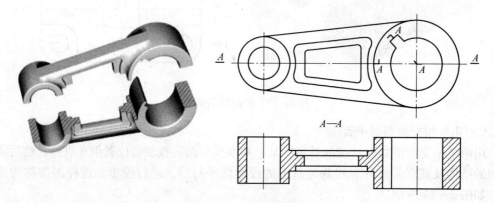

图3-26　复合剖视图

（1）根据任务给定的主视图和俯视图，利用前面所学的形体分析法将机件的立体图想象出来，注意内、外部结构和形状，如图2-27（a）所示。

（2）为了便于正确而完整地将机件的左视图利用半剖视图的形式表达出来，需要将想象出来的立体图用假想的剖球剖面将机件剖切开，如图3-27（b）所示。

（3）将机件的左视图的一半以外观视图的形式画出来，如图3-28（a）所示。

（4）将机件的左视图的另一半以剖视图的形式画出来，如图3-28（b）所示。

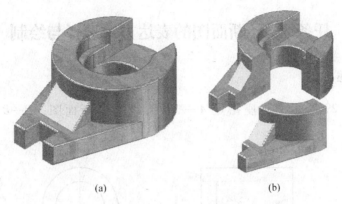

(a)　　　　　　　　　　　　　(b)

图 3 – 27　机件立体图及左视图的剖切图

（a）机件的立体图；（b）机件立体图的剖切图

（5）去除画图时所用的辅助线，将轮廓线加粗和加深，即完成任务，如图 3 – 28（c）
所示。

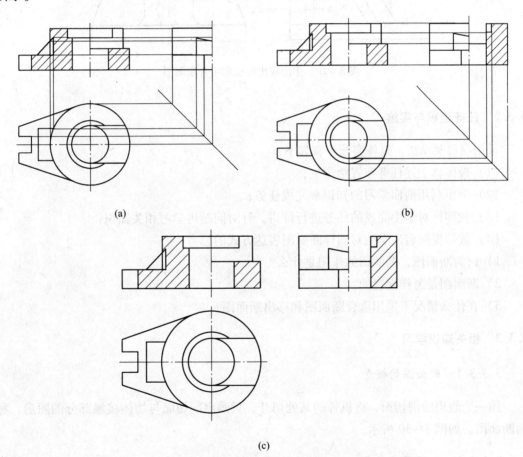

(a)　　　　　　　　　　　　　(b)

(c)

图 3 – 28　机件半剖左视图的绘制步骤

（a）画左视图的外观视图部分；（b）画左视图的剖视图部分；

（c）机件半剖的左视图

任务 3.3　断面图的表达方式选择与绘制

3.3.1　任务描述

在如图 3 - 29 所示的支座指定 $A—A$ 位置作重合断面图；$B—B$ 位置作移出断面图。

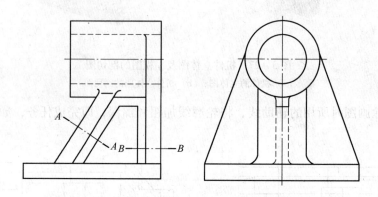

图 3 - 29　作出移出断面和重合断面图

3.3.2　任务组织与实施

采用项目驱动法。具体实施步骤如下：

（1）教师将上述任务布置给学生；

（2）学生利用前面学习的知识来完成任务；

（3）教师针对学生完成的任务进行评讲，针对问题再学习相关知识；

（4）教师提问启发学生对图样断面图表达方式的思考：

1）何为断面图，断面图的作用是什么？

2）断面图是怎样配置的？

3）在什么情况下采用重合断面图和移出断面图？

3.3.3　相关知识学习

3.3.3.1　断面图的概念

用一个假想的剖切面，将机件的某处切开，只画出剖切面与物体接触部分的图形，称为断面图。如图 3 -30 所示。

3.3.3.1　断面图的种类

断面图分为移出断面图和重合断面图两种。

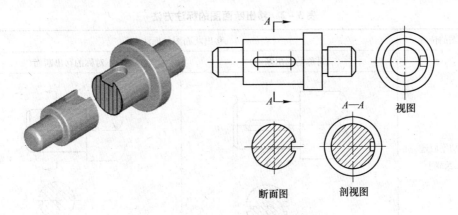

图 3 - 30　断面图、剖视图及视图比较

A　移出断面图

画在视图以外的断面图，称移出断面图，如图 3 - 31 所示。

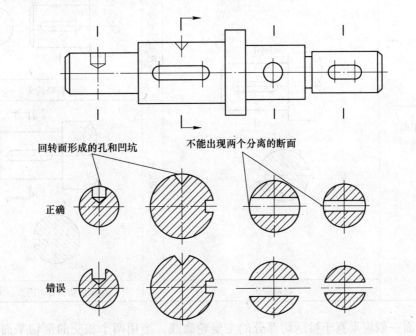

图 3 - 31　画移出断面图的正误比较

　　移出断面图的轮廓线用粗实线绘制，并尽量配置在剖切平面迹线的延长线上，也可画在其他位置。断面图的剖切位置用短粗实线表示，投影方向用箭头表示，并注上大写字母，在断面图的上方用相同的字母标出图名"×一×"。移出断面图的标注方法如表 3 - 2 所示。

　　画移出断面图，当剖切平面通过由回转面形成的孔或凹坑的轴线时，应按剖视图画出；当剖切面通过非圆孔，会导致出现完全分离的两个断面图时，应按剖视图画出，如图 3 - 31 所示。

表 3-2　移出断面图的标注方法

断面图的位置	移出断面图的标注	
	对称的移出断面	不对称的移出断面
在剖切平面迹线延长线上	省略标注箭头、字母	省略字母
不在剖切平面迹线延长线上	省略箭头	按投影关系配置（省略箭头）／不按投影关系配置（标注剖切符号、箭头、字母）

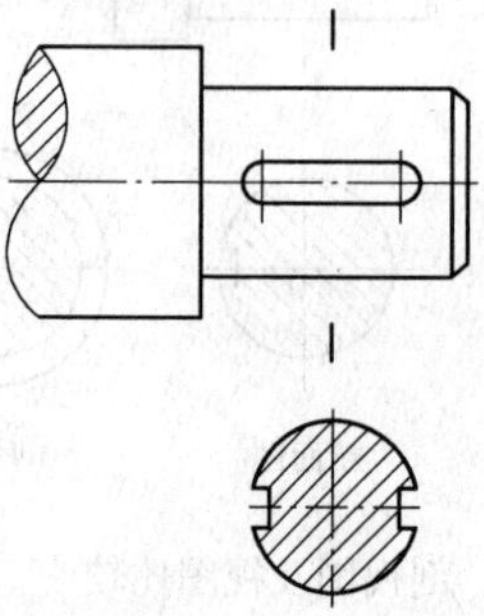

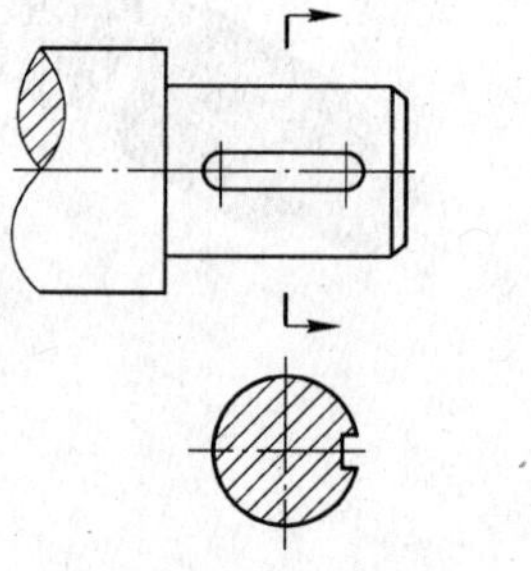

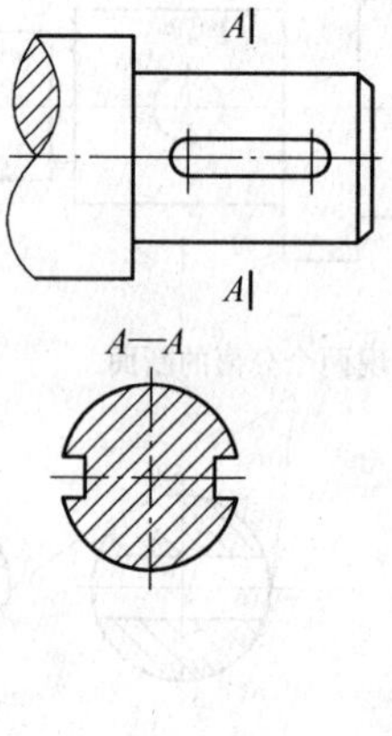

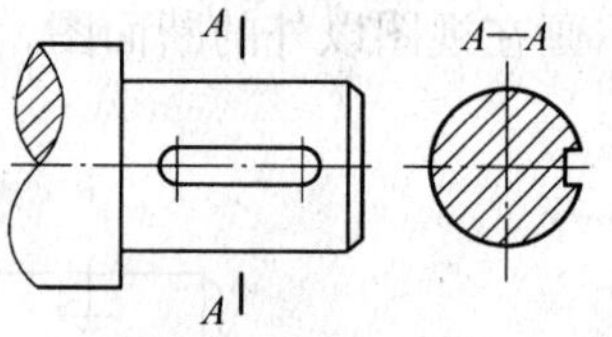

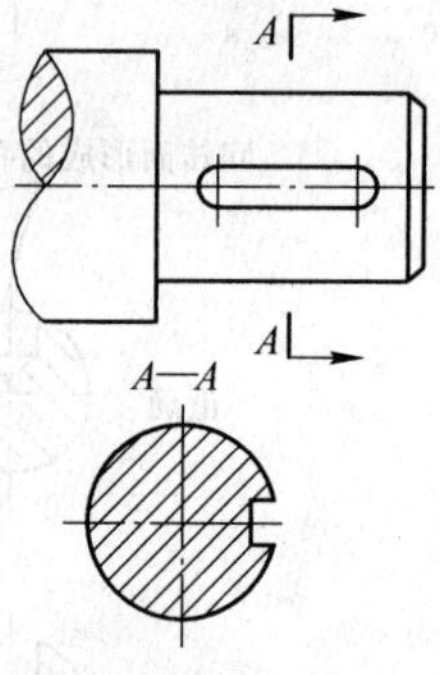

剖切平面一般应垂直于被剖切部分的主要轮廓线，当用两个相交的剖切平面剖切时，断面图中间用波浪线断开，如图 3-32 所示。

B　重合断面图

将剖切后的断面图重叠画在视图上，称为重合断面图。

重合断面图的轮廓线用细实线绘制。当视图中的轮廓线与重合断面图的图形重叠时，视图中的轮廓线仍应连续画出，不可间断，如图 3-33 所示。

举例：在如图 3-29 所示的支座指定 *A—A* 位置作重合断面图；*B—B* 位置作移出断面图。

绘图步骤：

（1）根据任务给定的主视图和左视图，利用前面所学的形体分析法将机件的立体图想

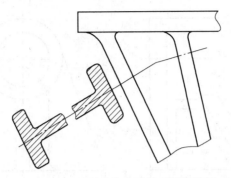

图 3 - 32　相交剖切面剖切的断面图

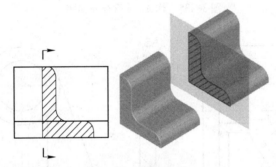

图 3 - 33　重合断面图

象出来，注意内、外部结构和形状，如图 3 - 34(a) 所示。

（2）为了便于正确而完整地将支座的两个断面图画出来，需要利用假想的剖切面在 A—A 位置和 B—B 位置将其剖切，然后移开上面部分，这样可以非常简单清晰地将断面图的结构与形状显示出来，左视图利用半剖视图的形式表达出来，如图 3 - 34(b) 所示。

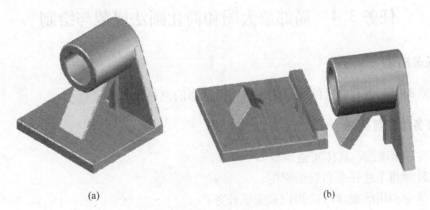

(a)　　　　　　　　　　　　　　　　　(b)

图 3 - 34　支座的形状结构立体图

(a) 支座的立体图；(b) 支座板筋断面形状及结构

（3）在主视图的 A—A 位置上作重合断面图，如图 3 - 35 所示。

（4）在左视图的 B—B 位置作移出断面图，如图 3 - 36 所示。

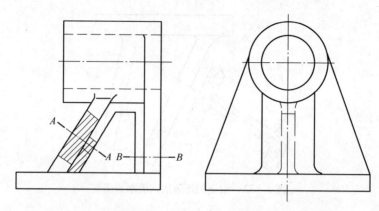

图 3 - 35　作 A—A 重合断面图

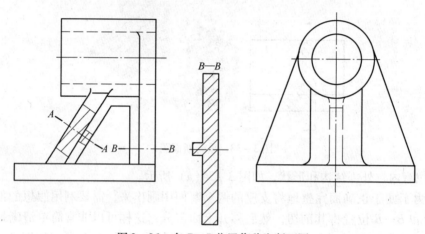

图 3 - 36　在 B—B 位置作移出断面图

任务 3.4　局部放大图和简化画法规范与绘制

3.4.1　任务描述

将如图 3 - 37 所示的机件按简化画法作出适当的剖视图。

3.4.2　任务组织与实施

采用项目驱动法。具体实施步骤如下：

（1）教师将上述任务布置给学生；

（2）学生利用前面学习的知识来完成任务；

（3）教师针对学生完成的任务进行评讲，针对问题再学习相关知识；

（4）教师提问启发学生对局部放大图和简化画法的思考：

1）为什么要采用局部放大图和简化画法？

2）什么是局部放大图，怎样对其进行标注？

3）对于零件图在哪些情况下可以采用简化画法，应怎样简化？

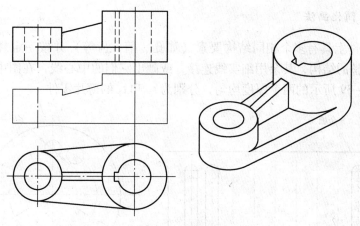

图 3 – 37　按简化画法画出适当的剖视图

3.4.3　相关知识学习

为了使图形更清晰和画图简便，在制图标准中规定了局部放大图和简化画法，供画视图时选用。

3.4.3.1　局部放大图

将机件的局部结构用大于原图形所采用的比例画出，所画图形称为局部放大图，如图 3 – 38 所示。

局部放大图可根据需要画成视图、剖视图或断面图，它与原图的表达方式无关。局部放大图应尽量配置在被放大部位的附近。

画局部放大图时，一般用细实线圈出被放大的部位。当同一部件有几处被放大时，必须用指引线依次标注罗马数字，并在局部放大图的上方用分数形式标注相应的罗马数字和采用的比例。当仅一处被放大时，在局部放大图的上方只需标注所采用的比例，如图 3 – 38 所示。

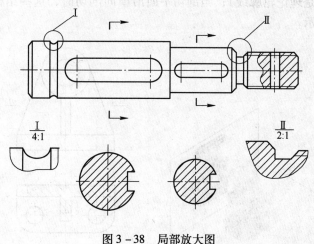

图 3 – 38　局部放大图

3.4.3.2　简化画法

（1）当机件上具有多个相同结构要素（如孔、槽、齿等）并按一定规律分布时，只需画出几个完整的结构，其余用细实线连接，或画出它们的中心线，在图中应注明它们的总数，如图3-39所示的两个厚度均匀，分别为t_3和t_2的薄片零件。

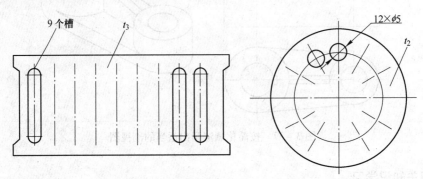

图3-39　相同结构要素的简化画法

（2）较长的机件（轴、杆、型材、连杆等）沿长度方向的形状一致或按一定规律变化时，可断开后缩短绘制，如图3-40所示。

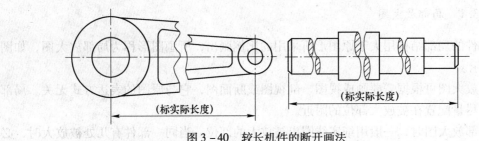

图3-40　较长机件的断开画法

（3）对于机件上的肋、轮辐及薄壁等结构，当剖切平面沿纵向剖切时，这些结构上都不画剖面符号，而用粗实线将它与其邻接部分分开（该粗实线并非外表面的交线或外转向轮廓线的投影，而是理论轮廓线）；当剖切平面沿横向剖切时，这些结构仍需画上剖面符号，如图3-41所示。

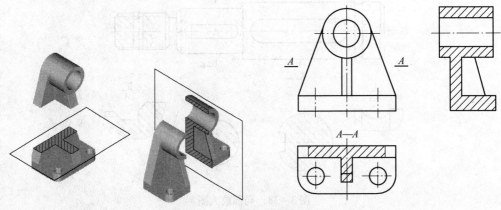

图3-41　肋板的规定画法

（4）当需要表达形状为回转体的机件上有均匀分布的肋、轮辐、孔等结构不处于剖切平面上时，可将这些结构假想旋转到剖切平面上画出，且不需加任何标注，如图 3 - 42 所示。

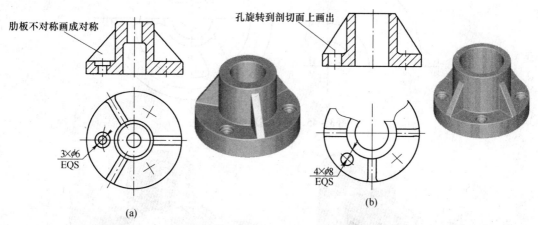

图 3 - 42 均布孔、肋的简化画法

（a）肋板的画法；（b）孔的画法

（5）在移出断面图中，当不致引起误解时，允许省略剖面符号，但剖切位置和断面图的标注必须遵守规定，如图 3 - 43 所示。

（6）当回转体零件上的平面在图形中不能充分表达时，可用平面符号（两相交的细实线）表示，如图 3 - 44 所示。

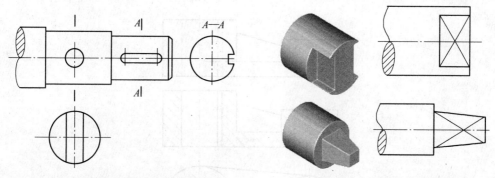

图 3 - 43 移出断面图中省略剖面符号   图 3 - 44 用符号表示平面

（7）为了节约绘图时间和图幅，对称机件的视图可只画一半或四分之一，并在对称中心线的两端画出两条与其垂直的细实线，如图 3 - 45 所示。

举例：将如图 3 - 37 所示的机件按简化画法画出适当的剖视图。

作图步骤：

（1）根据机件给定的主视图和俯视图，利用前面所学的形体分析法将机件的立体图想象出来，如图 3 - 46(a) 所示。

（2）将机件的立体图用一个假想的剖切面将机件纵向剖切开，由于纵向剖切到了肋板，根据简化画法的规定，肋板一律按照不剖绘制，如图 3 - 46 （b）所示。

（3）完成机件的简化剖视图，如图 3 - 47 所示。

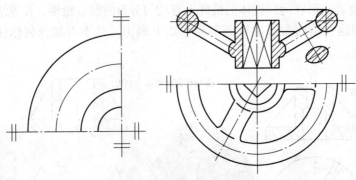

图 3 – 45　对称图形的简化画法

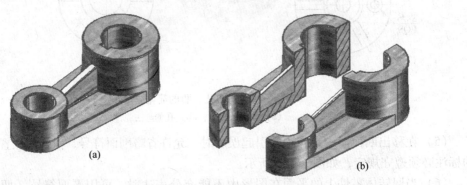

(a)　　　　　　　　　　　　　　　　　　　(b)

图 3 – 46　机件的形体分析

（a）想象出机件的立体图；（b）机件立体图剖切开

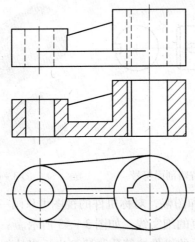

图 3 – 47　完成机件的简化剖视图

任务 3.5　图样规范与尺寸表达方式规范与绘制

3.5.1　任务描述

将图 3 – 48 所示的机件立体图选择恰当的方式表达出来，并标注尺寸。

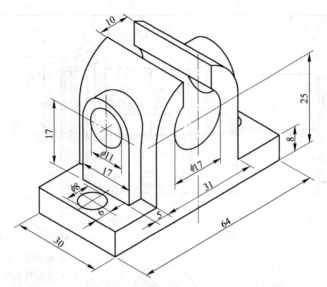

图 3 -48 根据所给机件立体图选择恰当的表达方式画图，并标注尺寸

3.5.2 任务组织与实施

采用项目驱动法。具体实施步骤如下：

（1）教师将上述任务布置给学生；

（2）学生利用前面学习的知识来完成任务；

（3）教师针对学生完成的任务进行评讲，针对问题再学习相关知识；

（4）教师提问启发学生对复杂机件表达的思考：

1）零件图一定是用三视图表达吗？

2）对于复杂零件可以采取哪些方式表达？举例说明。

3）对于复杂机件的尺寸标注应注意些什么？举例说明。

3.5.3 相关知识学习

3.5.3.1 图样的表面结构要求分析

问题引入：根据要求在图 3 -49 中标注表面的结构要求。

（1）$\phi38$ 圆柱表面、$\phi45$ 圆柱表面、$\phi53$ 圆柱表面用去除材料的方法得到的表面结构要求为 $R_a1.6\mu m$。

（2）$\phi50$ 圆柱表面、$\phi53$ 圆柱表面用去除材料的方法得到的表面结构要求为 $R_a0.8\mu m$。

（3）$\phi52$ 轴环左端面、$\phi57$ 圆锥右端面用去除材料的方法得到的表面结构要求为 $R_a3.2\mu m$。

（4）$\phi38$ 轴端、$\phi53$ 轴端的键槽两侧面用去除材料的方法得到的表面结构要求为 $R_a3.2\mu m$。

（5）其余表面用去除材料的方法得到的表面结构要求为 $R_a12.5\mu m$。

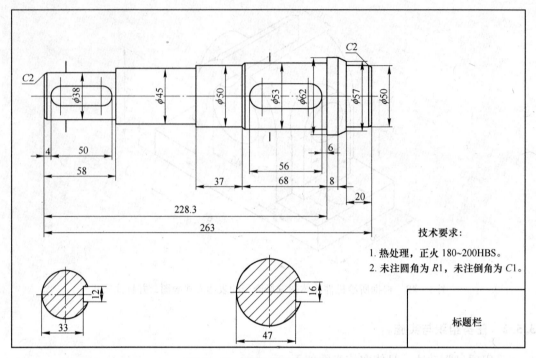

图 3-49　轴的表面粗糙度标注

零件表面粗糙度影响零件的使用性能和使用寿命，特别是要求转速高、密封性能好的部件要格外重视。图 3-49 中各部分有不同的表面结构要求，需要一一正确标注，不能重复也不能遗漏。

零件图上除了图形和尺寸外，还必须有制造和检验零件所需要的技术要求。零件图上的技术要求主要包括零件表面粗糙度、极限与配合、形状和位置公差、热处理及表面镀、涂层要求、材料及零件加工、检测和测试要求、其他特殊要求等。零件图上的技术要求应按国家标准规定的代号、文字和字母直接标注在图形上。对无法标注在图形上的内容，用文字写在标题栏上方。对一些重要的参数，用表格的形式写在图纸的右上角。零件表面存在着较小的间距和峰谷组成的微量高低不平的痕迹。如图 3-50 所示。

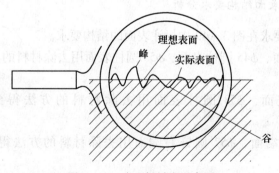

图 3-50　表面粗糙度示意图

（1）表面粗糙度的概念。

1）无论用机械加工还是其他方法获得的零件表面，都不可能是绝对光滑的。在制造零件时，要求每个尺寸都绝对准确，这在工艺上是绝对不可能的，同时在使用中也是没有必要的。零件的表面无论加工得多么精细，在放大镜或显微镜下观察都能看到凸凹不平的痕迹。凸出部分是峰，凹下部分是谷，如图 3 - 50 所示。这种加工表面上具有的某一定间距内峰、谷组成的微观几何形状特性称为表面粗糙度。它是一种微观几何形状误差。表面粗糙度越小，表面越光滑。表面粗糙度是衡量零件质量的标准之一，对零件的使用、外观和零件加工的成本都有重要影响。

零件加工表面的实际形状，是由一系列不同高度和间距的峰、谷组成的，它包括宏观的形状误差、表面波度和表面粗糙度。通常可按相邻两波峰或波谷之间的距离（即波距）加以区分，波距大于 10mm 的属于宏观几何形状误差；波距小于 1mm 的为表面粗糙度；波距为 1~10mm 的属于表面波度，如图 3 - 51 所示。

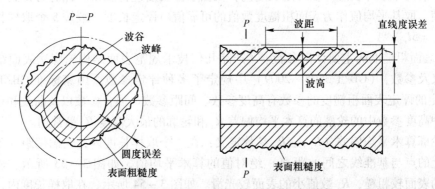

图 3 - 51　形状误差、表面波度和表面粗糙度

2）表面粗糙度的评定。GB/T 3505—2009 规定了用轮廓法确定表面结构（表面粗糙度、波纹度和原始轮廓）的术语定义及表面轮廓参数的定义。这些参数涉及触针式仪器的不同部分，表面粗糙度参数用首位字母 R（roughness）表示，表面波纹度参数用首位字母 W（waveness）表示，原始轮廓用首位字母 P（primary profile）表示，这里主要介绍表面粗糙度参数。

①表面轮廓。表面轮廓是指平面与实际表面相交所得的轮廓，如图 3 - 52 所示。根据相截方向的不同，又可分为横向表面轮廓和纵向表面轮廓。在测量和评定表面粗糙度时，除非特别指明，通常轮廓均指横向表面轮廓，即与加工纹理方向垂直的轮廓。在测量和评定表面粗糙度时，还需要确定取样长度、评定长度、基准线和评定参数。

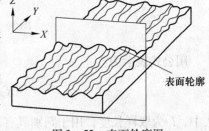

图 3 - 52　表面轮廓图

②取样长度 l_r 和评定长度 l_n。取样长度 l_r 是指用于判别被评定轮廓的不规则特征的 X 轴方向上的长度。它是评定表面粗糙度时所规定的一段基准线长度。规定和选择这段长度是为限制和削弱表面波纹度对表面粗糙度测量结果的影响。取样长度过长，表面粗糙度的测量值中可能包含有表面波纹度的成分；取样长度过短，则不能客观地反映表面粗糙度的实际情况，使测得的结果有很大随机性。因此取样长度应与表面粗糙度的大小应相适应，如图 3 - 53 所示。在所选取的取样长度内，一般应包含 5 个以上的轮廓峰和轮廓谷。

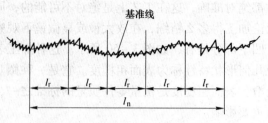

图 3 - 53　取样长度 l_r 和评定长度 l_n

　　评定长度 l_n 是指用于判别被评定轮廓的 X 轴方向上的长度。由于加工表面有着不同程度的不均匀性，为了充分合理地反映某一表面的表面粗糙度特性，规定在评定时评定长度包括一个或几个取样长度。在评定长度内，根据取样长度进行测量。此时可得到一个或几个测量值，取其平均值作为表面粗糙度数值的可靠值。评定长度一般按 5 个取样长度来确定，即 $l_n = 5l_r$。

　　3）表面粗糙度的主要评定参数。《产品几何技术规范表面结构轮廓法表面结构的术语、定义及参数》（GB/T 3505—2009）中规定了多种评定参数。国家标准 GB/T 3505—2009 规定的评定表面粗糙度的参数有高度参数、间距参数、混合参数以及曲线和相关参数等。其中高度参数中的轮廓的算术平均偏差 R_a 和轮廓的最大高度 R_z 最常用。

　　①轮廓算术平均偏差（R_a）。R_a 参数定义：在一个取样长度内，轮廓偏距（Z 方向上轮廓线上的点与基准线之间的距离）绝对值的算术平均值，如图 3 - 53 所示。显然，R_a 数值大的表面较粗糙，R_a 数值小的表面较光滑。如图 3 - 54 所示，在取样长度内，轮廓上各点到基准线距离绝对值的算术平均值。R_a 的推荐值列于表 3 - 3 中。

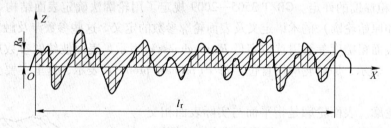

图 3 - 54　轮廓的算术平均偏差

用公式表示为：

$$R_a = \frac{1}{n} \int_0^l |Z(x)| \, \mathrm{d}x$$

式中，l_r 为取样长度，用于判别具有表面粗糙度特征的一段基准线长度，在轮廓总的走向上量取；Z 为轮廓偏距，是轮廓上的点到基准线之间的距离。

　　R_a 的数值越大，则表面越粗糙。比较充分地反映了表面微观几何形状在高度方向上的特性，用轮廓仪测量很方便，所以 R_a 是广泛采用的参数。R_a 的数值见表 3 - 3。

表 3 - 3　轮廓算术平均偏差 R_a 的数值　　　　　　　　　　　　　　　（μm）

第一系列	0.012	0.025	0.050	0.100	0.20	0.40	0.80
	1.60	3.2	6.3	12.5	25.0	50.0	100

	0.008	0.010	0.016	0.020	0.032	0.040	0.063
第二系列	0.080	0.125	0.160	0.25	0.32	0.50	0.63
	1.00	1.25	2.00	2.50	4.00	5.00	8.00
	10.00	16.00	20.00	32.00	40.00	63.00	80.00

轮廓算术平均偏差 R_a 与加工方法的关系应用举例见表 3 - 4。

表 3 - 4　表面粗糙度 R_a 的数值与加工方法举例

R_a	表面特征	表面形状	加 工 方 法
50		明显可见刀痕	
25	粗加工面	可见刀痕	粗车、粗铣、粗刨、钻孔、锉等
12.5		微见刀痕	
6.3		可见加工痕迹	
3.2	半光面	微见加工痕迹	精车、精铣、精刨、精镗、粗磨、细锉、扩孔、粗铰、刮研等
1.6		看不见痕迹	
0.8		可辨加工痕迹的方向	
0.4	光　面	微辨加工痕迹的方向	精车、精磨、抛光、精铰、拉削等
0.2		不可辨加工痕迹的方向	
0.1		暗光泽面	
0.05		亮光泽面	
0.025	最光面	镜光泽面	研磨、超精磨、精抛光等
0.012		镜状光泽面	
0.006		镜　面	

②轮廓的最大高度 R_z。R_z 表示在一个取样长度内，最大轮廓峰高 R_p 和最大轮廓谷深 R_v 之和的高度，如图 3 - 55 所示。用公式表示为：

$$R_z = R_p + R_v$$

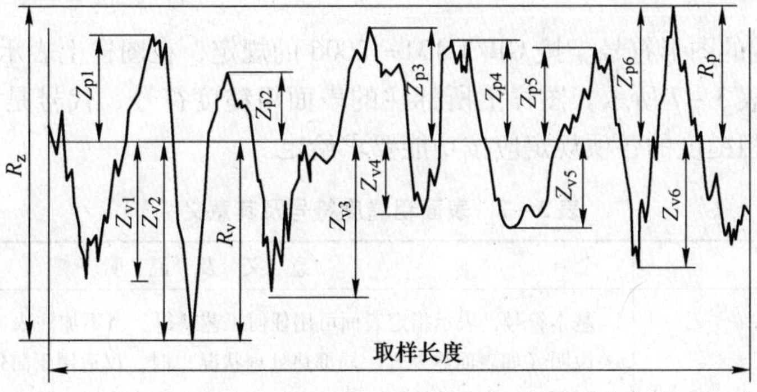

图 3 - 55　轮廓的最大高度

最大轮廓峰高 R_p 是指在一个取样长度内最大的轮廓峰高 Z_{pmax}；而最大轮廓谷深 R_v 是

指在一个取样长度内最大的轮廓谷深 Z_{vmax}，如图 3 – 55 所示。

　　R_z 的值越大，也说明表面越粗糙。但它不像 R_a 对表面粗糙程度的反映那样客观、全面。轮廓的最大高度 R_z 的参数值如表 3 – 5 所示。

表 3 – 5　轮廓的最大高度 R_z 的数值（摘自 GB/T 1031—1995）　　　　（μm）

R_z	0.025	0.4	6.3	100
	0.05	0.8	12.5	200
	0.1	1.6	25	400
	0.2	3.2	50	800

　　（2）表面结构符号、代号。国家标准 GB/T 131—2006 规定了零件表面结构符号、代号及其在图样上的标注。

　　1）符号的画法。表面结构符号的画法与尺寸分别见图 3 – 56 和表 3 – 6。

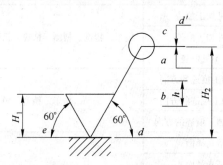

图 3 – 56　表面结构符号

表 3 – 6　表面结构符号的尺寸　　　　（mm）

数字和字母高度 h	2.5	3.5	5	7	10	14	20
符号线宽 d'	0.25	0.35	0.5	0.7	1	1.4	2
字母线宽							
高度 H_1	3.5	5	7	10	14	20	28
高度 H_2	7.5	10.5	15	21	30	42	60

　　2）表面结构的图形符号。按 GB/T 131—2006 的规定，在图样上表示表面结构的图形符号有 5 种，如表 3 – 7 所示。图样上所标注的表面粗糙度符号、代号是该表面完工后的要求。有关表面粗糙度的各项规定应按功能要求给定。

表 3 – 7　表面粗糙度符号及其意义

符　号	意　义　及　说　明
√	基本符号，表示指定表面可用任何工艺获得。当不加注表面粗糙度参数值或有关说明（如表面热处理、局部热处理状况）时，仅适用于简化代号标注，没有补充说明时不能单独使用
√	基本符号加一横线，表示表面是用去除材料方法获得，例如车、铣、钻、磨、剪切、抛光、腐蚀、电火花、气割等

符　号	意　义　及　说　明
	基本符号加一小圆，表示表面是用不去除材料的方法获得，例如铸、锻、冲压变形、热轧、粉末冶金等，或者是用于保持原供应状况的表面（包括保持上道工序的状况）
	完整符号，当要求标注表面结构的补充信息时，应在上述 3 个图形符号的长边上加一横线
	工件轮廓各表面的图形符号，当在图样某个视图上构成封闭轮廓的各表面有相同的表面结构要求时，应在完整图形符号上加一圆圈，标注在图样中工件的封闭轮廓线上。如果标注会引起歧义时，各表面应分别标注

3）表面结构完整图形符号的组成。为了明确表面结构要求，除了标注表面结构参数和数值外，必要时还应标注补充要求，包括传输带、取样长度、加工工艺、表面纹理及方向、加工余量等。为了保证表面的功能特征，应对表面结构参数规定不同要求。

在完整符号中，对表面结构的单一要求和补充要求应注写在图 3 - 57 所示的指定位置。表面结构补充要求包括表面结构参数代号、数值、传带或取样长度。图中各符号位置表示：

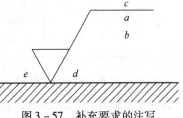

图 3 - 57　补充要求的注写

①位置 a 注写表面结构的单一要求。标注表面结构参数代号、极限值和传输带或取样长度。为了避免误解，在参数代号和极限值间应插入空格。传输带或取样长度后应有一条斜线"/"，之后是表面结构参数代号，最后是数值。如：- 0.8/R_z6.3（取样长度标注）。

②位置 a 和 b，注写两个或多个表面结构要求。在位置 a 注写第一个表面结构要求，方法同①；在位置 b 注写第二个表面结构要求。如果要注写第三个或更多个表面结构要求，图形符号应在垂直方向扩大，以空出足够的空间。扩大图形符号时，a 和 b 的位置随之上移。

③位置 c，注写加工方法。注写所要求的表面处理、涂层或其他加工工艺要求等。如车、磨、镀等加工方法。

④位置 d，注写表面纹理和方向。注写所要求的表面纹理和纹理的方向，如"="、"X"、"M"等。

⑤位置 e，注写加工余量。注写所要求的加工余量，以 mm 为单位给出数值。高度参数选 R_a 或 R_z，其参数代号不可省略，如表 3 - 8 所示。

若评定长度内的取样长度等于 5l_r（默认值），则可省略标注，不等于 5l_r 时，应在相应参数代号后标注其个数。如 R_a3、R_z3，表示要求评定长度内包含 3 个取样长度。当参数代号中没有标注传输带时，表面结构要求采用默认的传输带，如表 3 - 8 所示。

如果表面结构参数没有定义默认的传输带、默认的短波滤波器或默认的取样长度（长波滤波器），则表面结构标注应该指定传输带，即短波滤波器或长波滤波器，以保证表面结构明确的要求。传输带标注包括滤波器截止波长（mm）；短波滤波器 A 在前，长波滤波

器 A 在后。并用连字号 "—" 隔开，如表 3 - 8 所示。

表 3 - 8　表面结构参数代号（GB/T 131—2006）

符　号	含义解释
$\sqrt{R_z\ 0.4}$	表示不允许去除材料，单向上限值，默认传输带，R 轮廓，表面粗糙度的最大值为 0.4μm，评定长度为 5 个取样长度（默认），"16% 规则"（默认）
$\sqrt{R_{z\max}\ 0.2}$	表示去除材料，单向上限值，默认传输带，R 轮廓，表面粗糙度的最大值为 0.2μm，评定长度为 5 个取样长度（默认），"最大规则"
$\sqrt{0.0008\sim0.8/R_a\ 3.2}$	表示去除材料，单向上限值，传输带取样长度 0.0008～0.8mm，R 轮廓，算术平均偏差 3.2μm，评定长度为 5 个取样长度（默认），"16% 规则"（默认）
$\sqrt{-0.8/R_a3\ 3.2}$	表示去除材料，单向上限值，传输带取样长度 0.8mm（λ_s 默认 0.0025mm），R 轮廓，算术平均偏差 3.2μm，评定长度包括 3 个取样长度，"16% 规则"（默认）
$\sqrt{\begin{array}{l}U\ R_{a\max}\ 3.2\\L\ \ R_a\ 0.8\end{array}}$	表示不允许去除材料，双向极限值，两极限值均使用默认传输带，R 轮廓。上限值：算术平均偏差 3.2μm，评定长度为 5 个取样长度（默认），"最大规则"；下限值：算术平均偏差 0.8μm，评定长度为 5 个取样长度（默认），"16% 规则"（默认）

　　表面结构要求中给定极限值的判断规则有两种：16% 规则和最大规则。16% 规则是表面结构要求标注的默认规则，若采用最大规则，则参数代号中应加上 "max"。

　　16% 规则和最大规则的意义是：当允许在表面结构要求的所有实测值中，超过规定值的个数少于总数的 16% 时，应在图样上标注参数的上限值或下限值；当要求在表面结构要求的所有实测值中不得超过规定值时，应在图样上标注参数的最大值 "max" 或最小值 "min"。

　　在完整符号中表示双向极限时应标注极限代号，上限值在上方用 U 表示，下极限在下方用 L 表示。上、下极限值为 16% 规则或最大化规则的极限值。如果同一参数具有双向极限要求，在不引起歧义的情况下，可以不加 U、L。当只标注参数代号、参数值和传输带时，它们应默认为参数的上限值（16% 规则或最大化规则的极限值）；当参数代号、参数值和传输带作为参数的单向下限值（16% 规则或最大化规则的极限值）标注时，参数代号前应加 L。对其他补充要求，如加工方法、表面纹理及方向、加工余量等，可根据需要确定是否

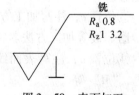

图 3 - 58　表面加工

标注。表面加工纹理是指表面微观结构的主要方向，由所采用的加工方法或其他因素形成，如图 3 - 58 所示。必要时才规定加工纹理。常见的加工纹理方向符号如表 3 - 9 所示。

　　（3）表面结构要求在图样中的标注方法。表面结构一般要求对每一表面只标注一次，并尽可能注在相应的尺寸及其公差的同一视图上。除非另有说明，所标注的表面结构要求是对完工零件表面的要求。

表 3 – 9　加工纹理方向符号

符号	说明	示意图	符号	说明	示意图
=	纹理平行于视图所在的投影面		C	纹理近似同心圆且圆心与表面中心相关	
⊥	纹理垂直于视图所在的投影面		R	纹理呈近似放射状且与表面中心相关	
×	纹理呈两斜向交叉且与视图所在的投影面相交		P	纹理呈微粒、凸起、无方向	
M	纹理呈多方向				

1）表面结构符号、代号的标注位置与方向。总的原则是使表面结构的注写和读取方向与尺寸的注写和读取方向一致，如图 3 – 59 所示。

①标注在轮廓线上或指引线上。表面结构要求可标注在轮廓线上，其符号应从材料外指向并接触表面。必要时，表面结构符号也可用带箭头或黑点的指引线引出标注，如图 3 – 60 和图 3 – 61 所示。

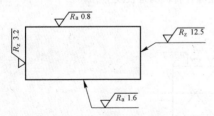

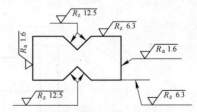

图 3 – 59　表面结构要求的注写和读取方向　　　图 3 – 60　表面结构要求在轮廓线上的标注

②标注在特征尺寸的尺寸线上。在不致引起误解时，表面结构要求可以标注在给定的尺寸线上，如图 3 – 62 所示。

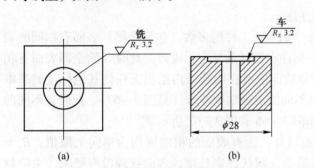

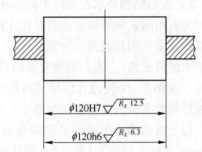

图 3 – 61　表面结构要求用指引线引出标注　　　图 3 – 62　表面结构要求标注在尺寸线上

③标注在形位公差框格的上方。表面结构要求可标注在形位公差框格的上方，如图

3 - 63 所示。

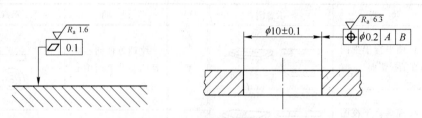

图 3 - 63　标注在形位公差框格的上方

④标注在延长线上。表面结构要求可以直接标注在延长线上，或用带箭头的指引线引出标注，如图 3 - 59 和图 3 - 64 所示。

⑤标注在圆柱和棱柱表面上。圆柱和棱柱表面的表面结构要求只标注一次，如图 3 - 64 所示。如果每个棱柱表面有不同的表面结构要求，则应分别单独标注，如图 3 - 65 所示。

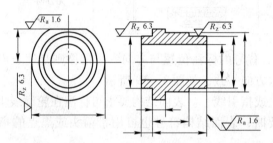

图 3 - 64　表面结构要求标注在圆柱特征的延长线上

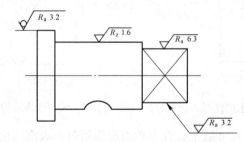

图 3 - 65　圆柱和棱柱的表面结构要求的标注方法

2) 表面结构要求在图样中的简化注法。

①有相同表面结构要求的简化注法。如果在工件的多数（包括全部）表面有相同的表面结构要求，则其表面结构要求可统一标注在图样的标题栏附近。此时（除全部表面有相同要求的情况外），表面结构要求的符号后面应有在圆括号内给出无任何其他标注的基本符号（见图 3 - 66）或在圆括号内给出不同的表面结构要求（见图 3 - 67）。此时，不同的表面结构要求应直接标注在图形中，如图 3 - 66 和图 3 - 67 所示。

以上两图的标注意义是除两个表面以外，所有表面的粗糙度均为单向上限值；$R_z = 3.2\mu m$，"16% 规则"（默认），默认传输带，默认评定长度，表面纹理没有要求，去除材料的工艺。不同要求的两个表面的表面粗糙度为：内孔 $R_z = 1.6\mu m$；右端外圆 $R_z = 6.3\mu m$，其他要求同前。

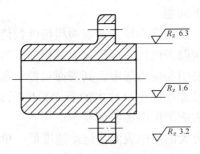

图 3 - 66　多数表面结构相同要求的简化注法（一）

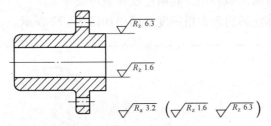

图 3 - 67　多数表面结构相同要求的简化注法（二）

②多个表面有共同要求的注法。当多个表面具有相同的表面结构要求或图纸空间有限时，可以采用简化注法：

其一，用带字母的完整符号的简化注法。可用带字母的完整符号，以等式的形式，在图形或标题栏附近，对有相同表面结构要求的表面进行简化标注，如图 3 - 68 所示。

其二，只用表面结构符号的简化注法。可用基本符号和扩展符号，以等式的形式给出对多个表面共同的表面结构要求，如图 3 - 68 ~ 图 3 - 71 所示。

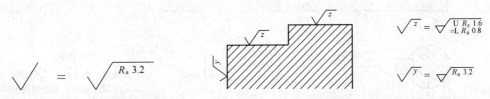

图 3 - 68　未指定工艺方法的
多个表面结构要求的简化注法

图 3 - 69　在图纸空间有限时的简化注法

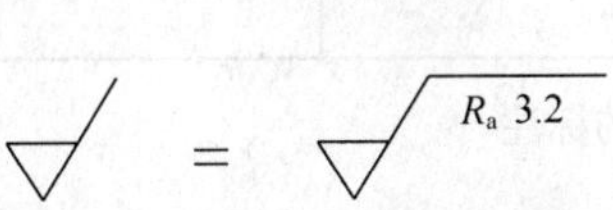

图 3 - 70　去除材料的多个表面的简化注法 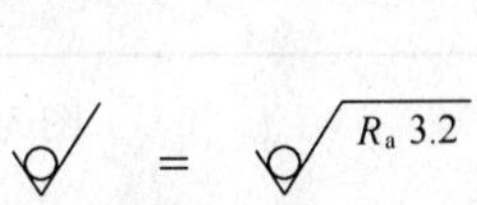　　图 3 - 71　不要求去除材料的多个表面的简化注法

（4）表面粗糙度参数值的选择。

1）评定参数的选择：如无特殊要求，一般仅选用高度参数。推荐优先选用 R_a 值，因为 R_a 能充分反映零件表面轮廓的特征。

2）表面粗糙度参数值的选用原则：在满足使用要求的前提下，参数的允许值尽量取大，以减小加工困难，降低生产成本。评定表面粗糙度的参数与其加工方法的关系如表 3 - 4 所示。零件表面粗糙度数值的选用，应该既要满足零件表面功用要求，又要考虑经济合理性。选用时要注意以下问题：

①在满足功用的前提下，尽量选用较大的表面粗糙度数值，以降低生产成本。

②一般情况下，零件的接触表面比非接触表面的粗糙度参数值要小。

③受循环载荷的表面极易引起应力集中，其表面粗糙度参数值要小。

④配合性质相同，零件尺寸小的比尺寸大的表面粗糙度参数值要小；同一公差等级，小尺寸比大尺寸、轴比孔的表面粗糙度参数值要小。

⑤运动速度高、单位压力大的摩擦表面比运动速度低、单位压力小的摩擦表面的粗糙度参数值小。

⑥要求密封性、耐腐蚀的表面，其粗糙度参数值要小。

举例：根据要求标注轴的表面粗糙度，结果如图 3 – 72 所示。

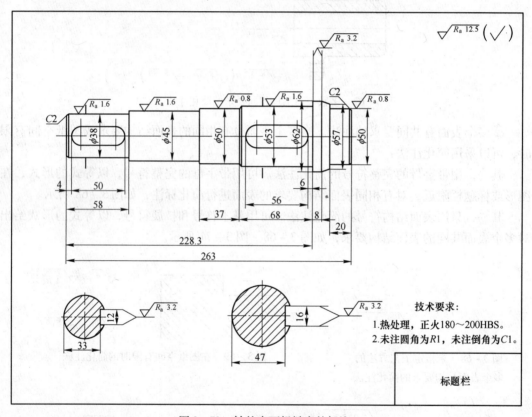

图 3 – 72　轴的表面粗糙度的标注

3.5.3.2　图样中的尺寸公差标注

问题引入：根据下列要求在图 3 – 72 中标注尺寸公差。

（1）$\phi38$ 轴头的上极限偏差为 +0.050mm，下极限偏差为 +0.017mm。

（2）$\phi53$ 轴头的上极限偏差为 +0.033mm，下极限偏差为 +0.041mm。

（3）$\phi50$ 轴颈的上极限偏差为 +0.018mm，下极限偏差为 +0.002mm。

（4）$\phi38$ 轴头键槽宽度的上极限偏差为 0mm，下极限偏差为 -0.036mm。

（5）$\phi53$ 轴头键槽宽度的上极限偏差为 0mm，下极限偏差为 -0.043mm。

（6）φ38 轴头键槽深度的上极限偏差为 0mm，下极限偏差为 – 0.2mm。

（7）φ53 轴头键槽深度的上极限偏差为 0mm，下极限偏差为 – 0.2mm。

零件图上的尺寸是加工和检验零件的重要依据，是零件图的重要内容之一，是图样中指令性最强的部分。

A　零件的互换性的概念

按规定要求制造的同一规格的零部件不需要作任何挑选、调整或修配，就能装到机器上，满足使用要求，零件的这种性质称为互换性。要满足零件的互换性，就要求有配合关系的尺寸在一个允许的范围内变动，并且在制造上又是经济合理的。如常用的螺栓、螺母、轴承等都有互换性。互换性为产品的设计、制造、使用和维修带来很大的方便。从设计方面看，零部件具有互换性，可以最大限度地采用标准件、通用件，减少计算、绘图的工作量。从制造方面看，互换性有利于组织专业化生产，提高生产率，降低成本。从使用和维修方面看，零部件具有互换性，可及时更换已磨损或损坏的零件，提高设备的利用率。互换性对保证产品质量、提高生产效率具有重大意义。

B　公差的术语及定义

为了保证零件的使用精度要求以及考虑制造时的经济性和互换性，设计者给定的尺寸往往有一个最大值和最小值。零件的实际尺寸在这个规定范围内的就是合格产品。这个允许的尺寸变动量称为"尺寸公差"，简称"公差"。以图 3 – 73 为例，来说明公差的有关术语。

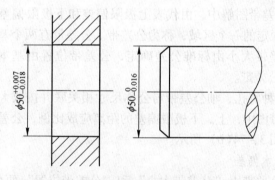

图 3 – 73　尺寸公差术语示例图

（1）公称尺寸。用特定单位表示的两点之间距离的数值称为尺寸。设计时根据零件强度、结构和工艺性要求，确定的尺寸称为公称尺寸（如图 3 – 73 中）的 φ50。

（2）实际尺寸。通过测量所得的尺寸。由于存在测量误差，所以实际尺寸并非尺寸的真值。

（3）极限尺寸。允许尺寸变化的两个界限值。它以公称尺寸为基数来确定：两个界限值中较大的一个称为上极限尺寸；较小的一个称为下极限尺寸。孔和轴的上极限尺寸与下极限尺寸分别用 D_{max}、d_{max}、D_{min}、d_{min} 表示。在图 3 – 73 中，φ50 和 φ50.007 分别为轴与孔的上极限尺寸；φ49.984 和 φ49.982 分别为轴与孔的下极限尺寸。合格零件的实际尺寸应限定在两个极限尺寸之间。

（4）尺寸偏差（简称偏差）。某一尺寸减其公称尺寸所得的代数差，即尺寸偏差。有以下几种：

$$上极限偏差 = 上极限尺寸 - 公称尺寸$$
$$下极限偏差 = 下极限尺寸 - 公称尺寸$$
$$实际偏差 = 实际尺寸 - 公称尺寸$$

上、下极限偏差统称极限偏差。偏差可以是正值、负值或零。

国家标准规定：孔的上极限偏差代号为 ES，孔的下极限偏差代号为 EI；轴的上极限偏差代号为 es，轴的下极限偏差代号为 ei。如图 3 - 73 中孔的上极限偏差为 + 0.007，下极限偏差为 - 0.018，轴的上极限偏差为 0，下极限偏差为 - 0.016。

(5) 尺寸公差允许零件尺寸的变动量称为尺寸公差，简称公差，用 T 表示，其中孔的公差用 T_D 表示，轴的公差用 T_d 表示。其大小等于最大极限尺寸与最小极限尺寸之代数差的绝对值。公差不能为零，永远为正值。

用公式表示为：公差 = 上极限尺寸 - 下极限尺寸 = 上极限偏差 - 下极限偏差

即
$$\begin{cases} T_D = D_{max} - D_{min} = ES - EI \\ T_d = d_{max} - d_{min} = es - ei \end{cases}$$

图 3 - 73 中，孔公差 $T_D = ES - EI = 0.007 - (-0.018) = 0.025$，轴公差 $T_d = es - ei = 0 - (-0.016) = 0.016$。

(6) 零线、公差带和公差带图：

1) 零线：在公差与配合图解（简称公差带图）中，确定偏差的一条基准直线，即零偏差线。公称尺寸是公差带图的零线。

2) 公差带：在公差带图解中，由代表上极限偏差和下极限偏差或上极限尺寸和下极限尺寸的两条直线所限定的一个区域，称为公差带。公差带有两个基本参数，即公差带大小与公差带位置。公差带大小由标准公差确定，公差带位置由基本偏差确定。图 3 - 74 (a) 所示为孔和轴的公差带。

3) 公差带图：这种将孔、轴公差带与公称尺寸相关联并按放大比例画成的简图，称为公差带图。在公差带图中，上、下极限偏差的距离应成比例，公差带方框的左右长度根据需要任意确定。如图 3 - 74 (b) 所示。

C　标准公差和基本偏差

在公差带图中，公差带由"公差带大小"和"公差带位置"两个要素组成。"公差带大小"由"标准公差"确定，"公差带位置"由"基本偏差"确定。为了限制公差带的大小，国家标准规定了标准公差；为了确定公差带相对于零线的位置，国家标准规定了基本偏差。标准公差和基本偏差是两个原则上彼此独立的要素，国家标准分别对它们实行了标准化。

(1) 标准公差为国家标准规定的公差值。其大小由两个因素确定：一个是公差等级，另一个是公称尺寸。国家标准将标准公差划分为 20 个公差等级，分别为：IT01、IT0、IT1 ~ IT18。"IT"表示标准公差，公差等级的代号用阿拉伯数字表示，由 IT01 ~ IT18，精度等级依次降低（公差数值依次增大）。公称尺寸相同时，公差等级越高（数值越小），标准公差越小；公差等级相同时，公称尺寸越大，标准公差越大。如附表 A - 1 所示。

(2) 基本偏差代号及系列用以确定公差带相对于零线位置的上极限偏差或下极限偏差。一般是指靠近零线的那个偏差，如图 3 - 75 所示。

尺寸的两个极限偏差（上或下极限偏差）中靠近零线的一个偏差称为基本偏差。由基

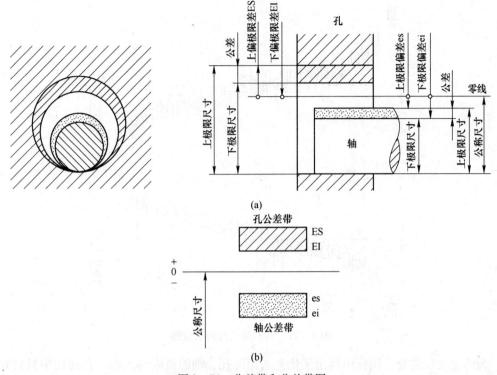

图 3 – 74 公差带和公差带图

本偏差数值的大小和正负号即可确定公差带相对于零线的位置。当基本偏差为下极限偏差（正值）时，公差带位于零线上方；当基本偏差为上极限偏差（负值）时，则公差带位于零线下方。为了满足各种配合要求，国标根据不同的公称尺寸和基本偏差代号规定了基本偏差系列。

基本偏差代号用拉丁字母表示，孔用大写字母，轴用小写字母。孔和轴各有 28 个偏差。基本偏差系列（图 3 – 75）只表示出公差带靠近零线一端的位置，所以画成半封闭形式，公差带另一端的位置取决于各级标准公差的大小。因此，根据孔、轴的基本偏差和标准公差，就可以计算出孔、轴的另一个偏差。

从图 3 – 75 中可看出基本偏差系列分布的特征：

（1）基本偏差系列图只表示公差带的位置，不表示其大小。图中远离零线的一端是开口的，它取决于标准公差大小。

（2）对于孔的基本偏差，A ~ H 的基本偏差为下极限偏差（EI），H 的基本偏差 EI = 0，是基准孔。JS ~ ZC 的基本偏差是上极限偏差（ES）。JS 位于零线中间，是双向对称偏差，其基本偏差为上极限偏差 ES 或下极限偏差 EI。对于轴的基本偏差，a ~ h 基本偏差是上极限偏差（es），h 的基本偏差 es = 0，是基准轴。k ~ zc 的基本偏差为下极限偏差（ei）。js 位于零线中间，是双向对称偏差，其基本偏差为上极限偏差 es 或下极限偏差 ei。常用孔、轴的基本偏差分别见附表 A – 2 和附表 A – 3。优先配合中轴、孔的极限偏差分别见附表 A – 4 和附表 A – 5。

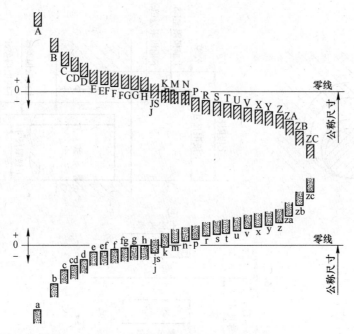

图 3 – 75　基本偏差系列示意图

为满足实际需要，国标中列出了优先选用的孔、轴的极限偏差表。在使用中只要知道公称尺寸和公差带代号，就能查出孔、轴的两个极限偏差值。

D　公差带代号

孔、轴公差带的代号由基本偏差代号与标准公差等级代号组成，其中标准公差代号"IT"省略标注，例如：

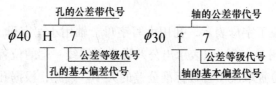

$\phi 40$H7 公差带的全称是：公称尺寸为 $\phi 40$，公差等级为 7 级，基本偏差为 H 的孔的公差带。$\phi 30$f7 公差带的全称是：公称尺寸为 $\phi 30$，公差等级为 7 级，基本偏差为 f 的孔的公差带。

E　配合

（1）配合的种类。相同公称尺寸的孔和轴相互结合，其孔和轴公差带之间的关系称为配合。由于孔、轴的实际尺寸不同，装配后可能产生间隙，也可能过盈。间隙或过盈是指相配合的孔的尺寸减去相配合的轴的尺寸所得的代数差。此差值为正时称为间隙，用 X 表示，为负值时称为过盈，用 Y 表示。由于零件在机器上不同的配合部位起着不同的作用，配合的松紧程度也不同。所以，国家标准将配合分为三种：

1）间隙配合。具有间隙（包括最小间隙等于零）的配合。孔的公差带完全在轴的公差带之上，任取其中一对轴和孔相配都成为具有间隙的配合（包括最小间隙为零）。如图

3 - 76 所示。

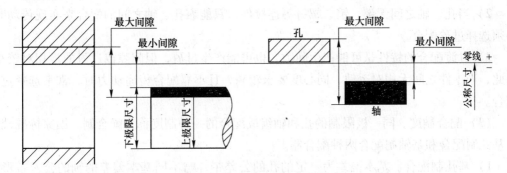

图 3 - 76　间隙配合公差带图

$$最大间隙（X_{max}）=孔的上极限尺寸（D_{max}）-轴的下极限尺寸（d_{min}）$$
$$最小间隙（X_{min}）=孔的下极限尺寸（D_{min}）-轴的上极限尺寸（d_{max}）$$

2）过盈配合。孔的公差带完全在轴的公差带之下，任取其中一对轴和孔相配都成为具有过盈的配合（包括最小过盈为零）。如图 3 - 77 所示。

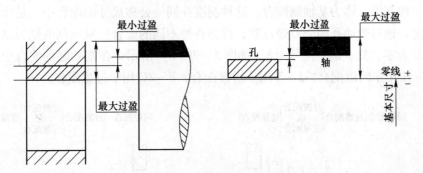

图 3 - 77　过盈配合公差带图

$$最大过盈（Y_{max}）=孔的下极限尺寸（D_{min}）-轴的上极限尺寸（d_{max}）$$
$$最小过盈（Y_{min}）=孔的上极限尺寸（D_{max}）-轴的下极限尺寸（d_{min}）$$

3）过渡配合。孔和轴的公差带相互交叠，任取其中一对孔和轴相配合，可能具有间隙，也可能具有过盈的配合。如图 3 - 78 所示。

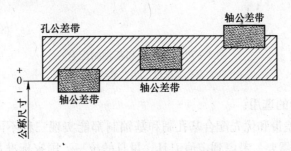

图 3 - 78　过渡配合公差带图

（2）配合种类的选用：

1）当孔、轴有相对移动或转动时，必须选择间隙配合。相对移动选取间隙较小的配合，相对转动选取间隙较大的配合。

2）当孔、轴之间无键、销、螺钉等连接件，只能靠孔、轴之间的配合来实现传动时，必须选择过盈配合。

3）过渡配合的特性是可能产生间隙，也可能产生过盈，但间隙或过盈的量相对较小。因此，当零件之间无相对运动、同心度要求较高，且不靠配合传递动力时，常常选择过渡配合。

（3）配合制度。同一极限制的孔和轴组成配合的一种制度称为配合制。国家标准规定了基孔制配合和基轴制配合两种配合制。

1）基孔制配合。基本偏差为一定的孔的公差带，与不同基本偏差的轴的公差带形成各种配合的一种制度，称为基孔制配合。这种制度在同一公称尺寸的配合中，是将孔的公差带位置固定，通过变动轴的公差带位置，得到各种不同的配合。基孔制的孔为基准孔，其下极限偏差为零，基本偏差代号为 H，如图 3 – 79（a）所示。在基孔制的配合中，轴的基本偏差 a ~ h 用于间隙配合，j ~ n 用于过渡配合，p ~ zc 用于过盈配合。

2）基轴制配合。基本偏差为一定的轴的公差带与不同基本偏差的孔的公差带形成各种配合的一种制度，称为基轴制配合。这种制度在同一公称尺寸的配合中，是将轴的公差带位置固定，通过变动孔的公差带位置，得到各种不同的配合。基轴制的轴为基准轴，其上极限偏差为零，基本偏差代号为 h，如图 3 – 79（b）所示。在基轴制的配合中，孔的基本偏差 A ~ H 用于间隙配合，J ~ N 用于过渡配合，P ~ ZC 用于过盈配合。

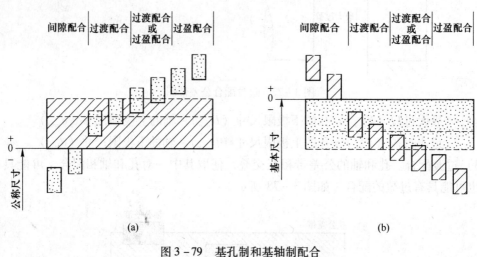

图 3 – 79　基孔制和基轴制配合
（a）基孔制配合；（b）基轴制配合

（4）公差与配合的选用：

1）选用优先公差带和优先配合基孔制和基轴制都能实现三种不同的配合。根据机械工业产品生产使用的需要，考虑到定值刀具、量具的统一，国家标准规定了一般用途孔公差带 105 种，轴公差带 119 种以及优先选用的孔、轴公差带。国标还规定轴、孔公差带中组合成基孔制常用配合 59 种，优先配合 13 种；基轴制常用配合 47 种，优先配合 13 种，分别见表 3 – 10 和表 3 – 11。在实际使用中应尽量选用优先配合和常用配合。

表 3-10　基孔制优先、常用配合（摘自 GB/T 1801—1999）

基准孔	轴																				
	a	b	c	d	e	f	g	h	js	k	m	n	p	r	s	t	u	v	x	y	z
	间隙配合								过渡配合				过盈配合								
H6						H6/f5	H6/g5	H6/h5	H6/js5	H6/k5	H6/m5	H6/n5	H6/p5	H6/r5	H6/s5	H6/t5					
H7						H7/f6	H7/g6	H7/h6	H7/js6	H7/k6	H7/m6	H7/n6	H7/p6	H7/r6	H7/s6	H7/t6	H7/u6	H7/v6	H7/x6	H7/y6	H7/z6
H8					H8/e7	H8/f7	H8/g7	H8/h7	H8/js7	H8/k7	H8/m7	H8/n7	H8/p7	H8/r7	H8/s7	H8/t7	H8/u7				
H8				H8/d8	H8/e8	H8/f8		H8/h8													
H9			H9/c9	H9/d9	H9/e9	H9/f9		H9/h9													
H10			H10/c10	H10/d10				H10/h10													
H11	H11/a11	H11/b11	H11/c11	H11/d11				H11/h11													
H12		H12/b12						H12/h12				标"▲"者为优先配合									

表 3-11　基轴制优先、常用配合（摘自 GB/T 1801—1999）

基准轴	孔																				
	A	B	C	D	E	F	G	H	JS	K	M	N	P	R	S	T	U	V	X	Y	Z
	间隙配合								过渡配合				过盈配合								
h5						F6/h5	G6/h5	H6/h5	JS6/h5	K6/h5	M6/h5	N6/h5	P6/h5	R6/h5	S6/h5	T6/h5					
h6						F7/h6	G7/h6	H7/h6	JS7/h6	K7/h6	M7/h6	N7/h6	P7/h6	R7/h6	S7/h6	T7/h6	U7/h6				
h7					E8/h7	F8/h7		H8/h7	JS8/h7	K8/h7	M8/h7	N8/h7									
h8				D8/h8	E8/h8	F8/h8		H8/h8													
h9				D8/h9	E8/h9	F8/h9		H8/h9													
h10				D10/h10				H10/h10													
h11	A11/h11	B11/h11	C11/h11	D11/h11				H11/h11													
h12		B12/h12						H12/h12				标"▲"者为优先配合									

2）优先选用基孔制，由于加工相同公差等级的孔要比轴困难。国家标准规定，一般情况下优先采用基孔制。因为基孔制通常使用定值刀具，如钻头、铰刀、拉刀等加工，用极限量规检验。采用基孔制配合可减少基孔制公差带的数量，大大减少用定值刀具和极限量规的规格和数量。基轴制通常仅用于有明显经济效果和结构设计要求不适合采用基孔制的场合。通常以下三种情况选用基轴制：①使用一根冷拔的圆钢作轴，不需要再加工。②轴与几个具有不同公差带的孔配合。此时，轴就不再另行机械加工。如活塞销与连杆衬套采用间隙配合，与活塞孔采用过渡配合，如图 3 - 80(a) 所示。③一些标准滚动轴承的外圈与座孔的配合采用基轴制，而轴承内孔与轴颈的配合为基孔制配合，如图 3 - 80(b) 所示。

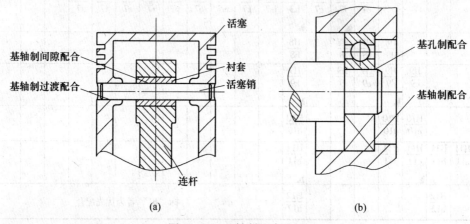

图 3 - 80　基轴制配合选用

（5）公差与配合在图样中的标注及查表方法：

1）零件图中的标注。在零件图上标注公差有三种形式：

①标注公差带的代号，如图 3 - 81(a) 所示。这种注法可与采用专用量具检验零件统一起来，以适应大批量生产的要求。它不需要标注偏差数值。公差带的代号应注在公称尺寸的右边。公称尺寸的字高和公差带代号字高相同。

②标注偏差数值，如图 3 - 81(b) 所示。上、下极限偏差数值单位为 mm，且注在公称尺寸的右上、右下方，偏差数字应比公称尺寸数字小一号，并与公称尺寸数字对齐。上、下极限偏差数值中小数点要对齐，且位数也要相同。当上、下极限偏差数值其中一个为零时，直接注出"0"，另一偏差仍标在原来的位置上，上、下极限偏差个位上的"0"必须对齐，偏差为正值或负值时都必须注出"＋"、"－"。如果上、下极限偏差的数值相同，则在公称尺寸数字后标注"±"符号，再写上极限偏差数值。这时数值的字体与公称尺寸字体同高。这种注法主要用于中、小批量生产的零件图，以便加工和检验时减少时间。

③公差带代号和偏差数值一起标注，如图 3 - 81(c) 所示。同时标注公差代号和相应的极限偏差，偏差数值部分应加圆括号。

2）装配图中的标注。在装配图中标注线性尺寸的配合代号时，必须在公称尺寸的右边，用分数的形式注出。分子为孔的公差带代号，分母为轴的公差带代号。如图 3 - 82(a) 所示，必要时也允许按图 3 - 82(b) 或图 3 - 82(c) 的形式标注。

标注标准件与零件（轴、孔）的配合代号时，仅标注非标准零件的公差代号。如图 3 - 83 所示。

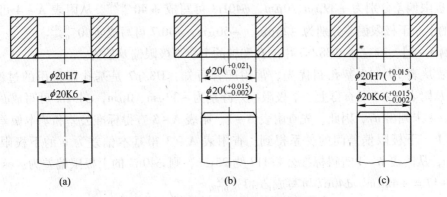

图 3-81 零件图中尺寸公差的标注形式

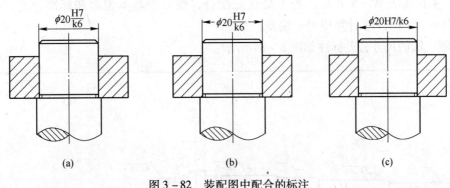

图 3-82 装配图中配合的标注

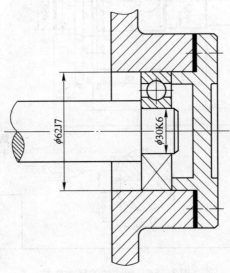

图 3-83 零件与标准件配合时只注零件的公差代号

3）查表方法举例。

【例 3-1】 查配合 $\phi40H8/f7$ 中孔和轴的偏差数值。

解： $\phi40H8/f7$ 为基孔制的间隙配合，而且是优先选用的配合，公称尺寸 40。因此，直接从优先配合中的孔、轴的极限偏差表中查取。从附表 A-5 可查得基准孔 $\phi40H8$ 的上、下极限偏差分别为 $+39\mu m$、$0\mu m$，$\phi40H8$ 可写成 $\phi40^{+0.039}_{0}$。从附表 A－4 可查得轴 $\phi40f7$ 的上、下极限偏差分别为 $-25\mu m$、$-50\mu m$，$\phi40f7$ 可写成 $\phi40^{-0.025}_{-0.050}$。

【例3－2】　确定 $\phi40H8/n7$ 中的孔和轴的上、下极限偏差数值。

解：从表 10－10 基孔制优先、常用配合可知，H8/n7 是基孔制常用的过渡配合。$\phi40H8$ 从附表 A－5 可查得上、下极限偏差分别为 $+39\mu m$、$0\mu m$，$\phi40H8$ 可写成 $\phi40^{+0.039}_{0}$。附表 A－4 未列出 n7，因此，先查附表 A－1、附表 A－3 查得标准公差和基本偏差，再由公差与上、下极限偏差间的关系得到。查附表 A－3 得基本偏差为 n 的下极限偏差是 $+17\mu m$，从附表 A－1 查得标准公差 IT7 为 $25\mu m$，则 $\phi40n7$ 的上极限偏差为：es = IT7 + ei = 25 + 17 = $+42\mu m$。$\phi40n7$ 可写成 $\phi40^{+0.042}_{+0.017}$。

由此可以看出：由公差带代号查上、下极限偏差时，若配合是优先配合则可直接在从附表 A－4 和附表 A－5 查出。若不是优先配合，则要查基本偏差和标准公差，由公式 IT = ES(es) － EI(ei) 计算得另一偏差。

举例：轴的尺寸公差标注如图 3－84 所示。

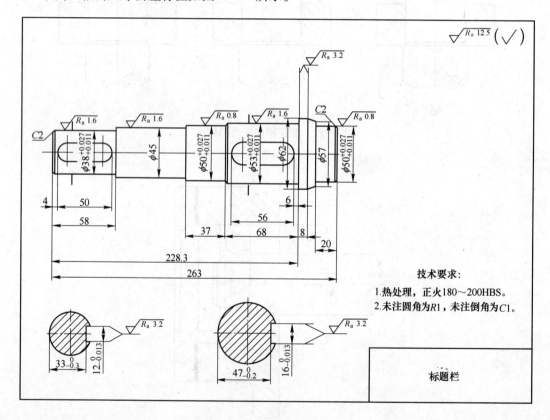

图 3－84　标注轴的尺寸公差

3.5.3.3　图样中的形位公差标注

问题引入：根据要求在图 3－85 中标注形位公差。

（1）$SR750$ 的球面对 $\phi16$ 圆柱轴线的圆跳动的公差值为 0.03。

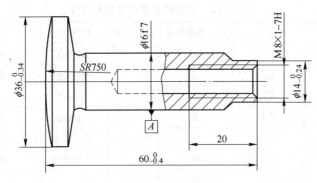

图 3 - 85　气门阀杆

（2）$\phi16$ 圆柱面的圆柱度公差值为 0.005。

（3）M8×1 螺孔的轴线对 $\phi16$ 圆柱轴线的同轴度公差值为 $\phi0.1$。

零件在加工后形成的各种误差是客观存在的，除了在极限与配合中讨论过的尺寸误差外，还存在着形状误差和位置误差。由于零件的表面形状和相对位置的误差过大会影响机器的性能，因此对机械零件来说，不但要控制尺寸精度，还要控制形状和位置精度。对形状和位置精度的控制是通过形状公差和位置公差来实现的，因此在零件图中正确的标注形状公差和位置公差就十分重要。

A　形状和位置公差的概念

零件在加工过程中，由于受机床、刀具、夹具误差和材料内应力以及热处理变形等因素的影响，会产生形状和位置误差。形状和位置公差是指零件的实际形状和实际位置相对于理想形状和理想位置所允许的变动量。机械零件在加工中的尺寸误差，根据使用要求用尺寸公差加以限制。而加工中对零件的几何形状和相对几何要素的位置误差则由形状和位置公差加以限制。形位误差影响机器部件的工作性能。为保证机械产品的质量，保证零部件的互换性，必须控制这些误差的范围，国家标准规定了形状和位置公差（简称形位公差），以限制形位误差。

（1）形状误差和公差。形状误差是指单一实际要素的形状对其理想要素形状的变动量。单一实际要素的形状所允许的变动全量称为形状公差。

（2）位置误差和公差。位置误差是指关联实际要素的位置对其理想要素位置的变动量。理想位置由基准确定。关联实际要素的位置对其基准所允许的变动全量称为位置公差。形状公差和位置公差简称形位公差。

B　形位公差的项目名称和符号

国家标准 GB/T 1182—2008《产品几何技术规范（GPS）几何公差形状、方向、位置和跳动公差标注》中规定几何公差共有 19 个项目，其中，形状公差 6 项、方向公差 5 项、位置公差 6 项及跳动公差 2 项。其项目名称和符号见表 3 - 12。

C　形位公差在图样上的标注

在图样中，形位公差采用代号标注，当无法采用代号时，允许在技术要求中用文字说明。形位公差代号由形位公差符号、框格、公差值、指引线、基准符号和其他符号组成。

表 3 - 12　形位公差项目名称和符号

公差类型	几何特征	符号	有无基准要求	公差类型	几何特征	符号	有无基准要求
形状公差	直线度	—	无	位置公差	位置度	⌖	有或无
	平面度	▱	无		同心度	◎	有
	圆 度	○	无		同轴度	◎	有
	圆柱度	⌀	无		对称度	=	有
	线轮廓度	⌒	无		线轮廓度	⌒	有
	面轮廓度	△	有		面轮廓度	△	无
方向公差	平行度	//	有	跳动公差	圆跳动	↗	有
	垂直度	⊥	有				
	倾斜度	∠	有		全跳动	↗↗	有
	线轮廓度	⌒	有				
	面轮廓度	△	有				

（1）形位公差框格与基准符号。公差框格用细实线画出，可画成水平的或垂直的，公差框格高度是图样中尺寸数字高度的两倍，它的长度视需要而定。框格中的数字、字母、符号与图样中的数字等高。图 3 - 86(a) 给出了形状公差和位置公差的框格形式。与被测要素相关的基准用一个大写字母表示。字母标注在基准方格内，与一个涂黑的或空白的三角形相连以表示基准（见图 3 - 87(a) 和（b））；表示基准的字母还应标注在公差框格内。涂黑的和空白的基准三角形含义相同。

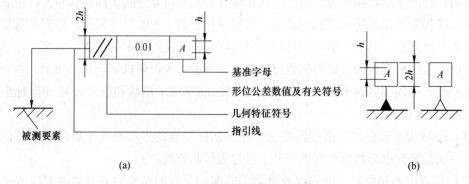

(a)　　　　　　　　　　　　　　　　　(b)

图 3 - 86　形位公差框格与基准

（a）形位公差框格；（b）基准

（2）被测要素的标注。用带箭头的指引线将被测要素与公差框格一端相连，指引线箭头指向公差带的宽度方向或直径方向。标注的方法有：

1）当被测要素为整体轴线或公共中心平面时，指引线箭头可直接指在轴线或中心线上，如图 3 - 87(a) 所示。

2）当被测要素为轴线、球心或中心平面时，指引线箭头应与该要素的尺寸线对齐，如图 3 - 87(b) 所示。

3）当被测要素为线或表面时，指引线箭头应指向该要素的轮廓线或其引出线上，并应与尺寸线明显地错开，如图 3 - 87(c) 所示。

4）当同一被测要素有多项公差要求时，可以将多个框格绘制在一起，如图 3 - 87(d)所示。

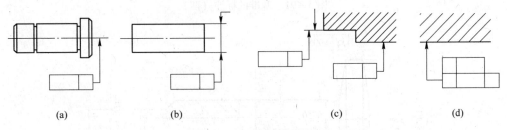

(a)　　　　　　　(b)　　　　　　　(c)　　　　　　　(d)

图 3 - 87　被测要素的标注

（3）基准要素的标注：

1）当基准要素是轮廓线或轮廓面时，基准三角形放置在要素的轮廓线或其延长线上，与尺寸线明显地错开（见图 3 - 88）；基准三角形也可放置在该轮廓面引出线的水平线上（见图 3 - 88）。

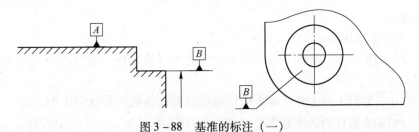

图 3 - 88　基准的标注（一）

2）当基准是尺寸要素确定的轴线、中心平面或中心点时，基准三角形应放置在该尺寸线的延长线上（见图 3 - 89）。如果没有足够的位置标注基准要素尺寸的两个尺寸箭头，则其中一个箭头可用基准三角形代替。

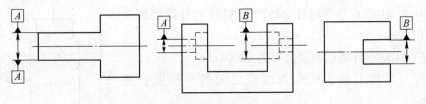

图 3 - 89　基准的标注（二）

3）如果只以要素的某一局部作基准，则应用粗点划线表示该部分并加注尺寸，如图 3 - 90 所示。

4）以单个要素作基准时，用一个大写字母表示（见图 3 - 91）。以两个要素建立公共基准时，用中间加连字符的两个大写字母表示（见图 3 - 91）。以两个或三个基准建立基准体系（即采用多基准）时，表示基准的大写字母按基准的优先顺序自左至右填写在各框格内（见图 3 - 91）。

举例：气门阀杆行位公差标注，如图 3 - 92 所示。

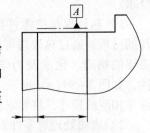

图 3 - 90　基准的标注（三）

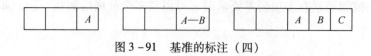

图 3-91　基准的标注（四）

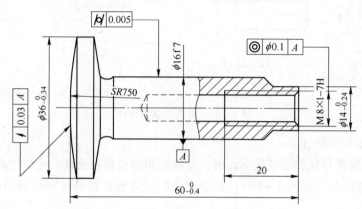

图 3-92　气门阀杆行位公差标注

知识拓展：

（1）形位公差标注解读。

【例 3-3】　图 3-92 为一气门阀杆的形位公差标注实例。解读图中气门阀杆的形位公差的含义。

1）　$\boxed{\nearrow\,|\,0.03\,|\,A}$ SR750 的球面对 ϕ16 圆柱轴线的圆跳动的公差值为 0.03。

2）　$\boxed{H\,|\,0.005}$ ϕ16 圆柱面的圆柱度公差值为 0.005。

3）　$\boxed{\odot\,|\,\phi0.1\,|\,A}$ M8×1 螺孔的轴线对 ϕ16 圆柱轴线的同轴度公差值为 ϕ0.1。

形位公差带定义和示例见附表 A-6。

【例 3-4】　图 3-93 所示为齿轮毛坯图，识读齿轮毛坯的形位公差。

$\boxed{\nearrow\,|\,0.025\,|\,B}$ ϕ100h6 外圆对孔 ϕ45P7 的轴线的径向圆跳动公差为 0.025mm；

$\boxed{\bigcirc\,|\,0.004}$ ϕ100h6 外圆的圆度公差为 0.004mm；

$\boxed{/\!/\,|\,0.01\,|\,A}$ 零件上箭头所指两端面之间的平行度公差为 0.01mm。

（2）其他技术要求。

在零件图中的技术要求，除上述要求外还有其他技术要求。

1）热处理是把零件按一定的规范进行加热、保温、冷却的过程。通过热处理可改变金属材料的组织，得到零件所需要的物理、化学及力学性能。热处理要求可在图样上标

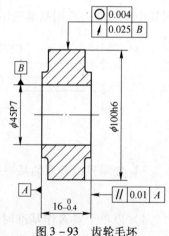

图 3-93　齿轮毛坯

注，如图 3-94（a）所示。零件局部热处理或表面镀覆时，应用粗点划线画出其范围，并标注相应的尺寸，将要求注写在表面粗糙度符号边长的横线上。

2）表面处理对零件表面通过机械或化学的方法进行发黑、发蓝、抛光等处理，可标注镀覆表面和其他表面处理前、后的表面粗糙度值，或者同时标注处理前、后的表面粗糙

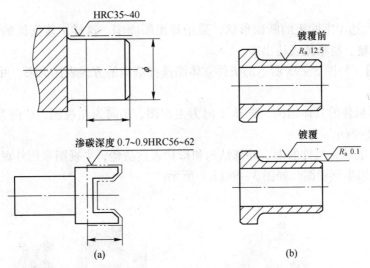

图 3 - 94　热处理和表面处理标注

度值。如图 3 - 94(b) 所示。

3) 对于在图样上不便标注的技术要求，如铸造圆角、检验、试验的要求等，可用文字在"技术要求"标题下写出。

本节以具体实例，应用前面介绍的机件各种表达方法，选择恰当的视图，把机件的结构形状表达得完整、正确和清晰，同时力求做到画图简单，读图方便。

【例 3 - 5】　支架的表达方案分析。

(1) 支架的结构：如图 3 - 95(b) 所示，由水平圆筒、十字肋板和倾斜底板构成。

(2) 表达方案分析：如图 3 - 95(a) 所示。

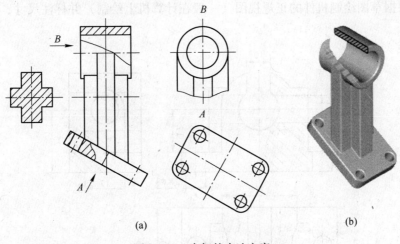

图 3 - 95　支架的表达方案
(a) 支架视图；(b) 支架立体

1) 选定主视图方向。为清晰表达支架的内外结构，上部和下部都采用局部剖。

2) 为了表达倾斜底板的实形和小孔的分布情况，采用 A 向斜视图。

3) 为了表达圆筒和十字肋板的连接关系，采用 B 向局部视图（配置在左视图的位置上）。

4）为了表达十字肋板的断面形状，采用移出断面剖。这样，该支架的结构只需四个图形，就可完整、清晰地表达出来。

【例3-6】　将图3-95所示的机件立体图选择恰当的方式表达出来，并标注尺寸。

作图步骤：

（1）根据机件的具体结构，选择 A 向为主视图、B 向为左视图、C 向为俯视图方向，如图3-96（a）所示。

（2）为了能够将机件的内、外部结构和形状表达清楚，主视图采用外观视图，主视图和左视图都采用半剖视图，如图3-96（b）所示。

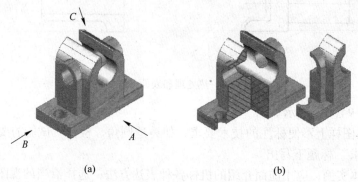

(a)　　　　　　　　　　　　　　　　(b)

图3-96　机件形体分析

(a) 机件投影方向的选择；(b) 机件立体图的剖切

（3）根据立体图用铅笔绘制机件的草图（包括主视图、俯视图和左视图）。

（4）将机件的各个部分的尺寸标注在所绘制的草图上（注意不要漏标和重标）。

（5）根据草图绘制机件的正规视图（一般在计算机上绘制）并标注尺寸，如图3-97所示。

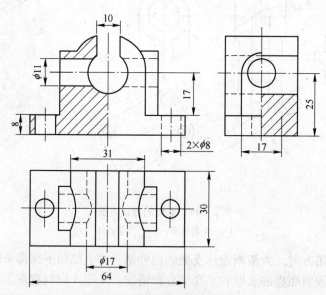

图3-97　机件表达的综合视图

任务 3.6　技 能 训 练

完成齿轮油泵主要零件的测绘任务。本任务是机件表达方法课题的一个综合应用。通过本任务的学习，一方面学生可以复习巩固前面章节所学习的知识，另一方面学生又可以锻炼具体问题具体分析的能力。同时还可以培养学生在测绘过程中的严谨、求实和精益求精的学风。

任务一：完成齿轮油泵从动齿轮轴的测绘

实施步骤：

（1）分析从动齿轮轴的表达方案：采用一个主视图就可以表达清楚其结构形状，为了清楚表达两退刀槽，再加上两个局部放大图就可以了，如图 3 - 98 所示。

（2）根据从动齿轮轴的结构形状用铅笔画出草图。

（3）数出齿轮齿数为 14，测量齿顶圆直径为 48mm，计算出分度圆直径为 42mm，模数为 3mm。

（4）用量具测量出其他各个部分的尺寸并标注在草图上。

（5）根据该零件的具体工作情况，确定各个部分的尺寸公差、形位公差和表面粗糙度。

（6）将草图在计算机上用 CAD 软件绘制正规图纸，并完成标题栏、技术要求等，如图 3 - 98 所示。

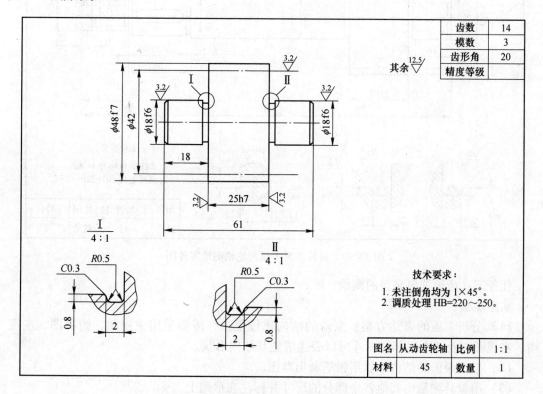

图 3 - 98　齿轮油泵从动齿轮轴测绘零件

任务二：完成齿轮油泵主动齿轮轴的测绘

实施步骤：

（1）分析主动齿轮轴的表达方案：采用一个主视图就可以表达清楚其结构形状；为了清楚表达两退刀槽，需要采用两个局部放大图；为了清楚表达键槽部分，需要采用一个断面图；为了清楚表达轴上的小孔，需要采用局部剖视图。

（2）根据从动齿轮轴的结构形状用铅笔画出草图。

（3）数出齿轮齿数为 14，测量齿顶圆直径为 48mm，计算出分度圆直径为 42mm，模数为 3mm。

（4）用量具测量出其他各个部分的尺寸并标注在草图上。

（5）根据该零件的具体工作情况，确定各个部分的尺寸公差、形位公差和表面粗糙度。

（6）将草图在计算机上用 CAD 软件绘制正规图纸，并完成标题栏、技术要求等，如图 3-99 所示。

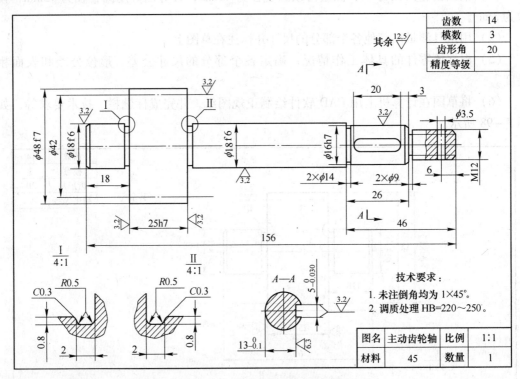

图 3-99　齿轮油泵主动齿轮轴测绘零件图

任务三：齿轮油泵泵盖的测绘

实施步骤：

（1）分析泵盖的表达方案：泵盖的结构比较复杂，需要采用主视图、俯视图、左视图、右视图以及两个局部视图才可以表达清楚其结构形状。

（2）根据泵盖的结构形状用铅笔画出草图。

（3）用量具测量出其他各个部分的尺寸并标注在草图上。

（4）根据该零件的具体工作情况，确定各个部分的尺寸公差、形位公差和表面粗糙度。

（5）将草图在计算机上用 CAD 软件绘制正规图纸，并完成标题栏、技术要求等，如图 3 - 100 所示。

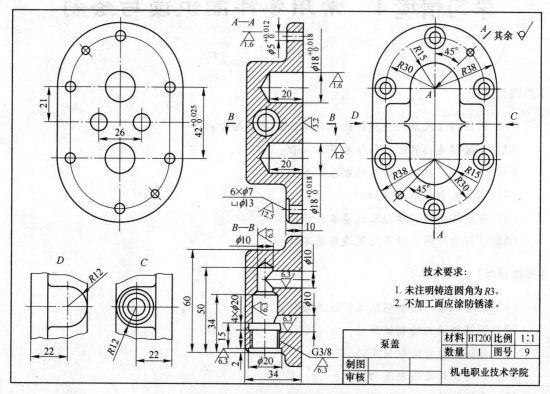

图 3 - 100　齿轮油泵泵盖测绘零件图

学习情境4　常用零件图识读与绘制

【知识目标】

(1) 掌握螺纹及螺纹连接件的识读与绘制基本知识；

(2) 掌握键连接的识读与绘制基本知识；

(3) 掌握销连接的识读与绘制基本知识；

(4) 掌握滚动轴承基本知识；

(5) 掌握弹簧的识读与绘制基本知识；

(6) 掌握齿轮的识读与绘制连接基本知识。

【技能目标】

(1) 能够识读与绘制螺纹及螺纹连接件；

(2) 能够识读与绘制键连接；

(3) 能够识读与绘制销连接；

(4) 能够识读与绘制滚动轴承；

(5) 能够识读与绘制弹簧；

(6) 能够识读与绘制齿轮连接。

【本情境导语】

机械或部件都是由零件装配而成的。其中有些零件结构和尺寸等都按统一的规格标准化了。因此称它们为标准件，例如螺栓、螺钉、螺母、垫圈、键、销等。而有的零件结构和尺寸只部分标准化了，因此称常用件，例如齿轮、弹簧等。

主要内容：

(1) 螺纹及螺纹连接件；

(2) 键连接、销连接、滚动轴承、弹簧；

(3) 齿轮连接；

(4) 齿轮油泵标准件测绘。

项目目标（能力要求）：

(1) 专业能力：熟练掌握标准件及常用件的画法。

(2) 方法能力：通过对标准件及常用件的画法学习能够查阅有关国家标准。

(3) 社会能力：具有创新精神和实践能力，严谨的科学态度和良好的职业道德。

任务 4.1　螺纹及螺纹连接件的识读与绘制

4.1.1　任务描述

认识螺纹及螺纹连接件的基本知识、画法和标记方法。

通过对螺纹及螺纹连接件的基本知识、画法和标记方法的学习，就可以分析常见的齿轮油泵中的螺纹及螺纹连接件，并对其进行测绘。既掌握了相关知识又锻炼了动手能力。

4.1.2　任务组织与实施

采用项目驱动法。具体实施步骤如下：

（1）教师将上述任务布置给学生；

（2）学生利用前面学习的知识来完成任务；

（3）教师针对学生完成的任务进行评讲，针对问题再学习相关知识；

（4）教师提问启发学生对螺纹连接的思考：

1）绘制螺纹能利用基本投影方法吗？

2）螺纹连接怎样绘制？

3）螺母及螺栓头怎样绘制？

4.1.3　相关知识学习

4.1.3.1　螺纹的基本知识

螺纹分外螺纹和内螺纹两种。内、外螺纹应成对使用。在圆柱或圆锥外表面上加工出的螺纹称外螺纹。在孔壁上加工出的螺纹称内螺纹。其加工方法如图 4-1 所示。

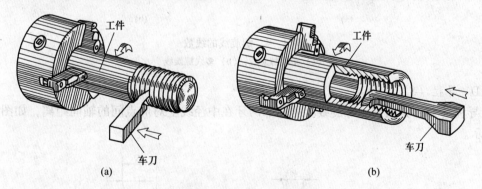

图 4-1　车床加工螺纹

（a）加工外螺纹；（b）加工内螺纹

螺纹有六个基本要素。

A　牙形

通过螺纹轴线剖切时所得到的剖面形状称螺纹牙形。常用的螺纹牙形有三角形、梯形、锯齿形和矩形等。如图 4-2 所示。

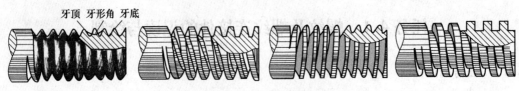

图 4 - 2　螺纹的牙形

B　螺纹有三个直径

如图 4 - 3 所示，大径 (d、D)：是指螺纹的最大直径，它是螺纹的主要规格尺寸。

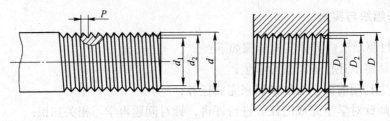

图 4 - 3　螺纹各部分名称及代号

小径 (d_1、D_1)：是指螺纹的最小直径。

中径 (d_2、D_2)：是指一个假想的直径，该直径位于大径和小径之间，在中径上螺纹牙形的沟槽和凸起宽度相等。

C　线数 (n)

它是指螺纹的螺旋线的条数，螺纹有单线和多线之分。单线螺纹即沿一条螺旋线形成的螺纹。多线螺纹即沿数条在轴向等距分布的螺旋线所形成的螺纹。如图 4 - 4 所示。

(a)　　　　　　　　　　　　　　　　　(b)

图 4 - 4　螺旋线的线数

(a) 单线螺旋线；(b) 多线螺旋线

D　导程 (S)

导程 (S)：是指同一螺旋线上的相邻两牙在中径线上对应点间的轴向距离，如图 4 - 5 所示。

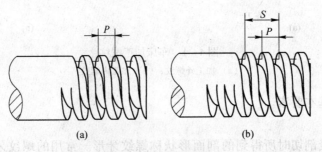

(a)　　　　　　　　　　　　　(b)

图 4 - 5　导程与螺距

(a) 单线螺纹；(b) 多线螺纹

E　螺距（P）

它是指相邻两牙在中径线上对应点间的轴向距离，如图 4 – 5 所示。

F　螺纹的旋向

螺纹有右旋和左旋之分，按顺时针方向旋入的螺纹称右旋螺纹，按逆时针方向旋入的螺纹称左旋螺纹。左、右旋也可按下列方法判定：将外螺纹轴线垂直放置，螺纹的可见部分右高左低者为右旋螺纹；左高右低者为左旋螺纹。如图 4 – 6 所示。只有上述六个基本要素完全相同的内、外螺纹才能旋合在一起使用。在螺纹的六个要素中，国家标准规定，凡螺纹的牙形、大径、螺距这三项要素都符合标准的称标准螺纹；牙形符合标准，大径和螺距不符合标准的称特殊螺纹；三项都不符合标准的称非标准螺纹。

左旋　　　右旋(常用)

图 4 – 6　螺纹的旋向

4.1.3.2　螺纹的规定画法

螺纹的投影比较复杂，但由于螺纹的形状取决于螺纹的要素，所以生产中并不要求在图上画出它的真实投影。国家标准《机械制图》（GB/T 4459.1—1995）对螺纹的画法作了规定。

A　外螺纹的画法

外螺纹在投影为圆的视图和投影为非圆视图上的画法，如图 4 – 7 所示。在投影为圆的视图上，轴的倒角圆省略不画，螺纹的大径用粗实线圆表示，小径用 3/4 个细实线圆表示。在非圆视图上，大径用粗实线表示，小径用细实线表示，画细实线应画进倒角部分，大小径的比例按 $d_1 = 0.85d$ 绘制，螺纹终止线用粗实线表示如图 4 – 7(a) 所示，当需要表示螺纹收尾部分时，收尾部分用与轴线呈 30°角的细实线表示如图 4 – 7(b) 所示。

当外螺纹被剖切时，被剖切部分的螺纹终止线只在螺纹牙处画出，中间是断开的；剖面线必须画到表示牙顶的粗实线处如图 4 – 7(c) 所示。

B　内螺纹的画法

在平行于螺纹轴线的投影面上的视图中，内螺纹一般采用剖视画法。牙底（大径）用细实线绘制，牙顶（小径，约等于大径的 0.85 倍）用粗实线绘制，螺纹终止线用粗实线绘制，螺尾一般不表示。在垂直于螺纹轴线的投影面上的视图中，表示牙底的细实线圆只画约 3/4 圆，倒角圆不画。剖面线也必须画到表示牙顶的粗实线处，如图 4 – 8(a) 所示。不可见螺纹的所有图线都用虚线绘制，如图 4 – 8(b) 所示。螺纹孔相贯的画法如图 4 – 8(c) 所示。对于螺纹盲孔，加工时要先进行钻孔，钻头尖使盲孔的末端形成圆锥面，画图时应画出 120°锥顶角。钻孔后即可加工内螺纹，内螺纹是不能加工到钻孔底部的。

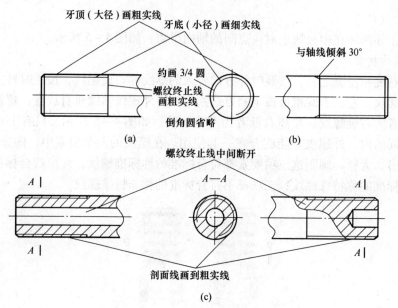

图 4 - 7　外螺纹的画法

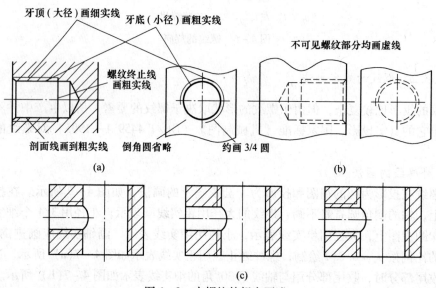

图 4 - 8　内螺纹的规定画法

C　螺纹连接图的画法

画螺纹连接图时，通常采用剖视图，在剖视图中，内、外螺纹的旋合部分按照外螺纹的画法绘制，其余部分仍按各自的画法表示，如图 4 - 9 所示。需要指出：对于实心杆件，当剖切平面通过其轴线时按不剖画。图 4 - 9(a) 所示的外螺纹杆件就是按不剖画出的。盲孔螺纹连接画法如图 4 - 9(c) 所示。

4.1.3.3　螺纹的种类和标注

A　螺纹的种类

螺纹按用途不同可分为两种。

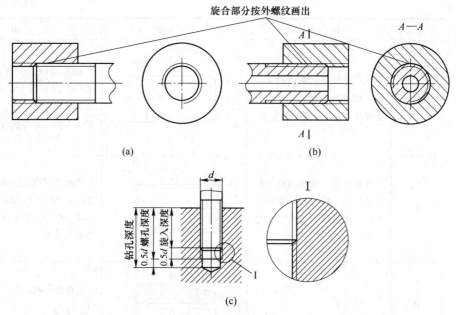

图 4-9　螺纹连接的画法

（1）连接螺纹。它是指起连接作用的螺纹。常用的有四种标准螺纹，即粗牙普通螺纹、细牙普通螺纹（GB/T 197—2003）、管螺纹和锥管螺纹。管螺纹又分为非螺纹密封的管螺纹（GB 7307—2001）和用螺纹密封的管螺纹（GB/T 7306.1—2000、GB/T 7306.2—2000）。

（2）传动螺纹。它是指用于传递动力和运动的螺纹。常用的有梯形螺纹（GB/T 5796.3—1986）和锯齿形螺纹（GB/T 13576—1992）。各类螺纹基本尺寸参见附录 C。

　B　螺纹的标注

根据螺纹的规定画法，无法表示出螺纹的种类和要素，因此国家标准规定用标注来解决这一问题。常用螺纹的标注方法如表 4-1 所示。螺纹标注时应注意以下几点：

（1）粗牙普通螺纹不必注螺距，细牙螺纹应注出螺距数值。

（2）右旋螺纹不必注旋向，左旋螺纹应注 LH 或"左"字。

（3）当中径公差带和顶径公差带代号相同时，可注写一个代号。

（4）普通螺纹的旋合长度规定了短、中、长三组，其代号分别为 S、N、L，其中中等长度旋合时，图上可不注 N。

表 4-1　常用标准螺纹的标注

螺纹类别		特征代号	标注格式	标注示例	说　明
普通螺纹	粗牙	M	牙形符号 公称直径 旋向-中径公差带代号 顶径公差带代号-旋合长度代号	M16-5g6g-S	粗牙普通螺纹，公称直径为 16mm，中径、顶径公差带分别为 5g6g，短旋合长度
	细牙		牙形符号 公称直径×螺距 旋向-中径公差带代号 顶径公差带代号-旋合长度代号	M16×1-LH-6H	细牙普通螺纹，公称直径为 16mm，螺距为 1，左旋、中径、顶径公差带均为 6H，中等旋合长度

螺纹类别	特征代号	标注格式	标注示例	说　明
梯形螺纹	Tr	牙形符号　公称直径×导程（螺距）　旋向 – 中径公差带代号 – 旋合长度代号	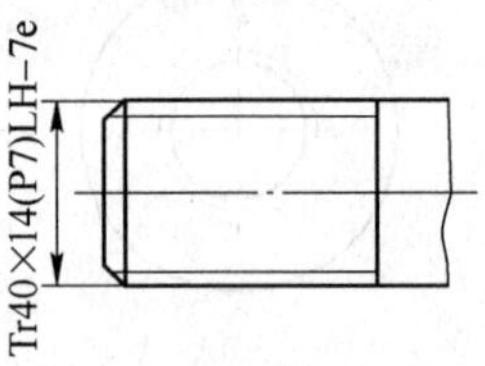 Tr40×14(P7)LH-7e	梯形螺纹，公称直径为 40mm，导程为 14mm，螺距为 7mm，双线左旋，中径公差带为 7e，中等旋合长度
锯齿形螺纹	B	牙形符号　公称直径×螺距或导程（螺距）　旋向 – 中径公差带代号 – 旋合长度代号	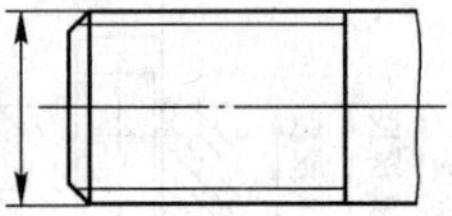	锯齿形螺纹，公称直径为 30mm，螺距为 7mm，单线右旋，中径公差带为 7c，中等旋合长度
管螺纹（用螺纹密封的管螺纹）	R	螺纹特征代号　尺寸代号 – 旋向代号	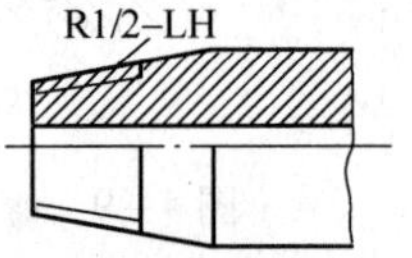 R1/2–LH	圆锥外螺纹，尺寸代号为 $\frac{1}{2}$，左旋
	Rp		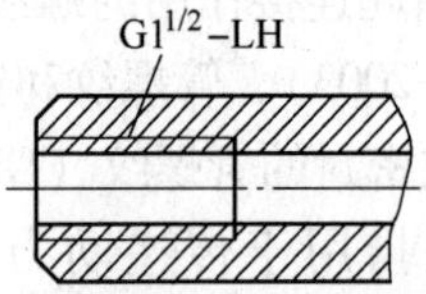 G1$^{1/2}$–LH	圆柱内螺纹，尺寸代号为 $\frac{1}{2}$，左旋
	Rc		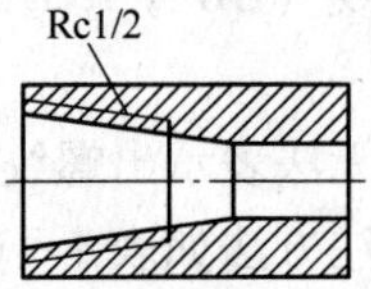 Rc1/2	圆锥内螺纹，尺寸代号为 $\frac{1}{2}$，右旋
管螺纹（非螺纹密封）	G	螺纹特征代号　尺寸代号　公差等级代号 – 旋向代号	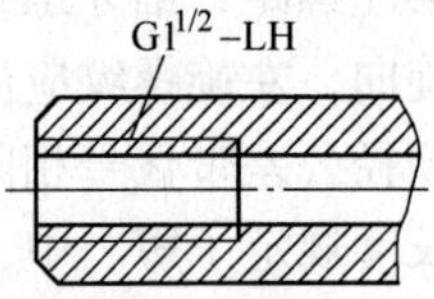 G1$^{1/2}$–LH	非螺纹密封的管螺纹，尺寸代号为 $1\frac{1}{2}$，公差为 A 级，左旋
			G1$^{1/2}$	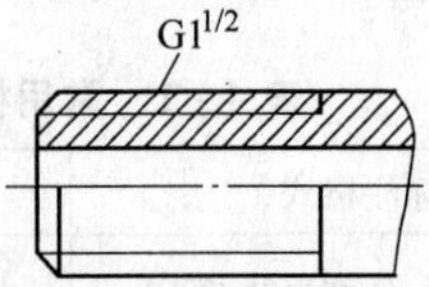 非螺纹密封的管螺纹，尺寸代号为 $1\frac{1}{2}$，右旋

　　（5）梯形螺纹和锯齿形螺纹的旋合长度只分中（N）和长（L）两组，N 可省略不注。

　　（6）管螺纹标注中的"尺寸代号"并非大径数值，而是指管螺纹的管子通径尺寸，单位为 in（英寸），因而这类螺纹需用指引线自大径上引出标注。

　　（7）标注特殊螺纹时，应在牙形代号前加注"特"，非标准牙形的螺纹应画出牙形并注出所需尺寸及有关要求。如图 4 – 10 所示。

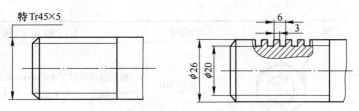

图 4 – 10 特殊螺纹及非标准螺纹的标注

4.1.3.4 螺纹连接及螺纹连接件

常见的螺纹连接有螺栓连接，双头螺柱连接及螺钉连接。常用的连接件有螺栓、双头螺柱、螺母、垫圈及螺钉等，如图 4 – 11 所示。这些零件的结构形式和尺寸都已标准化，可从机械设计手册上查得（参见附录 E），其标记形式如表 4 – 2 所示。

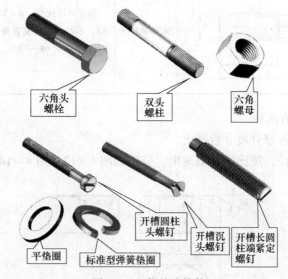

图 4 – 11 螺纹连接件

表 4 – 2 常用螺纹连接件的标记形式

名称	图　　例	规格	标　记　示　例
螺栓		螺栓 M$d \times L$	粗牙普通螺纹，直径为 10mm，螺栓长 100mm，不经表面处理的六角头螺栓。标记为：螺栓 GB/T 5782—2000 M10 × 100
双头螺柱		螺柱 M$d \times L$	螺纹公称直径 $d = 10$mm，$L = 50$mm，材料为 A3，不经热处理及表面处理的双头螺柱，其标记为：螺柱 GB/T 898—1988 M10 × 50

名称	图　　例	规格	标 记 示 例
螺母		螺母 MD	粗牙普通螺纹，$d = 10$mm 的六角头螺母，其标记为：螺母　GB/T 6170—2000　M10
垫圈		垫圈 d	公称直径为 10mm，材料为 A3，不经表面处理的垫圈，其标记为：垫圈　GB/T 97.1—2002　10 ~ 140HV
螺钉		螺钉 M$d \times L$	粗牙普通螺纹，$d = 10$mm，$L = 50$mm，材料为 A3，不经热处理及表面处理的螺钉，其标记为：螺钉　GB/T 68—2000　M10 × 50

各连接件的画法有两种：

（1）从查表得出各部分尺寸后画出。

（2）根据螺纹大径，按比例近似画出，分别如图 4 – 12 ~ 图 4 – 14 所示。

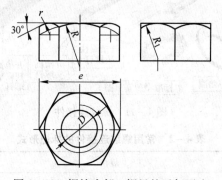

图 4 – 12　螺栓头部、螺母的近似画法

螺栓 d、L（根据要求）：$d_1 \approx 0.85d$，$b \approx 2d$，$R_1 = d$，$R = 1.5d$，$K = 0.7d$，$e = 2d$。

螺母 D（根据要求）：$m = 0.8d$，其他尺寸与螺栓头部相同。

垫圈：$d_2 = 2.2d$，$h = 0.15d$，垫圈孔径 $d_1 = 1.1d$。

A　螺栓连接

螺栓连接用于被连接件厚度不大，能钻成通孔的两个零件 t_1、t_2 的情况，其连接工序如图 4 – 15 所示。

画螺栓连接图时，应注意以下几点：

（1）两接触表面之间，只画一条轮廓线，不得在接触面上将轮廓线加粗。凡不接触的表面，不论间隙大小，在图上均应画出间隙，如螺栓直径同孔之间应画出间隙。

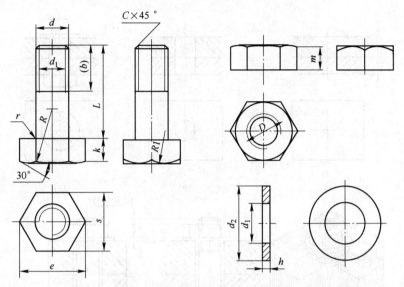

图 4 – 13　螺栓、螺母、垫圈

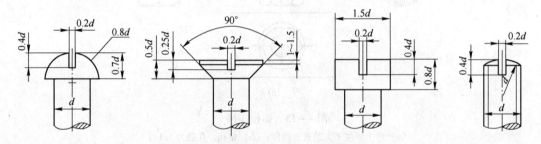

图 4 – 14　螺钉头部的近似画法

（2）剖切平面通过螺栓轴线时，螺栓、螺母、垫圈可按不剖绘制。

（3）两个被剖开的连接件，其剖面线方向应相反，或方向相同而间隔不同。

（4）螺栓的长度 $L = t_1 + t_2 +$ 垫圈厚度 + 螺母厚度 + $(0.3 \sim 0.4)d$，L 应取整数，然后按标准校正。

（5）画出螺纹终止线，但不要与接触面平齐。

B　螺柱连接

双头螺柱常用于两个被连接件之一很厚（图 4 – 16），钻通孔有困难，不宜采用螺栓连接的情况。其连接工序如图 4 – 17 所示。

画双头螺柱连接图时应注意以下几点：

（1）旋入端的螺纹终止线应与结合面平齐，表示旋入端已足够地拧紧。

（2）旋入端的长度 L_1 应根据被连接件 t_2 的材料而定（钢，$L_1 = d$；铸铁或铜，$L_1 = (1.25 \sim 1.5)d$；轻金属，$L_1 = 2d$）。

（3）螺栓长度 $L = t_1 + L_1 +$ 垫圈厚度 + 螺母厚度 + $(0.3 \sim 0.4)d$，取整数，然后按标准校正。

（4）旋入端螺孔深度应稍大于 L_1，取 $L_1 + 0.5d$ 左右。

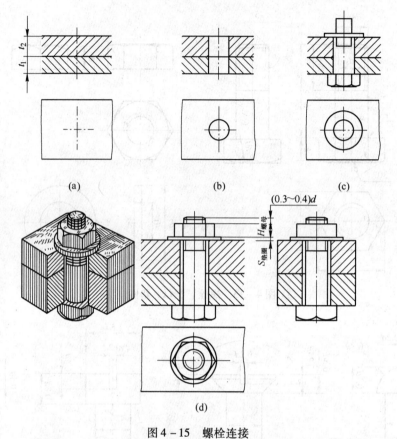

图 4 – 15　螺栓连接

（a）两个厚度不大的被连接件；（b）钻孔，孔径为 1.1d；

（c）插上螺栓并垫上垫圈；（d）旋紧螺母

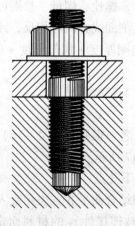

图 4 – 16　双头螺柱

C　螺钉连接

螺钉连接常用于被连接件受力不大又不需要经常拆装的地方。其连接图画法除头部形状外，与螺栓、螺柱连接相似。如图 4 – 18 所示。

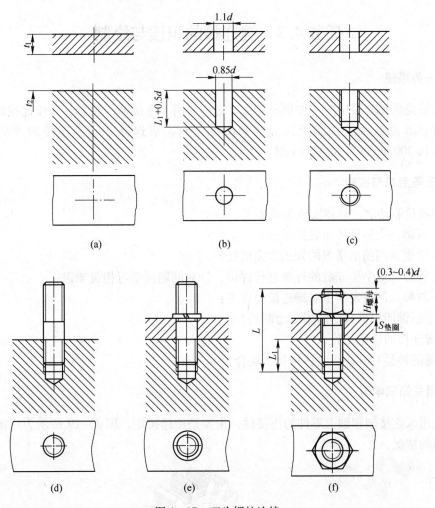

图 4 - 17　双头螺柱连接

（a）两个被连接件 t_1、t_2，其中 t_2 很厚，钻通孔有困难；（b）在 t_2 上钻孔，孔径为 $0.85d$，孔深为 $L_1 + 0.5d$；

在 t_1 上钻通孔，孔径为 $1.1d$；（c）在 t_2 上加工内螺纹；（d）将旋入端旋入 t_2 的螺孔中；

（e）套上 t_1，垫上弹簧垫圈；（f）拧紧螺母，即完成

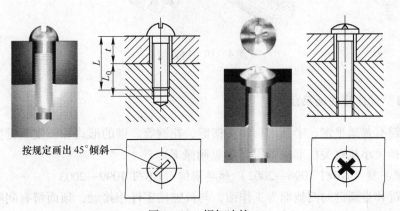

图 4 - 18　螺钉连接

任务 4.2　键连接的识读与绘制

4.2.1　任务描述

键连接是机械连接中的一种重要连接，它主要用于连接轴与轮毂，并传递扭矩。键属于标准件，其画法及选用必须按照国家标准进行。请选择并绘制连接轴颈的直径为 $\phi60$mm、长 200mm 的普通 A 型平键。

4.2.2　任务组织与实施

采用项目驱动法。具体实施步骤如下：

（1）教师将上述任务布置给学生；

（2）学生利用前面学习的知识来完成任务；

（3）教师针对学生完成的任务进行评讲，针对问题再学习相关知识；

（4）教师提问启发学生对键连接的思考：

1）绘制键能根据自己的想法绘制吗？

2）键连接的作用是什么？

3）键的种类有哪些，各适用什么场合？

4.2.3　相关知识学习

键是用来连接轴和轴上零件的连接件，主要是传递扭矩，图 4 - 19 所示为用键来连接齿轮和轴的情况。

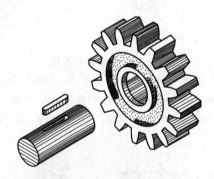

图 4 - 19　键连接

4.2.3.1　键连接图的画法

常用的键有普通平键、半圆键、钩头楔键、花键等。键的形式和长度及键槽的尺寸应根据轴的直径大小从有关标准中查得（参见附录 E）。

A　普通平键（GB/T 1096—2003）和半圆键（GB/T 1099—2003）

普通平键和半圆键的两侧面为工作面，与被连接零件相接触，顶面留有间隙，其画法如图 4 - 20 所示。

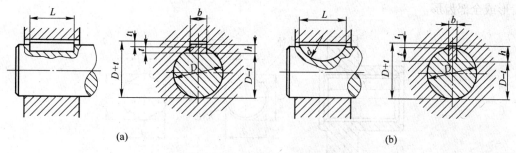

图 4 - 20　普通平键和半圆键的连接画法
（a）普通平键；（b）半圆键

B　钩头楔键（GB/T 1565—2003）

钩头楔键的顶面有 1:100 的斜度，它是靠顶面和底面与轮和轴之间的挤压力而传递动力的。但在绘图时，两侧面仍只画一条线。如图 4 - 21 所示。

C　花键

它也是应用较广泛的连接件之一，其结构尺寸已标准化。花键有外花键和内花键之分，根据齿部的形状，花键又分为矩形花键（GB/T 1144—2001）、三角形花键和渐开线花键（GB/T 3478.1—1995）。一般最常见的是矩形花键。如图 4 - 22 所示。

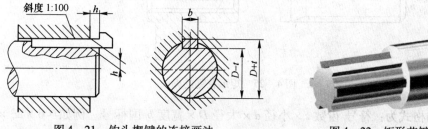

图 4 - 21　钩头楔键的连接画法　　　　　　图 4 - 22　矩形花键

（1）矩形外花键的画法（GB/T 4459.3—2000）：通常用两个视图表示，如图 4 - 23 所示。在平行于轴线的视图中，大径用粗实线表示；小径用细实线表示，并且细实线应画进端部倒角内。工作长度终止线和尾部长度的末端也用细实线画出，且与轴线垂直，尾部应与轴线呈 30°倾斜。在垂直于轴线的视图中，可画出部分齿形或全部齿形。

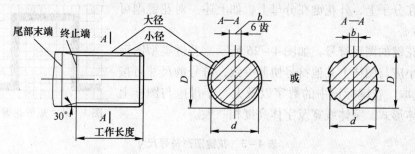

图 4 - 23　矩形外花键的画法

（2）矩形内花键的画法：通常采用两个视图，如图 4 - 24 所示。在平行于轴线的视图中，大、小径均用粗实线表示，剖面线画到大径处止；在垂直于轴线视图中，可画出部分齿形或全部齿形。

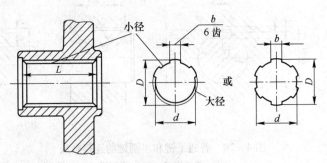

图 4 - 24　矩形内花键

（3）矩形花键的标注：如图 4 - 23 和图 4 - 24 所示，可直接在图上注出大径 D、小径 d、宽度 b 和齿数 z。或用指引线在大径上引出，标注花键代号，如图 4 - 25 所示。

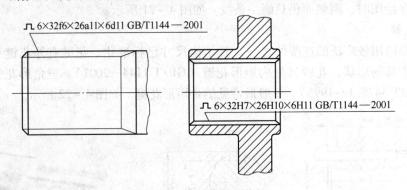

图 4 - 25　矩形花键的标注

标注的格式为：符号 齿数 z × 小径 d × 大径 D × 宽度 b 国标号。例如 ⊓ 6 × 23 × 26 × 6 GB/T 1144—2001，表示齿数为 6，小径为 23、大径为 26、键宽为 6 的矩形花键。如果需要，在花键的代号上也可以标注公差代号，其中外花键的字母为小写，内花键的字母为大写，例如 ⊓ 6 × 23f7 × 26a11 × 6d11 GB/T 1144—2001，表示外花键齿数为 6，小径为 23，公差带代号为 f7；大径为 26，公差带代号为 a11；键宽为 6，公差带代号为 d11。⊓ 6 × 23H7 × 26H10 × 6H11 则表示内花键。在花键的连接装配图上标注的花键代号中，内花键公差代号在分子上，外花键在分母上，如上述一对花键副可以标注为：

矩形花键的图形符号，如图 4 - 26 所示。花键类型图形符号的大小应与图样上其他符号协调一致，符号的尺寸可按表 4 - 3 选取。花键标记中的数字以及大写字母应与图样上相应的字体形式、字体线宽及字体高度相一致。

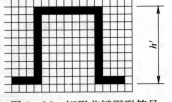

图 4 - 26　矩形花键图形符号

表 4 - 3　花键图形符号尺寸

数字和大写字母高度 （h）/mm	3.5	5	7	10	14	20
符号线宽 （d'）、字体线宽 （d）/mm	0.35	0.5	0.7	1	1.4	2
符号高度 （h'）/mm	3.5	5	7	10	14	20

（4）矩形花键连接的画法及标注：矩形花键连接时，其连接部分按外花键画出。连接时的画法和标注如图 4 – 27 所示。

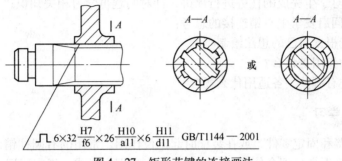

图 4 – 27 矩形花键的连接画法

4.2.3.2 常用键的标注

普通平键、半圆键、钩头楔键等都是标准件。在设计中，键要根据轴径大小按标准选取，不需要单独画出其图样，但标记要正确。普通平键和半圆键的有关国家标准见 GB/T 1095—2003、GB/T 1096—2003、GB/T 1098—2003 及 GB/T 1099—2003 等，其形式和规定标记见表 4 – 4（参见附录 E）。

表 4 – 4 键的结构形式及其标记示例

名称	普通平键			半圆键
	A 型（圆头）	B 型（平头）	C 型（半圆头）	
结构及规格尺寸	h L b	h L b	h L b	d_1 b h
简化标记示例	键 5 × 20 GB/T 1096	键 B5 × 20 GB/T 1096	键 C5 × 20 GB/T 1096	键 6 × 25 GB/T 1099
说明	圆头普通平键 $b=5\text{mm}$，$L=20\text{mm}$ "A" 可省略	平头普通平键 $b=5\text{mm}$，$L=20\text{mm}$	半圆头普通平键 $b=5\text{mm}$，$L=20\text{mm}$	半圆键 $b=5\text{mm}$，$d_1=20\text{mm}$

注：表内图中省略了倒角。

常用键的尺寸可由机械设计手册或本书附表 E – 12 查得。

任务 4.3 销连接的识读与绘制

4.3.1 任务描述

销连接是机械连接中的一种重要连接，它主要用于连接和固定零件，或在装配时起定位作用。销属于标准件，其画法及选用必须按照国家标准进行。请说明销 GB 117—2000 10 × 100 代表的意义。

4.3.2 任务组织与实施

采用项目驱动法。具体实施步骤如下：

（1）教师将上述任务布置给学生；

（2）学生利用前面学习的知识来完成任务；

（3）教师针对学生完成的任务进行评讲，针对问题再学习相关知识；

（4）教师提问启发学生对销连接的思考：

1）绘制销能根据自己的想法绘制吗？

2）销连接的作用是什么？

3）销的种类有哪些，各适用什么场合？

4.3.3　相关知识学习

销常用来连接和固定零件，或在装配时起定位作用。常用的有圆柱销、圆锥销和开口销。开口销常与槽形螺母配合使用，起防松作用。它们的形式、规定标记、画法如表 4 – 5 所示（详细尺寸可参见附表 E – 9 ~ 附表 E – 11）。

销连接画法应注意以下几点：

（1）画销连接图时，当剖切平面通过销的轴线时，销按不剖绘制，轴取局部剖。

（2）由于用销连接的两个零件上的销孔通常需一起加工，因此，在图样中标注销孔尺寸时一般要注写"配作"。

（3）圆锥销的公称直径是小端直径，在圆锥销孔上需用引线标注尺寸。

（4）圆柱销、圆锥销与连接零件之间无间隙。

表 4 – 5　销的标准、形式、画法及标记

名称	标准号	图　例	标记示例	连接画法
圆柱销	GB 119.1 —2000		直径 $d = 5$mm，$L = 20$mm，材料为 35 钢，表面氧化处理的圆柱销，标记为：销　GB119—2000　5×20	
圆锥销	GB 117— 2000		直径 $d = 10$mm，$L = 100$mm 的圆锥销，材料为 35 钢，表面氧化处理。其标记为：销　GB 117—2000　10×100	
开口销	GB 91— 2000		公称直径 $d = 3.2$mm，$L = 20$mm，材料为低碳钢，不经表面处理的开口销，其标记为：销　GB 91—2000　3.2×20	

任务 4.4　滚动轴承的识读与绘制

4.4.1　任务描述

滚动轴承是用来支撑旋转轴的一种部件，它主要用来支撑轴。它属于标准件，其代号都是用钢印打印在端面上，其画法及选用必须按照国家标准进行。请说明轴承代号为 GS6210 代表的意义，并用规定画法画出平面图。

4.4.2　任务组织与实施

采用项目驱动法。具体实施步骤如下：
（1）教师将上述任务布置给学生；
（2）学生利用前面学习的知识来完成任务；
（3）教师针对学生完成的任务进行评讲，针对问题再学习相关知识；
（4）教师提问启发学生对滚动轴承的思考：
1）任何厂家都能制造滚动轴承吗？
2）滚动轴承的种类有哪些，各应用在什么场合？
3）滚动轴承端面的钢印代号表示什么意义？

4.4.3　相关知识学习

滚动轴承是用来支承旋转轴的一种部件。它一般由外圈、内圈、滚动体和保持架组成，如图 4 – 28 所示。其结构已标准化，使用时，可根据要求，查阅有关标准选用。

外圈
滚珠
内圈
保持架

图 4 – 28　滚动轴承

4.4.3.1　常用滚动轴承的类型、代号和画法

常用滚动轴承的类型、结构及规定画法如表 4 – 6 所示。滚动轴承作为一种标准组件，不需要单独画出它的部件图，只需在应用它的装配图中画出。国家标准 GB 4459.7—1998 规定了轴承的三种画法，即通用化法、特征画法、规定画法。其中，通用画法和特征画法都属于简化画法，规定画法属于比例画法。同一图样中，只能采用一种画法。在规定画法中，注意滚动体不画剖面线，其余各套圈（内圈、外圈）画成间隔、方向一致的剖面线。

表 4 – 6　常用滚动轴承的类型、结构及规定画法（GB/T 4459.7—1998）

种　类	深沟球轴承	圆锥滚子轴承	推力球轴承
已知条件	D、d、B	D、d、B、T、C	D、d、T
特征画法			
上侧为规定画法，下侧为通用画法			

4.4.3.2　滚动轴承的标注

滚动轴承的代号由基本代号、前置代号和后置代号构成。

A　基本代号

基本代号由轴承类型代号、尺寸系列代号和内径代号构成。

轴承类型代号用数字或字母表示。如表 4 – 7 所示。

表 4 – 7　轴承类型代号（摘自 GB/T 272—1993）

代　号	0	1	2	3	4	5
轴承类型	双列角接触球轴承	调心球轴承	调心滚子轴承和推力调心滚子轴承	圆锥滚子轴承	双列深沟球轴承	推力球轴承
代　号	6	7	8	N	U	QJ
轴承类型	深沟球轴承	角接触球轴承	推力圆柱滚子轴承	圆柱滚子轴承	外球面球轴承	四点接触球轴承

尺寸系列代号由轴承的宽（高）度系列代号和直径系列代号组合而成，用两位阿拉伯数字来表示。在组合代号中，某些宽度系列代号可省略，如当宽度系列为 0 系列（正常系列）时，对多数轴承在代号中可不标出宽度系列代号 0，但对于调心滚子轴承和圆锥滚子轴承，宽度系列代号 0 应标出。具体代号需查阅相关标准，这里仅列出部分以供参考（表 4 – 8）。

表 4 – 8　滚动轴承类型代号、尺寸系列代号及由它们组成的组合代号

轴承类型	类型代号	尺寸系列代号	组合代号	标准号
双列角接触球轴承	(0)	32	32	GB/T 296
	(0)	33	33	
调心球轴承	1	(0) 2	12	GB/T 281
	(1)	22	22	
	1	(0) 3	13	
	(1)	23	23	
圆锥滚子轴承	3	02	302	GB/T 297
	3	03	303	
	3	13	313	
	3	20	320	
推力球轴承	5	11	511	GB/T 301
	5	12	512	
	5	13	513	
	5	14	514	
深沟球轴承	6	17	617	GB/T 276
	6	18	618	
	6	19	619	
	16	(0) 0	160	
	6	(1) 0	60	
	6	(0) 2	62	
	6	(0) 3	63	
	6	(0) 4	64	

轴承类型	类型代号	尺寸系列代号	组合代号	标准号
角接触球轴承	7	19	719	GB/T 292
	7	(1) 0	70	
	7	(0) 2	72	
	7	(0) 3	73	
	7	(0) 4	74	

内径代号表示轴承的公称内径，一般用两位阿拉伯数字表示。例如：

（1）代号数字为 00，01，02，03 时，分别表示轴承内径 $d = 10\text{mm}$，12mm，15mm，17mm；如深沟球轴承 6200，"00" 表示 $d = 10\text{mm}$。

（2）代号数字为 04 – 96 时，代号数字乘 5，即为轴承内径。如调心滚子轴承 23208，"08" 表示 $d = 40\text{mm}$。

（3）轴承公称内径为 0.6 ~ 10mm 的非整数内径、1 ~ 9mm 的整数内径，大于或等于 500 以及 22，28，32 时，用公称内径毫米数直接表示，但应与尺寸系列代号之间用 "/" 隔开。如深沟球轴承 62/22，"22" 表示 $d = 22\text{mm}$，调心滚子轴承 230/500，"500" 表示 $d = 500\text{mm}$，深沟球轴承 618/2.5，"2.5" 表示 $d = 2.5\text{mm}$。

B　前置、后置代号

当轴承的结构形状、尺寸、公差、技术要求等有所改变时，可在其基本代号左、右添加补充代号。轴承的前置代号用于表示轴承的分部件，用字母表示。如用 L 表示可分离轴承的可分离套圈；K 表示轴承的滚动体与保持架组件等；轴承的后置代号用字母和数字等表示轴承的结构、公差及材料的特殊要求等。后置代号的内容很多，下面介绍几个常用的代号。后置代号用字母（或加数字）表示。

（1）内部结构代号表示同一类型轴承的不同内部结构，用字母紧跟着基本代号表示。如：接触角为 15°、25°和 40°的角接触球轴承分别用 C、AC 和 B 表示内部结构的不同。

（2）轴承的公差等级分为 2 级、4 级、5 级、6 级、6X 级和 0 级，共 6 个级别，依次由高级到低级，其代号分别为/P2、/P4、/P5、/P6、/P6X 和/P0。公差等级中，6X 级仅适用于圆锥滚子轴承；0 级为普通级，在轴承代号中不标出。

（3）常用的轴承径向游隙系列分为 1 组、2 组、0 组、3 组、4 组和 5 组，共 6 个组别，径向游隙依次由小到大。0 组游隙是常用的游隙组别，在轴承代号中不标出，其余的游隙组别在轴承代号中分别用/C1、/C2、/C3、/C4、/C5 表示。

实际应用的滚动轴承类型很多，相应的轴承代号也比较复杂。以上介绍的代号是轴承代号中最基本、最常用的部分。关于滚动轴承详细的代号方法可查阅 GB/T 272—1993。

轴承代号标记示例：GS6210、72211AC 解释如下：

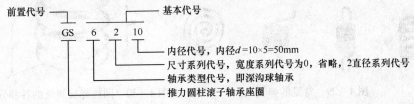

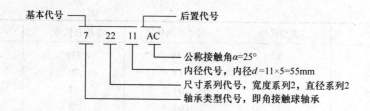

基本代号　　　　　　后置代号

7　22　11　AC

公称接触角 $\alpha=25°$
内径代号，内径 $d=11×5=55mm$
尺寸系列代号，宽度系列2，直径系列2
轴承类型代号，即角接触球轴承

任务 4.5　弹簧的识读与绘制

4.5.1　任务描述

由于弹簧具有储存能量的特性，因此常被用于减振、夹紧、测力等。它属于标准件，其画法及选用必须按照国家标准进行。

4.5.2　任务组织与实施

采用分组讨论法，每组分为 5~8 人。

教师提问启发学生对弹簧的思考：

（1）弹簧的绘制是按照投影法来绘制吗？

（2）按照投影法是无法绘制的，那么有没有规定画法？

（3）弹簧的规定画法是什么？

4.5.3　相关知识学习

弹簧的种类很多，最常用的是圆柱螺旋弹簧。其中有压缩弹簧、拉伸弹簧、扭力弹簧和涡卷弹簧等，如图 4-29 所示。本节主要介绍圆柱螺旋压缩弹簧的画法。

4.5.3.1　圆柱螺旋压缩弹簧各部分的名称及尺寸关系

如图 4-30 所示：

（1）簧丝直径 d：绕制弹簧的钢丝直径。

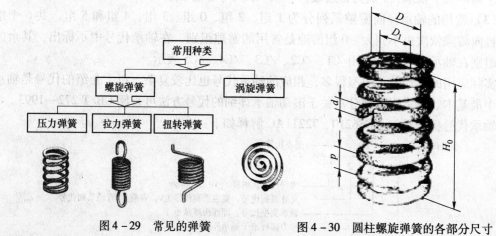

图 4-29　常见的弹簧　　　　　　　图 4-30　圆柱螺旋弹簧的各部分尺寸

（2）弹簧外径 D：弹簧的最大直径。

（3）弹簧内径 D_1：弹簧的最小直径。

$$D_1 = D - 2d$$

（4）弹簧中径 D_2：弹簧的平均直径。

$$D_2 = \frac{D + D_1}{2} = D_1 + d = D - d$$

（5）节距 P：除支承圈外，相邻两圈间的轴向距离。

（6）支撑圈 n_0：为了使压缩弹簧工作时受力均匀，保证中心线垂直于支撑面，弹簧两端常并紧且磨平。这部分圈数仅起支撑作用，故称支撑圈。对螺旋弹簧，其端部结构有三种形式，分别为两端圈并紧并磨平见图 4 - 31（a）、两端圈并紧不磨平见图 4 - 31（b）、两端圈不并紧如图 4 - 31（c）所示。

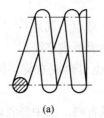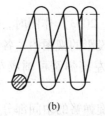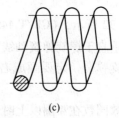

(a)　　　　　　　　(b)　　　　　　　　(c)

图 4 - 31　螺旋压缩弹簧端部结构形式

（7）有效圈数 n：弹簧除支撑圈后，参与工作的圈数称有效圈数。

（8）弹簧自由高度（或长度）H_0：弹簧在不受任何外力作用时的高度。其值可按下式计算：

$$H_0 = nP + (n_0 - 0.5)d$$

4.5.3.2　圆柱螺旋压缩弹簧的标准尺寸系列

国标 GB/T 1358—1993 对圆柱螺旋压缩弹簧的尺寸作了规定，如表 4 - 9 ~ 表 4 - 12 所示。

表 4 - 9　弹簧丝直径系列　　　　　　　　　　　（mm）

第一系列	第二系列
0.1　0.12　0.14　0.16　0.2　0.25　0.3　0.35　0.4　0.45　0.5 0.6　0.7　0.8　0.9　1　1.2　1.6　2　2.5　3　3.5　4　4.5　5 6　8　10　12　16　20　25　30　35　40　45　50　60　70　80	0.08　0.09　0.18　0.22　0.28　0.32　0.55 0.65　1.4　1.8　2.2　2.8　3.2　5.5　6.5 7　9　11　14　18　22　32　38　42　55　65

注：优先采用第一系列。

表 4 - 10　弹簧中径 D_2 系列　　　　　　　　　（mm）

0.4　0.5　0.6　0.7　0.8　0.9　1　1.2　1.4　1.6　2　2.2　2.5　2.8　3　3.2　3.5　3.8　4　4.2　4.5 4.8　5　5.5　6　6.5　7　7.5　8　8.5　9　10　12　14　16　18　20　22　25　30　32　38　42　45　48 50　52　55　58　60　65　70　75　80　85　90　95　100　105　110　115　120　125　130　135　140　145　150 160　170　180　190　200　210　220　230　240　250　260　270　280　290　300　320　340　360　380　400 450　500　550　600　650　700

表 4 –11　压缩弹簧有效圈数 n 系列

| 2 2.25 2.5 2.75 3 3.25 3.5 3.75 4 4.25 4.5 4.75 5 5.5 6 6.5 7 7.5 8 8.5 9 9.5 10 |
| 10.5 11.5 12.5 13.5 14.5 15 16 18 20 22 25 28 30 |

表 4 –12　压缩弹簧自由高度 H_0 系列　　　　　　　　　　　（mm）

| 4 5 6 7 8 9 10 12 14 16 18 22 25 28 30 32 35 38 40 42 45 48 50 52 55 58 60 |
| 65 70 75 80 85 90 95 100 105 110 115 120 130 140 150 160 170 180 190 200 220 240 |
| 260 280 300 320 340 360 380 400 420 450 480 500 520 550 580 600 620 650 680 700 |
| 720 750 780 800 850 900 950 1000 |

4.5.3.3　单个圆柱螺旋压缩弹簧的画法

如图 4 – 32 所示，（GB/T 4459.4—2003）作图时，应注意以下几点：

（1）在垂直于螺旋弹簧轴线方向投影的视图中，各圈轮廓画成直线。

（2）右旋弹簧一定要画成右旋；左旋弹簧可画成左旋也可画成右旋，但要加注"左旋"。

（3）有效圈数在 4 圈以上时，螺旋弹簧的中间部分可以省略。当中部省略时，允许适当缩短图形的长度。

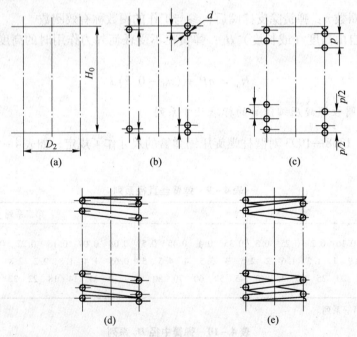

图 4 – 32　圆柱螺旋弹簧的画法

（a）根据 D_2 作出中径（两平行中心线），定出自由高度 H_0；（b）画出支撑圈部分，
直径与弹簧簧丝上径相等的圆；（c）画出有效圈数部分，直径与弹簧簧丝直径相等的圆；
（d）按右旋方向作相应圆的公切线，再画上剖面符号，完成作图；
（e）若不画成剖视图，可按右旋方向作相应圆的公切线，完成弹簧外形图弹簧零件工作图如图 4 – 33 所示。

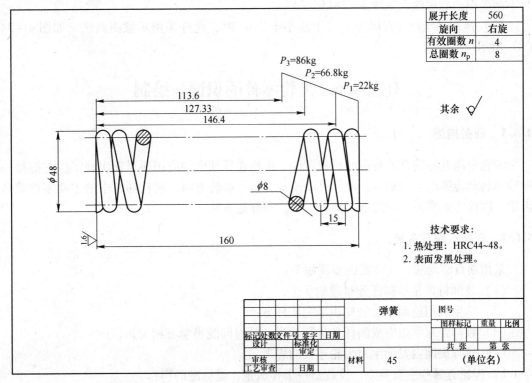

展开长度	560
旋向	右旋
有效圈数 n	4
总圈数 n_p	8

技术要求：
1. 热处理：HRC44~48。
2. 表面发黑处理。

				弹簧	图号		
					图样标记	重量	比例
标记	处数	文件号	签字	日期			
设计		标准化			共 张		第 张
		审定					
审核					材料	45	（单位名）
工艺审查		日期					

图 4 – 33　螺旋压缩弹簧工作图

4.5.3.4　装配图中弹簧的画法

（1）被弹簧挡住的结构一般不画出，可见部分应从弹簧的外轮廓线或从弹簧钢丝断面的中心线画起，如图 4 – 34（a）所示。

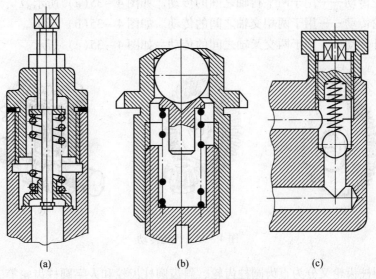

（a）　　　　　　　　（b）　　　　　　　　（c）

图 4 – 34　装配图中弹簧的画法

（2）在剖视图中，弹簧钢丝直径在图形上等于或小于 2mm 时，其断面可以涂黑，而且不画各圈的轮廓线，如图 4 - 34(b) 所示。

（3）弹簧钢丝直径在图形上等于或小于 2mm 时，允许采用示意图画法，如图 4 - 34(c) 所示。

任务 4.6　齿轮零件的识读与绘制

4.6.1　任务描述

齿轮是能互相啮合的有齿的机械零件，齿轮在传动中的应用很早就出现了。它能将一根轴的转动传递给另一根轴，而且可以改变转速和旋转方向。齿轮油泵中的主要零件就是齿轮，因此需要掌握齿轮的基本知识、画法和标记方法。

4.6.2　任务组织与实施

采用项目驱动法。具体实施步骤如下：

（1）教师将齿轮绘制任务布置给学生；

（2）学生利用前面学习的知识来完成任务；

（3）教师针对学生完成的任务进行评讲，针对问题再学习相关知识；

（4）教师提问启发学生对齿轮连接的思考：

1）齿轮有哪些主要参数，模数是一个什么量，是标准的吗？

2）单个齿轮是怎样绘制的？

3）齿轮啮合是怎样绘制的？

4.6.3　相关知识学习

常见的齿轮传动有：

圆柱齿轮传动——用于两平行轴之间的传动。如图 4 - 35(a) 所示。

圆锥齿轮传动——用于两相交轴之间的传动。如图 4 - 35(b) 所示。

蜗轮蜗杆传动——用于两交叉轴之间的传动。如图 4 - 35(c) 所示。

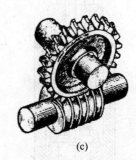

(a)　　　　　　　　　(b)　　　　　　　　　(c)

图 4 - 35　齿轮传动

其中，圆柱齿轮又分为直齿圆柱齿轮、斜齿圆柱齿轮和人字圆柱齿轮等。

4.6.3.1　直齿圆柱齿轮

直齿圆柱齿轮的外形为圆柱形，齿向与齿轮轴线平行，轮齿的齿廓曲线多为渐开线，其结构如图 4-36 所示。

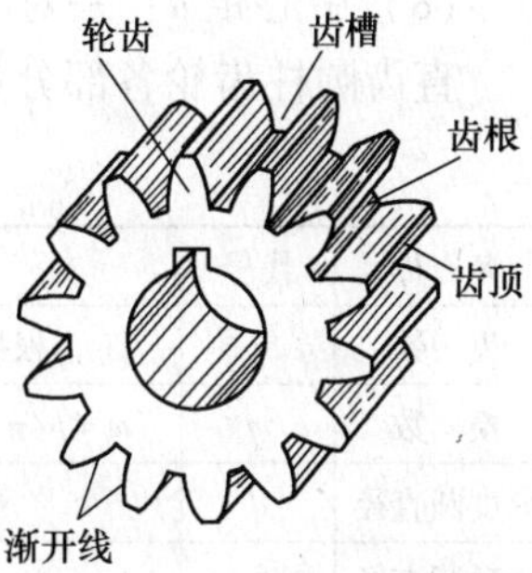

A　直齿圆柱齿轮各部分的名称和尺寸关系

如图 4-37 所示：

（1）齿数（z）。轮齿的数量。

（2）齿顶圆直径（d_a）。通过轮齿顶部的圆的直径，即齿轮的最大直径。

图 4-36　直齿圆柱齿轮

（3）齿根圆直径（d_f）。通过轮齿根部的圆周的直径。

（4）分度圆直径（d）。分度圆是指位于齿顶、齿根之间的一个假想的圆。对于标准齿轮，在该圆上，齿厚 s 和齿间 e 相等。

（5）全齿高（h）：轮齿在齿顶圆和齿根圆之间的径向高，称为全齿高 h，分度圆将全齿高分为两部分，齿顶圆与分度圆之间称齿顶高 h_a；分度圆与齿根圆之间称齿根高 h_f，$h = h_a + h_f$。

（6）齿距（p）分度圆上相邻两齿对应点之间的弧长。若轮齿齿数为 z，则：$\pi \cdot d = z \cdot p$ 即 $d = z \cdot p / \pi = z \cdot p / \pi$

（7）模数（m）。模数是齿距 p 与 π 的比值。$d = z \cdot p / \pi$ 令 $p / \pi = m, d = z \cdot m$。

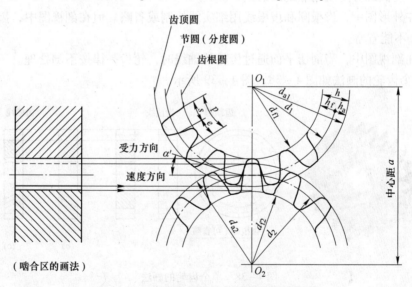

图 4-37　直齿圆柱齿轮各部分名称与代号

两齿轮啮合时，其模数 m 应相等。国家标准制定了统一的标准模数系列，使用时应根据表 4-13 选取。

表 4-13　标准模数（GB/T 1357—1987）

第一系列	1	1.25	1.5	2	2.5	3	5	6	8	10	12	15	20	25	32	40	50
第二系列	1.75	2.25	2.75	(3.25)	3.5	(3.75)	4.5	5.5	(6.5)	7	9	(11)	14	18	22	28	(30)

注：优先选用第一系列；括号内模数尽可能不选用。

（8）中心距 a：一对啮合齿轮中心的距离。图 4 - 37 中，中心距为 O_1O_2。

直齿圆柱齿轮各部分计算公式如表 4 - 14 所示。

表 4 - 14　直齿轮各部分计算公式

名　称	代号	计算公式	说　明
齿　数	z	根据设计要求或测绘而定	z、m 是齿轮的基本参数，设计计算时，先确定 m、z，然后得出其他各部分尺寸
模　数	m	$m = p/\pi$，根据强度计算或测绘而得	
分度圆直径	d	$d = mz$	
齿顶圆直径	d_a	$d_a = d + 2h_a = m(z + 2)$	齿顶 $h_a = m$
齿根圆直径	d_f	$d_f = d - 2h_f = m(z - 2.5)$	齿根 $h_f = 1.25m$
齿　宽	b	$b = 2p \sim 3p$	齿距 $p = \pi m$
中心距	a	$a = (d_1 + d_2)/2 = \dfrac{m}{2}(z_1 + z_2)$	

B　圆柱齿轮的规定画法（GB/T 4459.2—2003）

齿轮由轮齿和轮体两部分组成。绘图时，轮体按真实投影绘制，而轮齿应按国家标准（GB/T 4459.2—1984）的规定画出。轮齿部分的规定画法是：

（1）齿顶圆和齿顶线用粗实线绘制。

（2）分度圆和分度线用点划线绘制。

（3）在外形图中，齿根圆和齿根线用细实线绘制或省略。但在剖视图中，齿根线用粗实线绘制，不能省略。

（4）在剖视图中，当剖切平面通过齿轮的轴线时，轮齿一律按不剖处理。

1）单个齿轮的画法如图 4 - 38、图 4 - 39 所示。

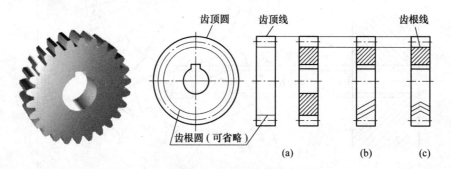

图 4 - 38　单个齿轮的画法
（a）直齿圆柱轮；（b）斜齿；（c）人字齿

2）圆柱齿轮啮合画法：两齿轮啮合时，其画法如图 4 - 40 所示。

4.6.3.2　直齿圆锥齿轮

圆锥齿轮的轮齿是在圆锥面上切出来的，所以轮齿一端大，一端小；齿厚沿圆锥素线变化，直径和模数也随着齿厚而变化。为了计算和加工方便，国标规定以大端的模数为准。

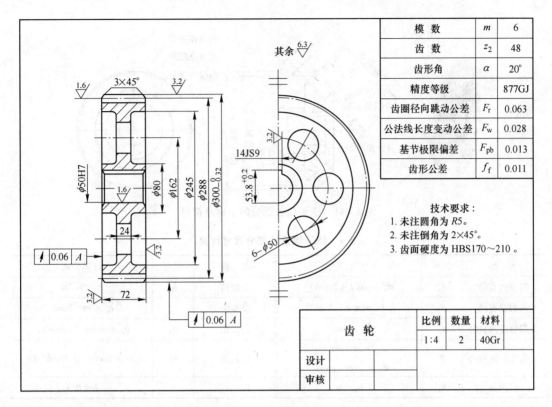

模 数	m	6
齿 数	z_2	48
齿形角	α	20°
精度等级		877GJ
齿圈径向跳动公差	F_r	0.063
公法线长度变动公差	F_w	0.028
基节极限偏差	F_{pb}	0.013
齿形公差	f_f	0.011

技术要求：
1. 未注圆角为 $R5$。
2. 未注倒角为 $2×45°$。
3. 齿面硬度为 HBS170～210。

齿 轮	比例	数量	材料
	1:4	2	40Gr
设计			
审核			

图4-39 直齿圆柱齿轮工作图

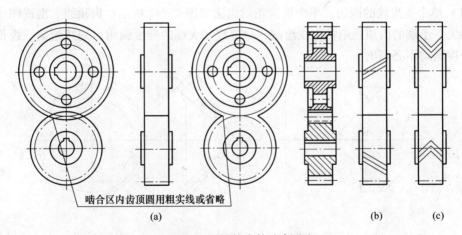

啮合区内齿顶圆用粗实线或省略

(a)　　　　　　　　　　　　　(b)　(c)

图4-40 两圆柱齿轮啮合画法
(a) 两圆柱直齿轮啮合；(b) 两斜齿轮啮合；(c) 两人字齿轮啮合

A 直齿圆锥齿轮各部分的名称

直齿圆锥齿轮有五个锥面，即顶锥、根锥、分锥（又称节锥）、背锥和前锥。其中，背锥和前锥分别与节锥垂直。在标准情况下，分锥与节锥重合。还有三个角，即分锥角（又称节锥角）δ、顶锥角 θ_a、根锥角 θ_f。如图4-41所示。各部分尺寸计算公式如表4-15所示。

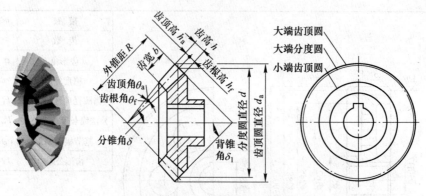

图 4 – 41　锥齿轮各部分的名称及符号

表 4 – 15　锥齿轮部分尺寸计算

名　称	代号	计算公式	名　称	代号	计算公式
齿顶圆直径	d_a	$d_a = m(z + 2\cos\delta)$	齿根高	h_f	$h_f = 1.2m$
齿根圆直径	d_f	$d_f = m(z - 2.4\cos\delta)$	外锥距	r_e	$r_e = mz/2\sin\delta$
大端分度圆直径	d_e	$d_e = mz$	齿顶角	θ_a	$\theta_a = \arctan(2\sin\delta/z)$
分度圆锥角	δ	$\delta_1 = \arctan z_1/z_2$ $\delta_2 = \arctan z_2/z_1$	齿根角	θ_f	$\theta_f = \arctan(2.4\sin\delta/z)$
齿顶高	h_a	$h_a = m$	齿宽	b	$b \leqslant R/3$

B　锥齿轮的规定画法

（1）单个锥齿轮的画法：单个锥齿轮的画法如图 4 – 42 所示。齿顶线、剖视图中的齿根线和大、小端的齿顶圆用粗实线绘制，分度线和大端的分度圆用点划线绘制，齿根圆及小端分度圆均不必画出。

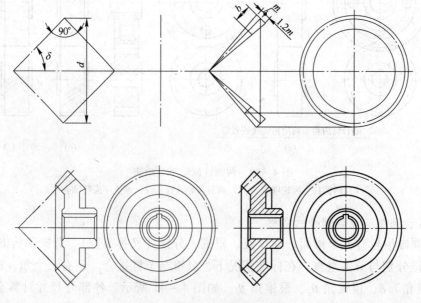

图 4 – 42　单个锥齿轮的画法

（2）锥齿轮的啮合画法：两锥齿轮的正确啮合条件为模数相等，节锥相切，两齿轮轴线相交呈 90°，两分度圆锥面共顶点。其啮合画法如图 4-43 所示。主视图常画成剖视图，当剖切平面通过两啮合齿轮的轴线时，在啮合区内，将一个齿轮的轮齿用粗实线绘制，另一个齿轮轮齿被遮挡的部分用虚线绘制，如图 4-43(a) 中的主视图所示。被遮挡部分也可以不画。左视图常用不剖的外形视图表示，如图 4-43(b) 所示。

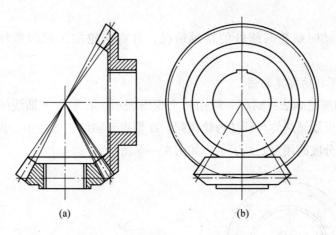

(a)   (b)

图 4-43　锥齿轮的啮合画法

圆锥齿轮的参考零件图如图 4-44 所示。

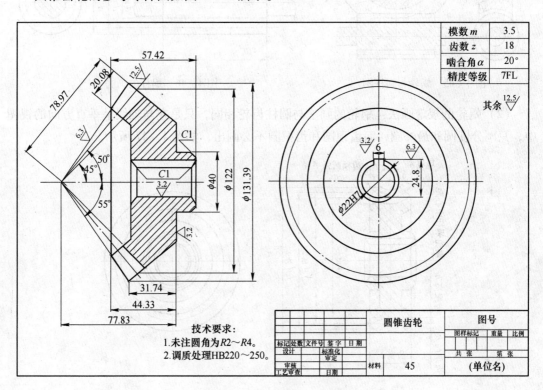

模数 m	3.5
齿数 z	18
啮合角 α	20°
精度等级	7FL

技术要求：
1.未注圆角为 R2～R4。
2.调质处理HB220～250。

图 4-44　圆锥齿轮工作图

4.6.3.3　蜗轮蜗杆

蜗轮蜗杆传动，主要用在两轴线垂直交叉的场合。蜗杆为主动，用于减速，蜗杆的齿数，就是其杆上螺旋线的头数，常用的为单线或双线，此时，蜗杆转一圈，蜗轮只转一个齿或两个齿。因此可得到较大的传动比。蜗杆一般为圆柱形，类似梯形螺杆；蜗轮类似斜齿圆柱齿轮。

为了改善传动时蜗轮与蜗杆的接触情况，常将蜗轮加工成凹形环面。如图 4 – 45 所示。

A　蜗轮、蜗杆的规定画法

（1）蜗杆的规定画法：蜗杆一般用两个视图表示。在平行于轴线的视图上，其齿顶线、齿根线、分度线画法均与圆柱齿轮相同。在垂直于轴线的视图中，齿顶圆和齿根圆则用粗实线表示，分度圆用点划线表示，如图 4 – 46 所示。

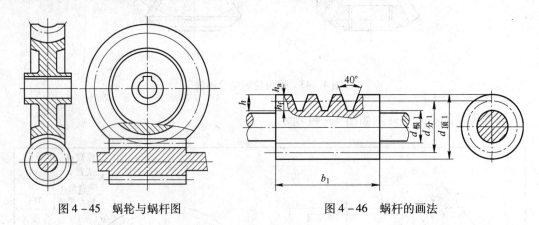

　　图 4 – 45　蜗轮与蜗杆图　　　　　　　图 4 – 46　蜗杆的画法

（2）蜗轮的规定画法：蜗轮的画法与圆柱齿轮相同，只是在与轴线呈垂直方向的视图中，只画分度圆和最外圆，而齿顶圆和齿根圆不必画出，如图 4 – 47 所示。

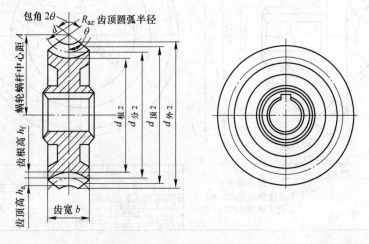

图 4 – 47　蜗轮的画法

B　蜗轮、蜗杆啮合的画法

一对啮合的蜗轮、蜗杆模数相等，其画法如图 4 – 48 所示。蜗杆、蜗轮的工作图如图 4 – 49 和图 4 – 50 所示。

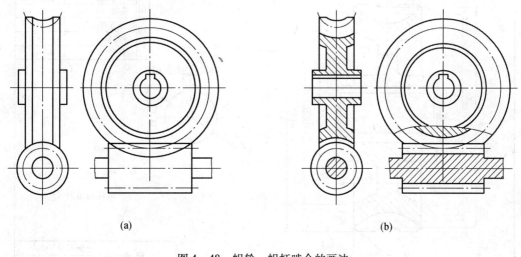

(a)　　　　　　　　　　　　(b)

图 4 – 48　蜗轮、蜗杆啮合的画法

（a）视图画法；（b）剖视图画法

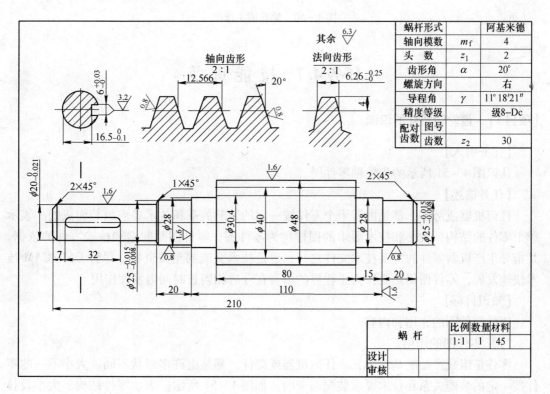

蜗杆形式		阿基米德
轴向模数	m_f	4
头　数	z_1	2
齿形角	α	20°
螺旋方向		右
导程角	γ	11°18'21″
精度等级		级8–Dc
配对齿数	图号	
	齿数 z_2	30

蜗　杆		比例	数量	材料
		1:1	1	45
设计				
审核				

图 4 – 49　蜗杆的工作图

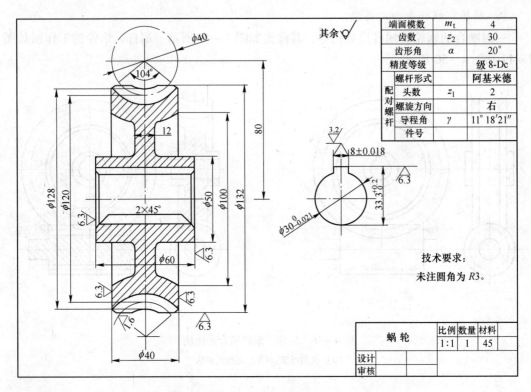

端面模数	m_t	4
齿数	z_2	30
齿形角	α	20°
精度等级		级 8-Dc
配对蜗杆	螺杆形式	阿基米德
	头数 z_1	2
	螺旋方向	右
	导程角 γ	$11° 18' 21''$
	件号	

技术要求:
未注圆角为 R3。

蜗轮	比例	数量	材料
	1:1	1	45
设计			
审核			

图 4-50　蜗轮的工作图

任务 4.7　技 能 训 练

【项目 1】　齿轮轴图样的识读

【任务引入】

认识图 4-51 所示的齿轮轴零件图。

【任务描述】

任何机器或部件,都是由若干个零件按一定的装配关系和技术要求组装而成的。表示单个零件的结构、大小和技术要求的图样称为零件图。零件图是制造和检验零件的依据,是指导生产机器零件的重要技术文件之一,也是技术交流的重要资料。尽管 CAD/CAM 技术快速发展,零件图仍然会作为工程界的语言在今后相当长时间内发挥作用。

【知识目标】

明确零件图的作用和内容。

(1)零件图的作用:

零件是组成产品的基本单元。任何机器或部件,都是由许多形状不同、大小不一的零件按一定的装配关系和技术要求装配起来的,如图 4-51 所示。表示零件结构、大小及技术要求的图样称为零件工作图,简称零件图。零件图是生产中主要的技术文件,是制造和检验零件的依据。

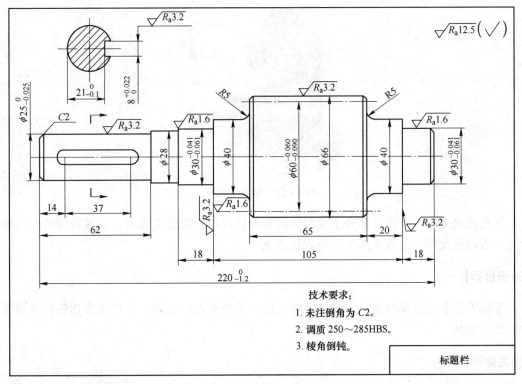

图 4 - 51 齿轮轴零件图

（2）零件图的内容。一张完整的零件图，一般应包括以下内容：

1）视图。根据有关标准和规定，用正投影法表达零件内、外部结构的一组图形。用一定数量的视图、剖视图、剖面图等把零件的各部分完整、正确、清晰地表达出来。

2）尺寸。零件图应正确、完整、清晰、合理地标注零件制造、检验时所需的全部尺寸。即用一组尺寸把零件各部分的大小和位置正确、完整、清晰、合理地标注出来。

3）技术要求。用规定的符号、数字、字母和文字注解、标注或说明零件制造、检验或装配过程中应达到的各项要求，如表面粗糙度、极限与配合、形状和位置公差、热处理、表面处理等要求。

4）标题栏。需填写零件的名称、材料、数量、比例，制图、审核人员的姓名、日期等内容。

【任务实施】

认识图中的各个视图、尺寸、技术要求和标题栏等内容。

【项目 2】 轴承支架的表达方案分析

【任务引入】

轴承支架如图 4 - 52 所示，选择合适的表达方案。

【任务描述】

零件功用分析：支撑轴及轴上零件。

零件形体分析：由轴承孔、底板、支撑板等组成。

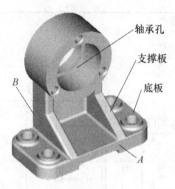

图 4 - 52　轴承支架

零件连接分析：分析三部分主要形体的相对位置及表面连接关系。支撑板两侧面与轴承孔外表面相交等。合理选择正确的表达方案。

【知识目标】

掌握零件表达方案的选择原则；能够灵活运用各种表达方法，合理地表达各种典型零件的结构形状。

【相关知识】

零件图的视图选择，是指在考虑便于看图的前提下，选择适当的视图、剖视、剖面等表达方法，将零件的各部分结构形状和相互位置，完整、清晰地表达出来，并力求绘图简便。为此，就要对零件进行结构形状分析，依据零件的结构特点、用途及主要加工方法，选择主视图和其他视图。

零件视图选择总的原则是：恰当、灵活地运用各种表达方法，结合考虑零件的功用和工艺过程，用最少数目的图形将零件的结构形状正确、清晰、完整地表达出来，并使看图方便、绘图简便。

（1）主视图的选择。主视图是零件图图形的核心，图形选择得恰当与否，将直接影响其他视图的数量和表达方法的选择，并关系到画图、读图是否方便。主视图是最能反映零件形状特征的视图，从主视图中获取零件的信息最多。因此在表达零件时，应该先确定主视图，然后确定其他视图。选择零件的主视图应考虑以下原则：

1）形状特征原则。主视图应最能清楚地显示出零件的形状特征。在确定了零件的画图位置后，还应根据零件的形状特征，确定零件主视图的投影方向，要清楚地表达零件的形状、结构特征及各结构之间的相互位置关系。主视图的投射方向的原则：以最能明显地反映零件的主要结构形状和各部分之间的相对位置关系的方向，作为主视图的投射方向。

2）加工位置原则。主视图应符合零件主要加工工序位置，便于加工时图物对照和测量尺寸，减少差错。如轴类和盘类零件。因为这两类零件主要是在车床上加工，装夹时它们的轴线都是水平放置的，如图 4 - 53 所示。

3）工作位置原则。主视图图形位置应与零件在机器中的工作位置一致，便于把零件和机器联系起来想象出零件的工作情况。这样选择，就可以与装配图有直接对照，以便于

图 4-53　轴在车床上加工的情形

根据装配关系来考虑和校核零件的结构形状和尺寸，以便于识图和画出装配图。

上述三项原则并不是任何时候都能完全满足，因为有些零件在机器中是运动的，工作位置不固定；有些零件在制造过程中要经过很多道工序，等等。因此，选择主视图时要对具体零件进行具体分析，一般是在满足形状特征原则的前提下，再考虑其他原则，同时兼顾其他视图投影方便及图幅的合理布局。

（2）其他视图的选择。主视图选定以后，应仔细分析零件在主视图中尚未表达清楚的部分，根据零件的结构特点及内、外形状的复杂程度来考虑其他视图、剖视、剖面等。所选的每一图形都应有表达的重点，具有独立存在的意义。其他视图的选择原则，应为配合主视图在完整而清楚地表达出零件结构、形状的前提下，适当地选择其他视图，但视图的数量应尽量少，以利于图样清晰和看图。在选择其他视图时应考虑以下几个问题：

1）尽量选用基本视图并在基本视图上作适当的剖视，以及用剖面等表达方法，表达零件主要部分的内部结构。

2）为表达零件的局部形状或倾斜部分内形，在采用局部视图或斜视图时，应尽可能按投影关系配置在有关视图附近。

3）对细小结构，可采用局部放大图。在视图中应考虑使用简化的规定画法。选择零件视图表达方案，应树立为生产服务的思想，既要把零件的内、外结构和形状完整、清晰地表达出来，又要使读图、画图都方便，不要为表达而表达，使图形杂乱零碎。在确定视图表达方案时，可进行多种方案比较，然后加以改进，最后从中选出最优的表达方案。

表 4-16 所示为选择主视图的几个示例，仅供参考。

表 4-16　主视图选择示例

零件及投影方向	主　视　图	分　析
		形状特征、加工位置、工作位置统一
		形状特征、工作位置一致

续表 4 – 16

零件及投影方向	主 视 图	分 析
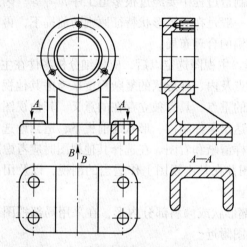		考虑主要加工工序位置

【任务实施】

（1）选择主视图。如图 4 – 54 所示，零件的安放状态即为支架的工作状态。比较 A 方向、B 方向后，确定 A 方向为投射方向。主视图表达了零件的主要部分：轴承孔的形状特征，各组成部分的相对位置，三个螺钉孔的分布等都得到了表达。

图 4 – 54　轴承支架的视图选择（一）

（2）选择其他视图：

1）视图方案一。选全剖的左视图，表达轴承孔的内部结构及两侧支撑板形状。选择 B 方向视图表达底板的形状。选择移出断面表达支撑板断面的形状。如图 4 – 54 所示。

2）视图方案二。选全剖的左视图，表达轴承孔的内部结构及两侧支撑板形状。俯视图选用 B—B 剖视表达底板与支撑板断面的形状。如图 4 – 55 所示。

3）方案比较。分析、比较以上两个方案，选定第二方案较好。

【项目 3】　轴承座的尺寸标注训练

【任务引入】

标注图 4 – 56 所示的轴承座所有尺寸。

【任务描述】

标注轴承座的尺寸应包括组成轴承座各部分的尺寸及相互之间的位置关系的尺寸，不能重复也不能遗漏，还要考虑加工制造及检验的方便。

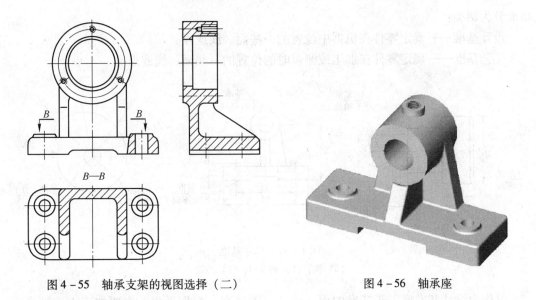

图 4-55　轴承支架的视图选择（二）　　　图 4-56　轴承座

【知识目标】

（1）明确基准的概念、种类和选择，以及标注尺寸时应注意的事项。

（2）掌握尺寸配置的形式，常见零件图形上孔的尺寸注法。

【相关知识】

（1）零件图上尺寸标注要求。零件图上的尺寸是零件加工、检验的重要依据。在标注尺寸时，除了要符合前面所述的尺寸正确、完整、清晰之外，还要尽量标注得合理。

尺寸标注得是否合理，是指所注尺寸能否达到设计要求，同时又便于加工和测量。为了真正做到合理，还需要了解零件的作用，并具有丰富的生产实践经验和有关机械加工制造的知识，结合具体情况合理地标注尺寸。

零件图中的视图主要用来表达零件的结构和形状，而零件的大小则主要依靠标注的尺寸来确定，所以尺寸标注是零件图中又一重要内容，它直接关系到零件的加工和检测。标注零件尺寸时，应力求做到正确、完整、清晰、合理。正确是指尺寸的标注要符合机械制图国家标准。完整是指标注全零件各部分结构的定型尺寸、定位尺寸以及必要的总体尺寸。清晰是指尺寸的布置要便于看图查找。合理是指尺寸标注既要符合零件的设计要求，又要便于加工和测量。主要包括根据零件的设计和工艺要求，正确地选择尺寸基准和恰当地标注尺寸两个方面。

（2）尺寸基准：

1）尺寸基准的概念。零件的尺寸基准，是指零件装配到机器上或在加工测量时，用以确定其位置的一些面、线或点，是尺寸标注的起点。

零件图具有长、宽、高三个方向的尺寸，标注每个方向的尺寸都应选择基准，在图上可以作为基准的几何要素有平面、轴线和点。如图 4-57（a）所示的轴，其轴左端面为轴向尺寸的基准，轴线是径向尺寸的基准；图 4-57（b）所示的轴承座，其高度方向尺寸是以支撑面为基准，长度方向是以对称面为基准；图 4-57（c）所示的凸轮，其曲线上各点是以圆心为基准。

2）尺寸基准的分类。在零件的设计和生产中，根据基准的作用、用途不同，可以把基准分为两类：

　　设计基准——确定零件在机器中位置的一些面、线或点。

　　工艺基准——确定零件在加工或测量时的位置的一些面、线或点。

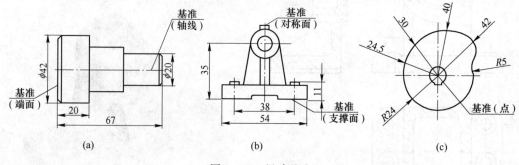

图4-57　尺寸基准
（a）轴；（b）轴承座；（c）凸轮

　　可作为设计基准或工艺基准的面、线、点主要有：对称平面、主要加工面、结合面、底平面、端面、轴肩平面；轴线、对称中心线；圆心、球心等。应根据零件图的设计要求和工艺要求，结合实际情况恰当选择尺寸基准。

　　①设计基准是根据机器的构造特点及对零件的设计要求而选定的。图4-58所示为轴承挂架。图4-58(a)所示为轴承挂架安装在机器上的情况。在图中选择轴承挂架的安装面B作为高度方向的设计基准，并由该基准出发注出来确定挂架在机器中的上、下位置。在长度方向选择安装面C为基准，以确定挂架在机器中的左、右位置。在宽度方向选择对称平面D为设计基准，以确定挂架在机器中的前、后位置，轴承挂架上两安装孔的中心距50是从该基准考虑标注的，可保证安装时挂架上两个孔与机架上两个螺孔能准确装配。

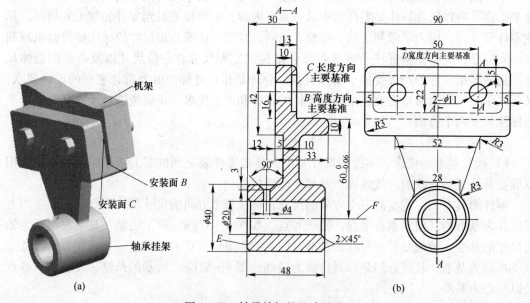

图4-58　轴承挂架的尺寸基准

②工艺基准是根据零件在加工、测量、安装时的要求而选定的基准。工艺基准可分为定位基准和测量基准。

定位基准为加工中零件装夹定位所用的基准。如图 4–59 所示，在加工轴右侧的外圆柱表面时，左侧外圆柱表面 A 起定位作用，是定位基准。

测量基准为测量、检测已加工面的尺寸时所用的基准。图 4–59 中的轴肩 B 就是测量右端圆柱轴向尺寸的基准。

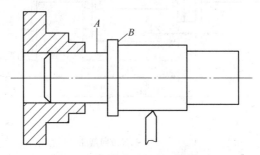

图 4–59　轴类零件的工艺基准

在图 4–58 的主视图中，轴承孔的长度 48、油孔的定位尺寸 12 是以端面 E 为基准进行加工和测量的，轴承孔的外径 40 和内径 20 是以轴线 F 为基准测量的，因此标注尺寸时端面 E 和轴线 F 为工艺基准。

3）尺寸基准的选择。一般来说，从设计基准标注尺寸可满足设计要求，保证零件的功能要求，而从工艺基准标注尺寸，则便于加工和测量。所以，选择尺寸基准的首要原则是，凡是影响产品性能、工作精度和互换性的主要尺寸，必须从设计基准直接注出，零件中的主要尺寸包括规格性能尺寸、配合尺寸、安装尺寸、影响零件在机器部件中准确位置的尺寸等。其次，因为任何一个零件都有长、宽、高三个方向（或轴向、径向两个方向）的尺寸，每个尺寸都有基准，因此每个方向至少要有一个基准。同一方向上有多个基准时，其中必定有一个是主要的，称为主要基准，其余则为辅助基准。主要基准与辅助基准之间应有尺寸联系。此外，标注尺寸时，应尽量使设计基准与工艺基准统一起来，称为"基准重合原则"，这样既能满足设计要求，又能满足工艺要求。一般情况下，设计基准与工艺基准是可以做到统一的。当两者不能统一时，要按设计要求标注尺寸，在满足设计要求前提下，力求满足工艺要求。将重要的设计尺寸从设计基准出发标注，次要的尺寸可从工艺基准注起。这样既保证了设计要求，又便于加工和测量。在标注零件长、宽、高三个方向的定位尺寸之前，首先将设计基准确定为主要基准，其他不能与设计基准重合的工艺基准可确定为辅助基准。如图 4–60(a) 所示为轴的尺寸基准，图 4–60(b) 为轴承座的尺寸基准。从图中可看出车削轴的各段长度时，以轴的两端为基准。轴的两端面为工艺基准。

(3) 尺寸标注的形式。零件尺寸标注的形式取决于零件的结构特点、加工方法、所选择的基准等因素。常用的尺寸标注形式有以下三种：

1）坐标式。零件同一方向的几个尺寸由同一基准出发进行标注，如图 4–61(a) 所示。其优点在于所注各段尺寸的尺寸精度只取决于该段尺寸的加工误差，而不受其他尺寸误差的影响。其缺点是一些尺寸段的轴长尺寸将分别受到两个尺寸误差的影响，如 M 段

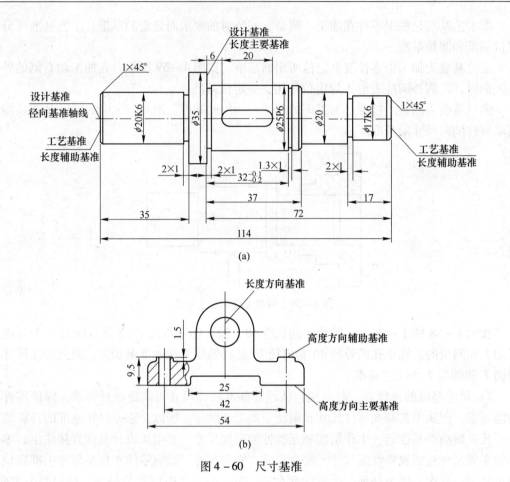

(a)

(b)

图 4 - 60　尺寸基准

的轴向尺寸受 a、b 尺寸的影响。这种尺寸用于一个基准确定一组精确尺寸的情况。

　　2）链式。零件上同一方向的一组尺寸，彼此首尾相接，形成链状，如图 4 - 61（b）所示。链式注法的优点在于前一尺寸的误差，并不影响后一尺寸，其缺点是各段尺寸的误差最终会累积到总尺寸上。链式尺寸常用于保证孔组中心距的情况。

　　3）综合式。综合式是坐标式与链式的组合标注形式，如图 4 - 61（c）所示。这种尺寸标注形式兼有上述两种形式的优点，既能保证一些精确尺寸，又能减少尺寸误差积累，因而能更好地适应零件的设计和工艺要求。所以标注零件图尺寸时，最常用的是综合式标注方法。

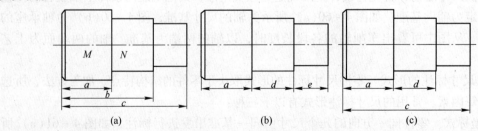

(a)　　　　　　　　　　(b)　　　　　　　　　　(c)

图 4 - 61　尺寸标注的形式

（a）坐标式；（b）链式；（c）综合式

（4）标注尺寸时应注意的问题：

1）零件上的重要尺寸应直接注出，避免换算，以保证加工时达到尺寸要求。为了保证零件在机器或部件中的正常工作，零件之间的配合尺寸、重要的相对位置尺寸、影响机器性能和零件互换性的尺寸等，都是重要的设计尺寸。为了便于在加工时得到保证，必须将这些尺寸直接注出，不能靠换算得到。如图 4-62 所示。

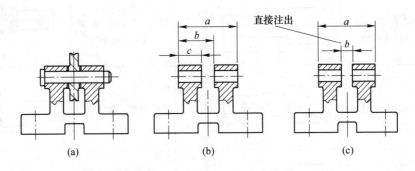

图 4-62　重要尺寸应直接标出
(a) 装配关系；(b) 错误；(c) 正确

2）不能标注成封闭尺寸链。一组首尾相接的链状尺寸称为尺寸链。一组尺寸头尾相接绕成一圈，组成封闭的尺寸链，称为封闭链，如图 4-63(a) 所示。当尺寸链标注成如图 4-63(a) 所示的封闭形式时，会给加工带来困难。尺寸链中任一环的尺寸误差，都是其他各环尺寸误差之和。

因此，这种封闭尺寸链标注方法往往不能保证设计要求。如图 4-63(a) 所示，若尺寸 B 比较重要，则尺寸 B 将由于受到尺寸 A、C、D、E 的影响而难以保证。因此，不能标注成封闭尺寸链。正确的方法是在尺寸链中选一个不重要的环不标注尺寸，它称为开口环。如图 4-63(b) 所示，这种方法其尺寸误差都积累到开口环上。

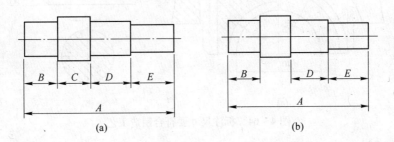

图 4-63　不能标注成封闭尺寸链
(a) 错误；(b) 正确

3）按加工顺序标注尺寸。零件图上除重要尺寸应直接标注外，其他尺寸一般尽量按加工顺序进行标注。每一加工步骤，均可由图中直接看出所需尺寸，这样符合加工过程，便于加工测量，减少差错。表 4-17 所示为轴的加工顺序与标注尺寸的关系。

表 4 – 17　轴的加工顺序与标注尺寸的关系

序号	说　明	工序简图	序号	说　明	工序简图
1	下料；车两端面；打中心孔	$\phi 40$　114	5	切槽；倒角	$32^{-0.1}$　2　$1\times45°$　2　1.3
2	中心孔定位；车 $\phi25$，长 72	$\phi 25$　72	6	调头：车 $\phi35$，长 42　$\phi20$，长 35	$\phi35$　$\phi20$　35　42
3	车 $\phi20$，长 45	$\phi20$　45	7	切槽；倒角	$1\times45°$　2
4	车 $\phi17$，长 17	$\phi17$　17	8	淬火后磨外圆 $\phi17$，$\phi20$，$\phi25$	$\phi20k6$　$\phi25n6$　$\phi17k6$

4）标注尺寸要符合制造工艺。零件图标注尺寸时，要符合加工工艺的要求。图 4 – 64（a）中，轴承盖半圆孔是与轴承座的半圆孔合在一起加工出来的。因此，应标注出直径 $\phi 40^{+0.039}_{0}$ 和 $\phi45$，而不能标注半径。图 4 – 64（b）所示轴的半圆键槽也要求标注直径，以便于选择铣刀而不能标注半径。

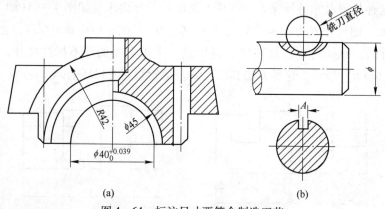

（a）　　　　　　　　　　　　（b）

图 4 – 64　标注尺寸要符合制造工艺

5）考虑测量的方便与可能。标注尺寸时，必须考虑到测量的方便与可能，尽量做到使用普通的测量仪器，减少专用量具的使用和制造，以降低产品成本。如图 4 – 65 所示为常见的考虑测量方便时标注尺寸的示例。

6）毛坯面的尺寸标注。零件图上毛坯面尺寸和加工面尺寸要分开标注，在同一方向上，毛坯面和加工面之间只标注一个联系尺寸，如图 4 – 66（b）中的 A 尺寸，加工时保证这一个尺寸的精度易于做到，而如图 4 – 66（a）中的标注，加工时要同时保证尺寸 A、B、C、F 几个尺寸的精度则是很难的。

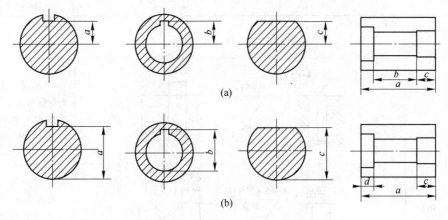

图 4 – 65 标注尺寸要便于测量

（a）不便于测量；（b）便于测量

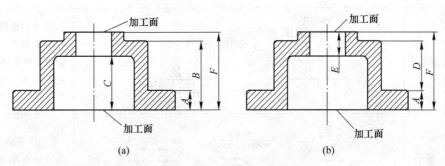

图 4 – 66 毛坯尺寸标注

（a）不合理；（b）合理

（5）零件上常见孔的尺寸标注。零件上常见孔的尺寸标注见表 4 – 18。

表 4 – 18 零件上常见孔的尺寸标注

零件结构类型		标 注 方 法	说 明
螺孔	通孔	3–M6–7H　　3–M6–7H　　3–M6–7H	3 – M6 表示大径为 6，均匀分布的三个螺孔，可以旁注也可直接注出
	不通孔	3–M6▽10　　3–M6▽10　　3–M6	螺孔深度可与螺孔直径连注，也可分开注出
		3–M6▽10 孔▽12　　3–M6 深10 孔▽12　　3–M6	需要注出孔深时，应明确标注孔深尺寸

零件结构类型		标 注 方 法			说　明
光孔	一般孔	$4-\phi5\downarrow10$	$4-\phi5\downarrow10$	$4-\phi5$　　10	$4-\phi5$ 表示直径为 5 均匀分布的 4 个光孔，孔深可与孔径连注，也可以分开注出
	精加工孔	$4-\phi5^{+0.012}\downarrow10$　钻深 12	$4-\phi5^{+0.012}_{0}\downarrow10$　钻深 12	$4-\phi5^{+0.012}_{0}$　10　12	光孔深为 12，钻孔后需加工至 $\phi5^{+0.012}_{0}$，深度为 10
	锥销孔	锥销孔$\phi5$　装配时作	锥销孔$\phi5$　装配时作	锥销孔$\phi5$　装配时作	$\phi5$ 为与锥销孔相配的圆锥销小头直径，锥销孔通常是相邻两零件装在一起时加工的
沉孔	锥形沉孔	$\vee\phi13\times90°$	$\vee\phi13\times90°$	$90°$　$\phi13$　$6-\phi7$	$6-\phi7$ 表示直径为 7 均匀分布的 6 个孔，锥形部分尺寸可以旁注，也可直接注出
	柱形沉孔	$4-\phi6$　$\sqcup\phi10$ 深 3.5	$4-\phi6$　$\sqcup\phi10$ 深 3.5	$\phi10$　3.5　$4-\phi6$	柱形沉孔的小直径为 6，大直径为 10，深度为 3.5，均需标注
	锪平面	$4-\phi7\sqcup\phi16$	$4-\phi7\sqcup\phi16$	锪平$\phi16$　$4-\phi7$	锪平 $\phi16$ 的深度不需标注，一般锪平到不出现毛面为止

　　国家标准《技术制图简化表示法》（GB/T 16675.2—1996）对以上常见孔规定了符号和缩写词，标注或识读时也可参阅有关手册。

【任务实施】

（1）基准的选择。从设计角度考虑，为满足零件在机器或部件中对其结构、性能要求而选定的一些基准。根据轴承座的工作情况，选择底面高度方向设计基准。左、右对称中心面为长度方向设计基准。轴承座后端面为宽度方向设计基准。

（2）标注尺寸。轴承座的尺寸标注，如图 4-67 所示。

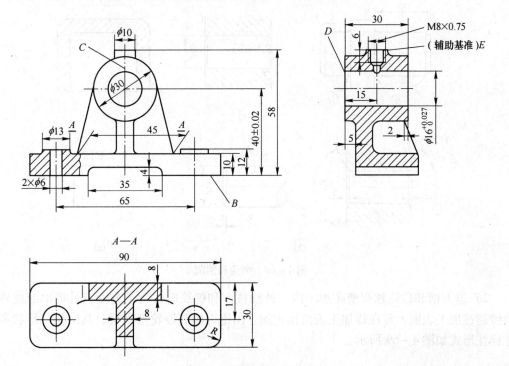

图 4-67 轴承座的尺寸标注

B—高度方向设计基准；C—长度方向设计基准；D—宽度方向设计基准

【项目4】 零件上常见的工艺结构分析

【知识目标】

掌握零件上常见的铸造工艺结构和机械加工工艺结构。

【相关知识】

零件的结构和形状，不仅要满足零件在机器中的使用要求，还必须满足零件制造过程中的一系列工艺和结构要求，否则将使制造工艺复杂化甚至无法制造或造成废品。绝大部分零件，都要通过铸造和机械加工来制成。因此，除应满足设计要求外，还应考虑到铸造和机械加工的一些特点，使所绘制的零件既符合设计要求，又符合铸造和机械加工的要求。下面介绍铸造工艺和机械加工工艺对零件结构的一些要求。

（1）机械加工工艺结构：

1）倒角和倒圆，为了去除毛刺、锐边和便于装配，在轴和孔的端部常加工成倒角；为了避免因应力集中而产生裂纹，在两不等直径圆柱（或圆锥）轴肩处，常以圆角过渡，称为倒圆。

倒角和倒圆在图中的标注如图 4-68 所示。

当倒角为 45°时，标注方式如图 4-68（a）所示，"C"表示 45°倒角，"2"表示倒角宽度；当倒角不是 45°时，须标出角度和宽度，标注方式如图 4-68（b）所示；采用简化画法表示倒角时，标注方式如图 4 – 68（c）所示。

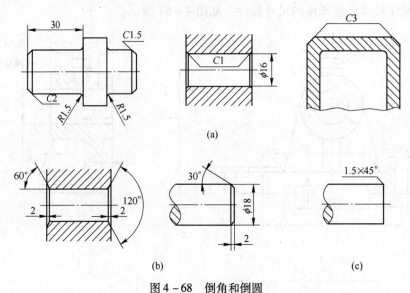

图 4 – 68　倒角和倒圆

2）退刀槽和砂轮越程槽在加工内、外圆柱面和螺纹时，为了方便刀具退出或使砂轮稍微越过加工表面，常在待加工表面预先加工出退刀槽和砂轮越程槽，其结构、形状和尺寸标注形式如图 4 – 69 所示。

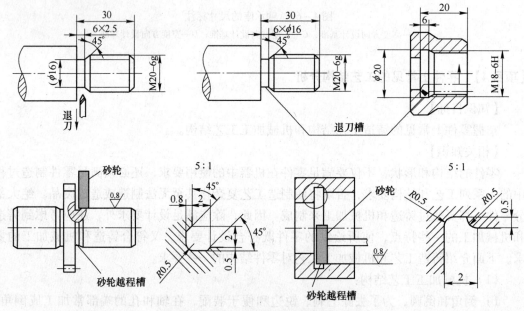

图 4 – 69　退刀槽和砂轮越程槽的标注

一般的退刀槽可按"槽宽×直径"（图 4 – 69 中的"6×φ16"）或"槽宽×槽深"（图 4 – 69 中的"6×2.5"）的形式标注。这样标注便于选择割槽刀。砂轮越程槽常用局部放大图表示，并在其中标注尺寸。

3）钻孔结构用钻头钻不通孔（也称盲孔）或阶梯孔时，钻头顶角会在钻孔底部留下一个大约 120°的锥顶角，称为钻尖角。画图时，应按 120°画出钻尖角，但不必标注尺寸。钻孔深度不包括圆锥部分，如图 4 - 70 中的钻孔深度"25"和"18"。

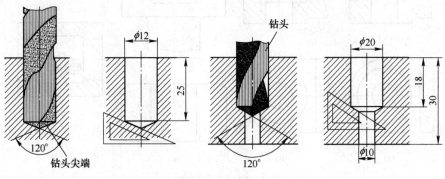

图 4 - 70　钻尖角

　　用钻头钻孔时，要求钻头轴线尽量垂直于被钻孔的端面，以防止钻孔时钻头折断。需要在斜面上钻孔时，为了使钻头受力均匀，应在孔口端面设置凸台或凹坑，如图 4 - 71 所示。

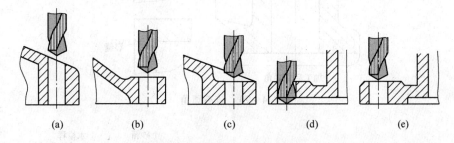

图 4 - 71　钻孔结构
（a）钻头轴线与被钻表面不垂直，钻头容易折断（不合理）；
（b）在斜面上预置凸台（合理）；（c）在斜面处设置凹孔（合理）；
（d）钻头单边受力容易折断（不合理）；（e）做成凸台使钻孔完整（合理）

　　4）凸台和凹坑。零件上与其他零件的接触面，一般都要进行加工。为减少加工面积并保证零件表面之间有良好的接触，常在铸件上设计出凸台和凹坑。图 4 - 72（a）、（b）所示为螺栓连接的支撑面做成凸台和凹坑形式，图 4 - 72（c）、（d）所示为减少加工面积而做成凹槽和凹腔结构。
　　（2）铸造工艺结构。
　　1）铸造圆角。为了避免浇注铁水时砂型尖角处落砂，防止铸件尖角处产生裂纹、缩孔等铸造缺陷，铸件各表面相交处均应做成过渡圆角，称为铸造圆角，如图 4 - 73 所示。
　　铸造圆角的半径一般约为 3 ~ 5mm，常在技术要求中统一说明。画图时应注意毛坯面的转角处都有圆角，若是加工面，则圆角被加工掉了，要画成尖角或倒角。
　　2）拔模斜度。为了能从砂型中顺利取出木模，常在木模表面沿拔模方向做成 1 : 20 的斜度，这个斜度会留在铸件上，称为拔模斜度（或起模斜度），见图 4 - 74。拔模斜度在制作木模时予以考虑，但在图样上可以不画出来。
　　3）铸件壁厚要均匀。为保证铸件的铸造质量，防止因铸件壁厚不均，铁水冷却速度

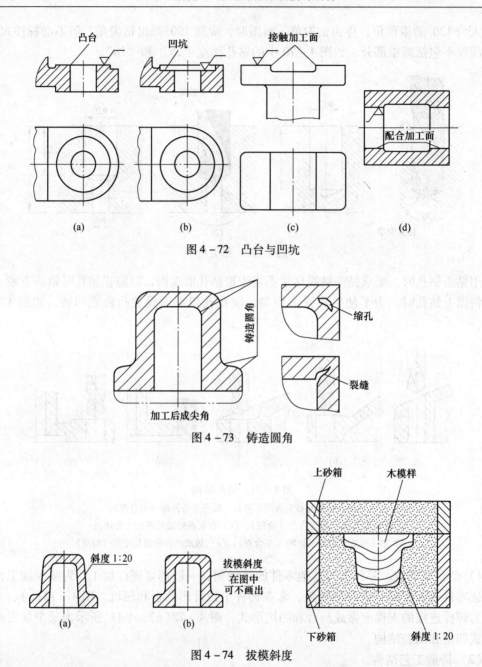

图 4 - 72　凸台与凹坑

图 4 - 73　铸造圆角

图 4 - 74　拔模斜度

不同而产生缩孔、裂纹等铸造缺陷，应使铸件壁厚均匀或逐渐变化，不宜相差过大，在两壁相交处应有过渡斜度，如图 4 - 75 所示。

4）过渡线。由于铸件表面相交处有铸造圆角存在，表面的交线变得不太明显。为了看图时能区分不同表面，图中交线仍要画出，但两端画至理论交点处止而不与圆角接触，这种交线称过渡线。过渡线的画法与没有圆角情况下的相贯线画法基本相同。当过渡线的投影和面的投影重合时，按面的投影绘制；当过渡线的投影和面的投影不重合时，过渡线的投影按它的理论交线的投影绘制，只是过渡线的两端与圆角轮廓线之间应留有空隙，如图 7 - 76 所示。图 4 - 77 为常见的几种过渡线及绘制时应注意的问题。

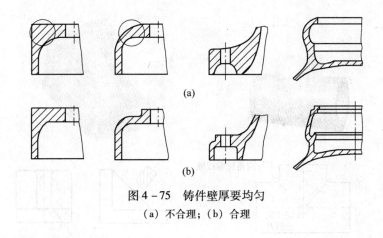

图 4 – 75 铸件壁厚要均匀

(a) 不合理；(b) 合理

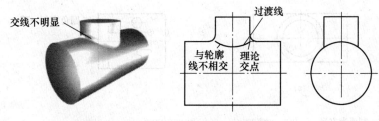

图 4 – 76 过渡线及画法

①两曲面相交的过渡线不应与圆角的轮廓线接触，并在切点附近断开。如图 4 – 77 (a) 所示。

②平面与平面或平面与曲面相交的过渡线，应在转角处断开，并加画小圆弧，其弯向应与铸造圆角的方向一致。如图 4 – 77(b) 所示。

③肋板与圆柱面相交的过渡线，其形状取决于肋板的断面形状及相切或相交的关系。如图 4 – 77(c)、(d) 所示。

【项目 5】 轴承端盖零件测绘

【任务引入】

根据图 4 – 78 所示轴承端盖的轴测图绘制轴承端盖的零件图。

【任务描述】

测绘之前，首先要了解零件的结构及主要功用，然后测量并标注尺寸，形成零件图。

依据实际零件画出它的图形，测量并标注尺寸，制定必要的技术要求，从而完成零件图的过程，称为零件测绘。

【知识目标】

零件测绘的方法和步骤。能用正确的画图步骤徒手绘制零件草图，并能根据零件草图用仪器绘制零件图。

【相关知识】

零件测绘一般先画零件草图（徒手画），再根据整理后的零件草图画零件工作图。零件测绘是工程技术人员必备的基本技能，在仿制、修配机器及技术改造时往往要进行零件测绘。

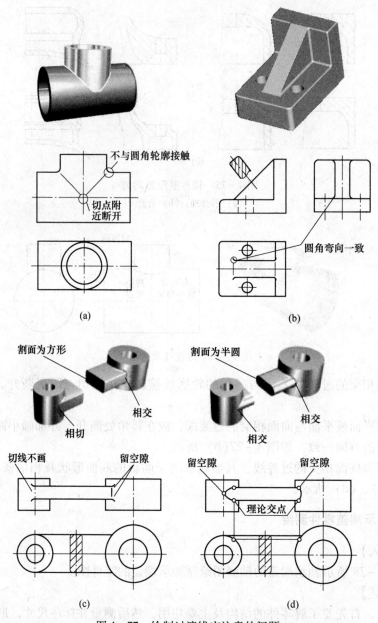

图 4 – 77　绘制过渡线应注意的问题

（1）徒手绘图的基本方法。徒手绘图也称画草图，是不借助绘图工具用目测形状及大小徒手绘制的图样。在机器测绘、讨论设计方案、技术交流、现场参观时，受现场或时间限制，通常只绘制草图。零件草图是画零件工作图的重要依据，有时也直接用以制造零件，因此，零件草图绝非"潦草之图"，它与零件工作图一样，也应做到图形正确、比例匀称、表达清楚；尺寸完整清晰；图线粗细分明；字体工整。

画草图的铅笔比用仪器画图的铅笔软一号，削成圆锥形，画粗

图 4 – 78　轴承端盖

实线要秃些,画细实线可尖些。要画好草图,必须掌握徒手绘制各种线条的基本手法。手握笔的位置要比用仪器绘图时高些,以利运笔和观察目标。笔杆与纸面呈 45°~60°角,执笔稳而有力。

1) 直线的画法。画直线时,手腕靠着纸面,沿着画线方向移动,保持图线稳直。眼要注意终点方向。画垂直线时自上而下运笔;画水平线自左而右的画线方向最为顺手,这时图纸可放斜;斜线一般不太好画,故画图时可以转动图纸,使欲画的斜线正好处于顺手方向。画短线,常以手腕运笔,画长线则以手臂动作。为了便于控制图大小比例和各图形间的关系,可利用方格纸画草图,见图 4-79。

图 4-79　草图上直线的画法

2) 圆和曲线的画法。画圆时,应先定圆心位置,过圆心画对称中心线,在对称中心线上距圆心等于半径处截取四点,过四点画圆即可,如图 4-80 所示。画稍大的圆时可再加一对十字线并同样截取四点,过八点画圆,见图 4-80。

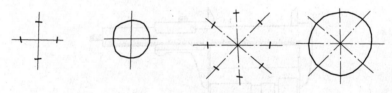

图 4-80　草图上圆的画法

对于圆角、椭圆及圆弧连接,也是尽量利用与正方形、长方形、菱形相切的特点画出,如图 4-81 所示。

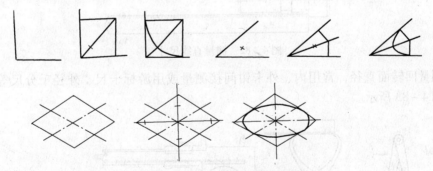

图 4-81　草图上圆角、椭圆的画法

(2) 零件测绘时的注意事项:

1) 零件的制造缺陷,如砂眼、气孔、刀痕等,以及长期使用所造成的磨损,都不应画出。

2) 零件上因制造、装配的需要而形成的工艺结构,如铸造圆角、倒角、倒圆、退刀槽、砂轮越程槽等,都必须画出,并查阅有关手册,确定它们的结构尺寸。

3）相配合的孔轴公称尺寸应一致。零件上的配合尺寸，测后应圆整到公称尺寸（标准直径或标准长度），然后根据使用要求，正确定出配合基准制、配合类别和公差等级，再从公差配合表中查出偏差值。

4）没有配合关系的尺寸或不重要的尺寸，允许将测量所得尺寸做适当调整。

5）对螺纹、键槽、轮齿等标准结构的尺寸，应把测量的结果与标准值对照，一般均采用标准的结构尺寸，以利制造。

（3）零件尺寸的测量。

1）测量零件尺寸应注意的问题：

①根据零件尺寸的不同精度，确定相应的测量工具。在保证测量精度的同时，也要符合经济实用的原则。普通量具如直尺、内外卡钳、游标卡尺，外径千分尺、百分表等；专用量具如塞规、卡规等；标准量具如量块规、角度块规等。

②测量零件尺寸时要正确选择零件的尺寸基准，然后根据基准依次测量，应尽量避免计算。

③对零件上损坏部分的尺寸若不能直接测量，要对零件进行分析并参考相邻零件的形状或技术资料来确定。

2）零件尺寸的测量：

①直线尺寸，用直尺或游标卡尺等直接量得。如图 4 - 82 所示。

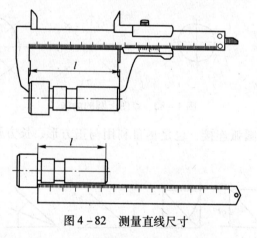

图 4 - 82　测量直线尺寸

②测量回转面直径，常用内、外卡钳间接测量或用游标卡尺、外径千分尺等直接量得。如图 4 - 83 所示。

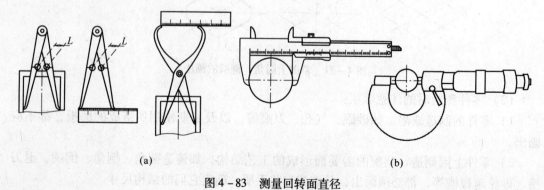

(a)　　　　　　　　　　　　　　　(b)

图 4 - 83　测量回转面直径

③壁厚，一般用钢板尺直接测量，若不能直接测出，可用外卡钳与钢板尺组合，间接测出壁厚。如图4-84所示。

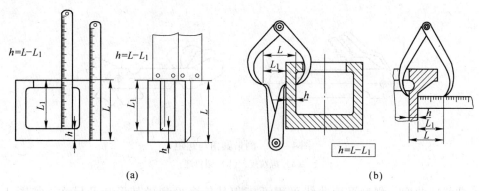

图4-84 测量壁厚

④孔距及中心距，利用钢板尺和内卡钳测量孔的中心高。如图4-85所示。

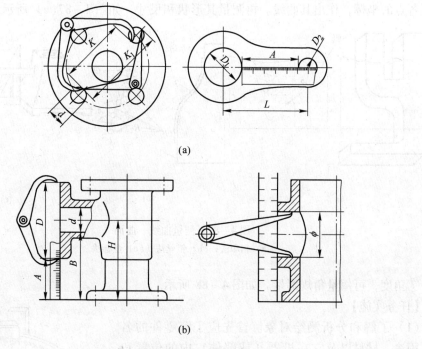

图4-85 测量孔距及中心距
(a) 测量孔距；(b) 测量中心距

⑤圆角与螺距，用圆角规和螺纹规测量。圆角规测量（图4-86(b)）一般用一组圆角规，每组圆角规有很多片，一半测量外圆角，一半测量内圆角，每一片标着圆角半径的数值。测量时，只要在圆角规中找到与零件被测部分的形状完全吻合的一片，就可以从片上得知圆角半径的大小。螺纹测量需要测出螺纹的直径和螺距。螺纹的旋向和线数可直接观察。对于外螺纹，可测量外径和螺距；对于内螺纹，可测量内径和螺距。测螺距可用螺纹规测量，螺纹规由一组带牙的钢片组成（如图4-86(a)所示），每片的螺距都标有数

值，只要在螺纹规上找到一片与被测螺纹的牙形完全吻合，从该片上就可得知被测螺纹的螺距大小。然后把测得的螺距和内、外径的数值与螺纹标准核对，选取与其相近的标准值。

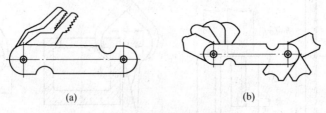

(a)　　　　　　　　　　　　　　(b)

图 4 - 86　测量圆角与螺距

(a) 螺纹规；(b) 圆角规

⑥曲线、曲面，测量平面曲线可用纸拓印其轮廓再测量其形状及尺寸，如图 4 - 87 (a) 所示；曲线回转面的母线测量，可用铅丝弯曲成与曲面相贴的实形，得到平面曲线，再测量其形状尺寸，如图 4 - 87 (b) 所示。一般的曲线和曲面都可用直尺和三角板测量曲面上各点的坐标，作出其曲线。再测量其形状和尺寸，如图 4 - 87 (c) 所示。

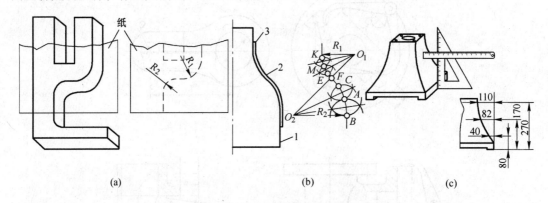

(a)　　　　　　　　　　　　　　(b)　　　　　　　　　　　　　(c)

图 4 - 87　测量曲线、曲面

(a) 拓印法；(b) 铅丝法；(c) 坐标法

⑦角度，可用量角规测量。如图 4 - 88 所示。

【任务实施】

(1) 了解和分析测绘对象。首先应了解零件的名称、用途、材料以及它在机器（或部件）中的位置和作用；然后对该零件进行结构分析和制造方法的大致分析。

(2) 确定视图表达方案。根据显示形状特征的原则，按零件的加工位置或工作位置确定主视图；再按零件的内、外结构特点选用必要的其他视图、剖视、断面等表达方法。

(3) 绘制零件草图。端盖零件的草图绘制步骤如下：

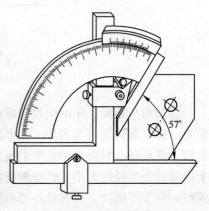

图 4 - 88　测量角度

1）在图纸上定出各视图的位置。画出各视图的基准线、中心线，如图 4-89(a) 所示。安排各视图的位置时，要考虑到各视图间应有标注尺寸的地方，右下角留有标题栏的位置。

2）以目测比例徒手画出详细的零件外部和内部的结构、形状，如图 4-89(b) 所示。

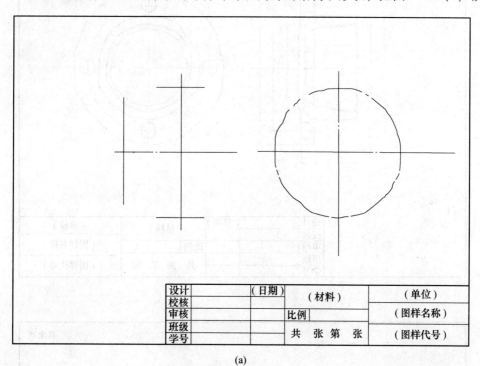

(a)

(b)

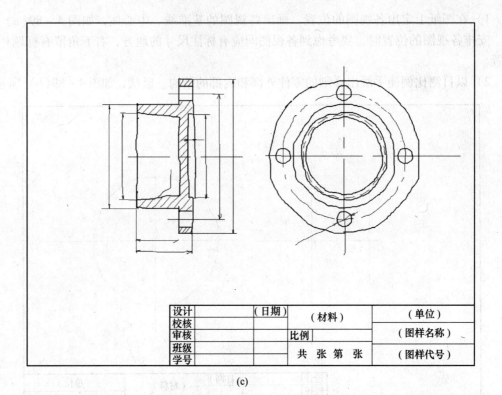

设计		（日期）	（材料）		（单位）
校核					
审核			比例		（图样名称）
班级			共　张　第　张		（图样代号）
学号					

(c)

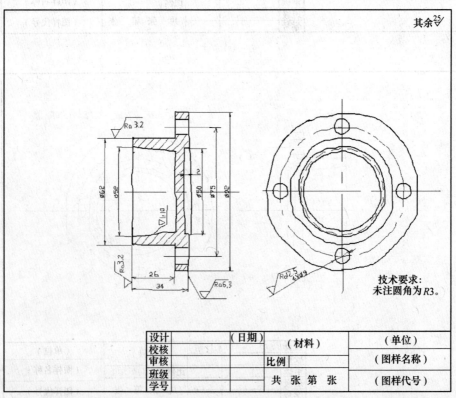

其余 $\sqrt{\frac{25}{}}$

技术要求：
未注圆角为 R3。

设计		（日期）	（材料）		（单位）
校核					
审核			比例		（图样名称）
班级			共　张　第　张		（图样代号）
学号					

(d)

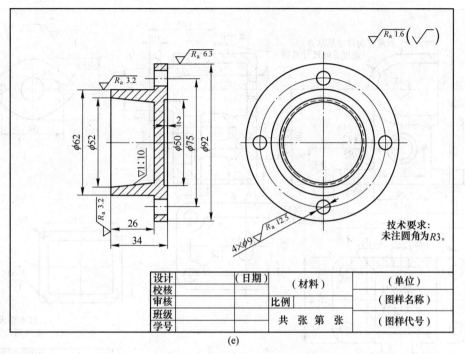

(e)

图 4 – 89 绘制零件草图的步骤

3）注出零件各表面粗糙度符号，选择基准和画尺寸线、尺寸界线及箭头。经过仔细校核后，描深轮廓线，画好剖面线，如图 4 – 89（c）所示。

4）测量尺寸，定出技术要求，并将尺寸数字、技术要求记入图中，如图 4 – 89（d）所示。

5）对画好的零件草图进行复核，再绘制端盖零件的工作图，如图 4 – 89（e）所示。

【项目6】 阀体零件图识读

【任务引入】

识读图 4 – 90 所示的阀体零件图。

【任务描述】

在零件设计、制造、检验时，不仅要有绘制零件图的能力，还必须有读零件图的能力。阅读零件图的目的是根据视图想象出零件图的结构和形状，理解各个尺寸的作用和要求，读懂各项技术要求的内容和实现这些要求应采取的措施，便于加工制造和检验，以便指导生产和解决有关的技术问题。制造出符合图样要求的合格零件。这就要求工程技术人员必须具有熟练阅读零件图的能力。

（1）分析表达方案，分析视图布局，找出主视图、其他基本视图和辅助视图。根据剖视、断面的剖切方法、位置，分析剖视、断面的表达目的和作用。

（2）分析形体、想出零件的结构和形状，先从主视图出发，联系其他视图进行分析。用形体分析法分析零件各部分的结构和形状，难以看懂的结构，运用线面分析法分析，最后想出整个零件的结构和形状。分析时若能结合零件结构功能来进行，会使分析更加

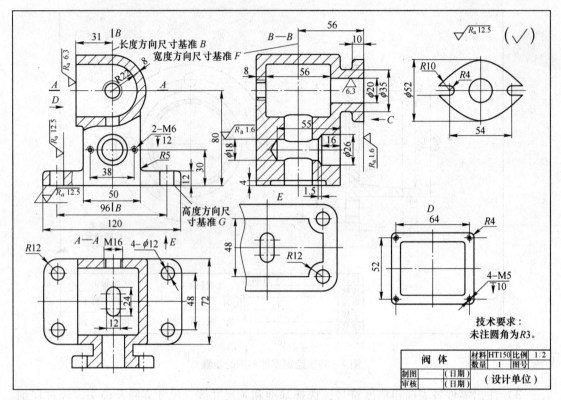

图 4 - 90　阀体零件图

容易。

（3）分析尺寸先找出零件长、宽、高三个方向的尺寸基准，然后从基准出发，找出主要尺寸。再用形体分析法找出各部分的定型尺寸和定位尺寸。在分析中要注意检查是否有多余和遗漏的尺寸，尺寸是否符合设计和工艺要求。

（4）分析技术要求，分析零件的尺寸公差、形位公差、表面粗糙度和其他技术要求，弄清哪些尺寸要求高，哪些尺寸要求低，哪些表面要求高，哪些表面要求低，哪些表面不加工，以便进一步考虑相应的加工方法。

综合前面的分析，把图形、尺寸和技术要求等全面、系统地联系起来思索，并参阅相关资料，得出零件的整体结构、尺寸大小、技术要求及零件的作用等完整的概念。

【知识目标】

（1）读零件图的要求。

（2）读零件图的方法和步骤。

【相关知识】

（1）看零件图的要求。看零件图时，应达到以下要求：

1）了解零件的名称、材料和它在机器或部件中的作用。

2）通过分析视图、尺寸和技术要求，想象出零件中各组成部分的结构、形状和相对位置，从而在头脑中建立起一个完整的、具体的零件形象、功用，以及它们之间的相对位置。

3）了解零件的制造方法和技术要求。培养读图能力，是学习本课程最重要的任务之一。

（2）看零件图的方法和步骤：

1）看标题栏。从标题栏中了解零件的名称、材料、数量、图样的比例，从而判定零件的类型、作用和加工。

2）表达方案分析。分析零件的表达方案，弄清零件各个部分的形状和结构。先看主视图，再看有多少个视图以及都用了什么表达方法。看懂各个视图的表达重点。可按下列顺序进行分析：

①找出主视图；

②用多少视图、剖视、断面等，找出它们的名称、相互位置和投影关系；

③凡有剖视、断面处都要找到剖切平面位置；

④有局部视图和斜视图的地方，必须找到表示投影部位的字母和表示投影方向的箭头；

⑤有无局部放大图及简化画法。

3）进行形体分析、线面分析和结构分析：

①以结构分析为主要目的，利用形体分析法和线面分析法弄清投影关系，利用投影原理及空间推理综合想象出整个零件的形状和相对位置关系。可按以下顺序进行分析：先看大致轮廓，再分几个较大的独立部分进行形体分析，逐一看懂。

②对外部结构逐个分析。

③对内部结构逐个分析。

④对不便于形体分析的部分进行线面分析。

4）进行尺寸分析。分析零件图上的尺寸，首先要找出三个方向的尺寸基准，然后从基准出发，按形体分析法，找出各组成部分的定型尺寸、定位尺寸及总体尺寸。尺寸分析可按以下顺序进行。

①形体分析和结构分析，了解定型尺寸和定位尺寸；

②根据零件的结构特点，了解基准和尺寸标注形式；

③了解功能尺寸与非功能尺寸；

④了解零件总体尺寸。

5）技术要求分析。根据图形内、外的符号和文字注释，对表面粗糙度、尺寸公差、形位公差、材料热处理及表面处理等技术要求进行分析。

6）综合分析。了解零件的作用、内外结构与形状、位置、大小、功能及加工检验要求等信息后，最后对这些信息进行加工整理、归纳总结，得出零件的整体形象。

【任务实施】

阀体零件图见图 4-90。读图按上述方法和步骤进行。

（1）看标题栏。从标题栏可知该图是阀体类零件，该零件为铸造件，具有铸造零件的工艺结构特点。材料代号为 TH150，是灰铸铁。比例 1∶1。

（2）表达方案分析。该阀体零件结构较为复杂，采用了三个基本视图（含剖视）、三个局部视图。其中，主视图采用局部剖视图，表达的重点是阀体的内、外形状及各部分的相对位置。主要表达了阀体外形及内部空腔形状，阀体内部空腔为左侧开放的 U 形结构。

同时也表达了上部的 U 形腔体、中部的四棱柱体及下部的底板这三部分之间的连接关系。左视图采用全剖视图，重点表达阀体内部腔体、孔洞的形状特征、位置关系和连接关系，同时也表明了阀体与法兰盘之间的连接关系。俯视图采用 A—A 全剖视图在四棱柱体内部的长圆形孔的形状和底板的形状及孔的分布情况。C 向局部视图表达法兰盘的形状。D 向局部视图表达阀体左端面的形状及螺纹孔的分布。

　　（3）进行形体分析、线面分析和结构分析。根据投影关系进行形体分析，想象零件的整体形状。利用形体分析法逐个分析各个部分的形状和相对位置。阀体大体上可以分为五部分，如图 4 – 91 所示。底板为长 120、宽 72、高 12 的长方体，在四个角上分布有四个 $\phi12$ 的安装孔；阀体空腔部分为 U 形空腔，在 U 形腔的前面有 $\phi20$ 的圆柱通孔；后面有 M16 的螺纹孔与之相通；下方是长圆形孔与之相通。连接阀体腔体部分和底板的是四棱柱体，在其内部垂直方向有长圆形孔与 U 形腔相通，在水平方向上有 $\phi20$ 和 $\phi18$ 的阶梯孔与长圆形孔相贯。在阀体空腔的左侧有法兰盘，形状见 C 向局部视图。在法兰盘与阀体空腔之间有 $\phi35$ 的圆筒相连。通过以上分析，综合起来可以想象出零件的整体结构和形状，见图 4 – 91。

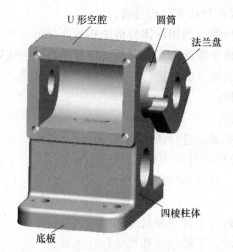

图 4 – 91　阀体立体图

　　（4）进行尺寸分析。通过尺寸分析可看出，零件高度方向的主要尺寸基准是阀体的底面 G。由定位尺寸 80 确定 M16 螺纹孔轴线位置，由定位尺寸 30 确定 $\phi26$ 孔轴线的位置。零件长度方向的主要尺寸基准是阀体的左右对称中心平面 E。定位尺寸 38、96 分别确定 M6 螺纹孔和 $\phi12$ 底面安装孔的位置。零件宽度方向的主要尺寸基准是阀体 U 形空腔的前后对称中心面 F。定位尺寸 56 确定法兰盘的位置，定位尺寸 48 确定底板安装孔的位置。

　　（5）技术要求分析。零件为铸造件。表面粗糙度要求较低。最高的是 $\phi26$ 孔的内表面，为 $R_a3.2\mu m$。未标注表面为铸造表面。零件无尺寸公差和形位公差要求。未注圆角 R3。

　　（6）综合分析。综合上述分析，该零件的特点是内部空腔，有多个孔贯穿其中，内部结构和外部形状都左右对称。无尺寸公差和形位公差要求。这样就了解了零件的全貌，也就看懂了零件图。

　　必须指出，在看零件图的过程中，上述步骤不能把它们机械地分开，往往是参差进行的。另外，对于较复杂的零件图，往往要参考有关技术资料（如装配图，相关零件的零件图及说明书等），才能完全看懂。对于有些表达不够理想的零件图，需要反复仔细地进行分析，才能看懂。

【项目7】 轴套类零件图识读

【任务引入】

识读图4-92、图4-93所示的轴的零件图。

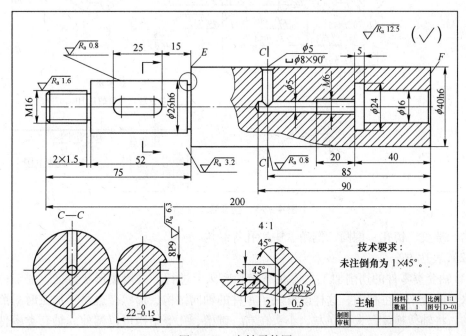

图4-92 主轴零件图

【任务描述】

零件的种类很多，结构、形状也千差万别，但一般可根据它们的结构、用途、加工制造等方面的特点，将零件分为轴（套）类、轮（盘）类、叉架类、箱体类四种典型零件。尽管不同类型的零件在形状、结构、材料、加工上有差异，但同一类型零件在工艺结构、表达方法、尺寸标注等方面也存在共性。

轴类零件主要用来支撑传动零件（如齿轮、皮带轮等）和传递动力；套类零件一般装在轴上或孔中，用来定位、支撑、保护传动零件。从图4-92所示的标题栏可知，该零件为主轴。轴是用来传递动力和运动的，其材料为45号钢，属于轴类零件。从图4-93所示的标题栏可知，该零件为柱塞套。

【知识目标】

把图形、尺寸和技术要求等全面、系统地联系起来思索，并参阅相关资料，学会阅读零件图。

【任务实施】

（1）结构分析。这类零件通常指轴、套筒等，其主要结构一般由大小不同的同轴回转面（圆柱、圆锥）组成，具有轴向尺寸大于径向尺寸的特点。零件上常有键槽、退刀槽、

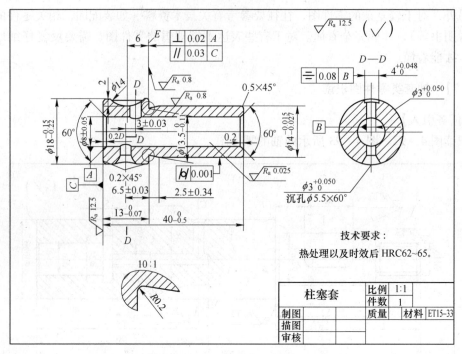

图 4 - 93　柱塞套零件图

挡圈槽、螺纹、销孔、倒圆、倒角、中心孔等结构。

（2）表达方案：

1）轴套类零件的切削加工主要在车床和磨床上进行。一般按形状特征、加工位置将轴线水平放置来画主视图，这样既反映了零件的轴向结构、形状，也便于加工时对照图形和实物。将轴线横放，大头在左，小头在右，键槽、孔等结构可以朝前。轴套类零件主要结构是回转体，一般只画一个主要视图。

2）较长轴可采用折断画法；空心轴中的内部结构，可采用局部剖视、全剖、半剖等表达方法；对空心套则需要剖开表达其内部结构、形状；外部结构简单的可采用全剖视图，外部结构复杂的可采用半剖视图或局部剖视图；内部结构简单的也可以不剖或采用局部视图。

3）对于主视图尚未表达清楚的局部结构，如键槽、螺孔、退刀槽、越程槽和中心孔等，可采用剖面、局部视图、局部放大图补充。

（3）尺寸标注：

1）因轴套类零件的基本形状是同轴回转体，所以常以其轴线作宽度和高度方向（即径向）的基准，以重要的端面或轴肩作长度方向基准。图 4 - 92、图 4 - 93 所示的轴的直径尺寸都以轴线为基准注出，图 4 - 92 所示的轴肩端面 E 是齿轮装配时的定位端面，E 端面为该轴长度方向尺寸的主要基准。由此定出尺寸 15、52。端面 F 是长度方向尺寸的辅助基准。图 4 - 93 所示的端面 E 是柱塞套安装到阀体上的定位端面，端面 E 为该柱塞套长度方向尺寸的主要基准。

2）功能尺寸必须直接标注出来，其余尺寸按加工顺序标注。

3）为了清晰和便于测量，在视图上内、外结构与形状尺寸要分开标注。

4）零件上的标准结构如倒角、键槽、螺孔、退刀槽、越程槽、中心孔等，应按标准结构尺寸标注，见图 4 - 92 所示的越程槽。

（4）技术要求：

1）有配合要求的表面，其表面粗糙度要求较高，无配合要求的表面，其表面粗糙度要求较低。如图 4 - 92 所示的 $\phi26$ 圆柱表面，因为与齿轮配合，其表面粗糙度要求较高。图 4 - 93 所示的端面 E 是柱塞套安装到阀体上的重要定位端面，决定着柱塞套与阀体的相对位置，影响柱塞泵的性能，表面粗糙度要求较高；$\phi14$ 外圆表面与阀体的座孔相配合，表面粗糙度要求较高；$\phi8$ 内圆表面与柱塞外圆配合，通过柱塞与柱塞套的相对运动来产生高压油。因此 $\phi8$ 内圆表面粗糙度要求很高。

2）有配合要求的轴颈尺寸公差等级较高、公差值较小，如图 4 - 92 所示的 $\phi26$ 轴颈，图 4 - 93 所示的 $\phi14$ 外圆等。无配合要求的轴颈尺寸公差等级较低、公差值较大，或不需要标注。

3）有配合要求的轴颈和重要的端面应有形位公差的要求。如图 4 - 93 所示的端面 E。

【项目 8】 轮盘类零件图识读

【任务引入】

识读图 4 - 94、图 4 - 95 分别所示的透盖零件图和法兰盘零件图。

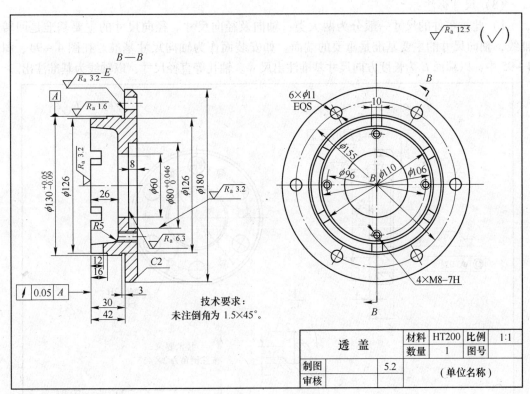

图 4 - 94 透盖零件图

【任务描述】

轮盘类零件包括各种用途的轮和盘盖零件。轮一般用键、销与轴连接，用以传递扭矩；盘盖可起支撑、定位和密封等作用。轮一般由轮毂、轮辐和轮缘三部分组成，较小的轮也可制成实体（辐板）式。

【知识目标】

弄清零件图所表达零件的结构、形状、尺寸和技术要求，熟练阅读轮盘零件图。

【任务实施】

（1）结构分析。轮盘类零件包括齿轮、手轮、端盖等，毛坯多为铸件或锻件。结构、形状特点是轴向尺寸小，径向尺寸较大。零件的主体多数由同轴回转体（也有主体形状是矩形的）构成，并在径向分布有螺孔、光孔、销孔、键槽、轮辐、肋板等结构。

（2）表达方案：

1）这类零件的毛坯有铸件或锻件，机械加工以车削为主，主视图一般按加工位置水平放置，采用轴向剖视图，再用左视图或右视图表达外形特征。有些较复杂的盘盖，因加工工序较多，主视图也可按工作位置画出。

2）一般需要两个以上基本视图。

3）根据结构特点，视图具有对称面时，可作半剖视；无对称面时，可作全剖或局部剖视。其他结构、形状（如轮辐和肋板等）可用移出断面或重合断面，也可用简化画法。基本视图未能表达清楚的结构、形状，可用剖面图或局部视图作为补充，较小结构可用局部放大图表达。

（3）尺寸标注：

1）此类零件的尺寸一般分为两大类：轴向及径向尺寸。径向尺寸的主要基准是回转轴线，轴向尺寸的主要基准是重要的端面。如安装面作为轴向尺寸基准。在图 4 - 94、图 4 - 95 中，以端面 E 为长度方向尺寸基准注出尺寸。轴孔等直径尺寸，以轴线为基准注出。

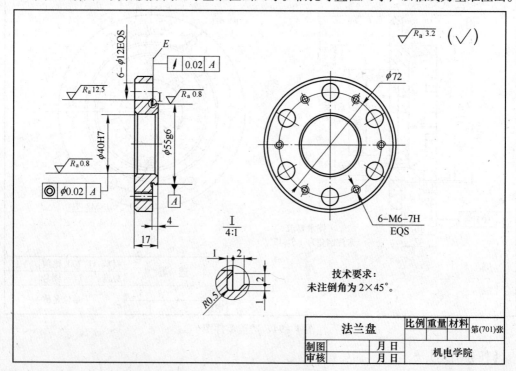

图 4 - 95　法兰盘零件图

2）定型尺寸和定位尺寸都较明显，尤其是在圆周上分布的小孔的定位圆直径是这类零件的典型定位尺寸，多个小孔一般采用如图 4-94 所示的 6×φ11EQS 形式标注，均布即是等分圆周，角度定位尺寸就不必标注了。

3）内、外部的结构、形状、尺寸应分开标注。

（4）技术要求：

1）有配合的内、外表面粗糙度参数值较小；起轴向定位的端面，表面粗糙度参数值也较小。

2）有配合的孔和轴的尺寸公差较小；与其他运动零件接触的表面应有平行度和垂直度的要求。如图 4-95 所示的端面 E。

【项目9】 支架零件图识读

【任务引入】

识读图 4-96、图 4-97 分别所示的透盖零件图和法兰盘零件图。

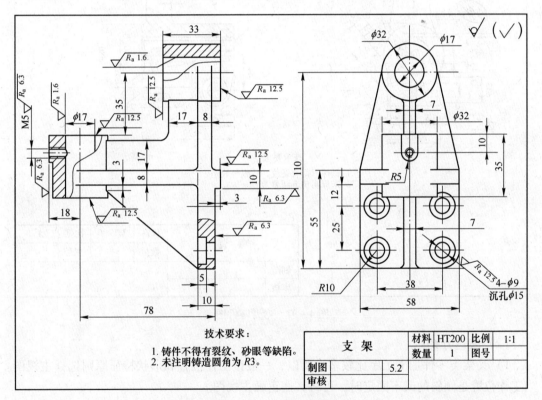

图 4-96 支架零件图

【任务描述】

叉架类零件包括各种用途的叉杆、支架、连杆等零件。叉杆零件多为运动件，通常起传动、连接、调节或制动等作用，主要用于机床、内燃机等各种机器的操纵机构上，起操纵调速作用。其毛坯多为铸件或锻件，形状不规则，经车、铣、刨、钻等多道工序加工制成。

【知识目标】

弄清零件图所表达零件的结构、形状、尺寸和技术要求，熟练阅读叉架类零件图。

【任务实施】

（1）结构分析。叉架类零件大都由支承部分、工作部分和连接部分组成。支承部分和工作部分有圆孔、螺孔、油槽、凸台、凹坑等结构。叉架类零件通常不规则，没有固定的加工位置，甚至没有确定的工作位置，加工时有多道工序。分别如图 4-96、图 4-97 所示。

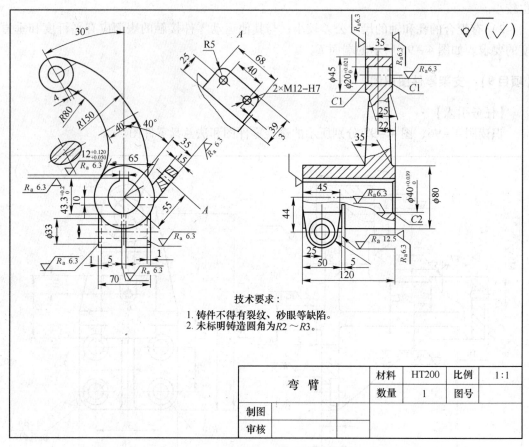

技术要求：
1. 铸件不得有裂纹、砂眼等缺陷。
2. 未标明铸造圆角为 $R2 \sim R3$。

弯　臂		材料	HT200	比例	1：1
		数量	1	图号	
制图					
审核					

图 4-97　弯臂零件图

（2）表达方案：

1）叉架类零件加工工序比较多，所以，一般按工作位置和形状特征原则选择主视图。当工作位置是倾斜的或不固定时，可将其摆正画主视图。

2）一般需要两个以上基本视图，并用斜视图、局部视图，以及剖视、断面等表达内、外部形状和细部结构。

（3）尺寸标注：

1）它们的长、宽、高方向的主要基准一般为加工的大底面、对称平面或大孔的轴线。

2）定位尺寸较多，要注意保证定位的精度，一般注出孔的轴线（中心）间的距离，或孔轴线到平面间的距离，或平面到平面间的距离。

3）定形尺寸多按形体分析法标注，便于制作木模。内、外部的结构、形状要保持一致。拔模斜度、铸造圆角也要标注。

（4）技术要求。对表面粗糙度、极限与配合、形位公差没有特殊要求。

【项目 10】　箱体类零件图识读

【任务引入】

识读图 4 - 98 所示的阀体零件图。

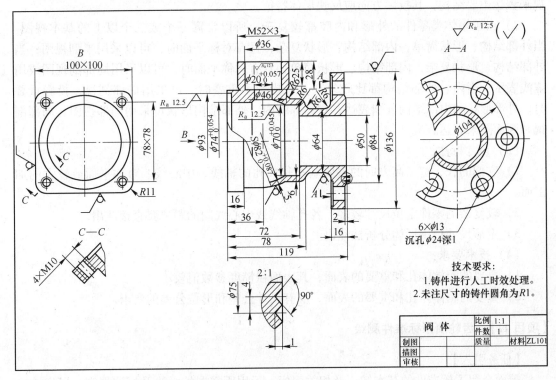

图 4 - 98　阀体零件图

【任务描述】

箱体类零件一般是机器和部件的主体零件。其主要功能是承托、容纳、定位、密封、保护和固定部件中的其他零件，并作为部件的基础与机架相连接。箱体类零件的结构、形状复杂，尤其是内腔。主体结构按功能需要一般包括四部分：具有较大空腔的体身，安装、支承轴及轴承的轴孔，与机架相连的底板和与箱盖相连的顶板。箱体上常见的局部功能结构为加强用肋板和定位、安装用的凸台、凹坑或凸、凹导轨；定位用的销孔；安装、连接用的螺孔；定位或润滑用的沟槽等。箱体表面过渡线较多，绝大多数金属材料的箱体由铸造形成毛坯，少数焊接而成。形成毛坯后经多道切削加工工序最后制造完成。箱体上常见的局部工艺结构有铸造圆角、起模斜度、孔口的倒角、棱边的倒棱和退刀槽等。

【知识目标】

弄清零件图所表达零件的结构、形状、尺寸和技术要求，熟练阅读箱体类零件图。

【任务实施】

（1）结构分析。这类零件包括减速器箱体、液压缸体、泵体、阀体、机座等。其毛坯多为铸件。此类零件多为中空壳体，其内、外部的结构、形状都比较复杂，常有轴孔、轴承孔或活塞孔、油腔等结构。这类零件常有安装底板、法兰、安装孔、螺孔、销孔等结构，还有安装油标、油塞等零件的凸缘、凸台、凹坑等，如图 4 - 98 所示。

（2）表达方案：

1）这类零件一般经多种工序加工而成，因而主视图主要根据形状特征和工作位置确定。图 4 - 98 所示的阀体零件图的主视图就是根据工作位置选定的。主视图常采用各种剖视来表达主要结构，其投影方向应反映形体特征。

2）由于箱体类零件的外形和内腔都较复杂，所以常需三个或三个以上的基本视图。当外部结构、形状简单，内部结构、形状复杂，且有对称平面时，可以采用半剖视图；当外部结构、形状复杂，内部结构、形状简单，且有对称平面时，可以采用局部剖视图或用虚线表示；当内、外部结构都比较复杂，且投影不重叠时，可采用局部剖视，投影重叠时，外部形状和内部结构分别表达；对局部的内、外部结构形状可采用局部视图、局部剖视和断面图来表达。

（3）尺寸标注：

1）它们的长、宽、高方向的主要基准是大孔的轴线、中心线、对称平面或较大的加工面。

2）较复杂的零件定位尺寸较多，各孔轴线或中心线间的距离要直接注出。

3）定形尺寸仍用形体分析法注出。

（4）技术要求：

1）重要的箱体体孔和重要的表面，其表面粗糙度参数值较小。

2）重要的箱体体孔和重要的表面，应有尺寸公差和形位公差的要求。

【项目 11】　齿轮油泵标准件测绘

【任务引入】

前面介绍了标准件的基本知识及相关国标，运用所掌握的画法及标注规定，以齿轮油泵为例进行标准件的测绘。

【任务描述】

通过对标准件和常用件的基本知识、画法和标记方法的学习，我们就可以分析常见的齿轮油泵中的螺纹及螺纹连接件、键连接、销连接、滚动轴承、弹簧，并对其进行测绘。这样，既掌握了相关知识，又锻炼了动手能力。

【知识目标】

（1）初步掌握装配体中标准件的测绘方法和步骤；

（2）掌握标准件的表达方法；

（3）进一步练习零部件的测绘方法步骤及零件草图、零件工作图的绘制方法；

（4）掌握常用测量工具的测量方法。

【任务实施】

（1）测绘步骤及方法：

1）首先要掌握零件尺寸的测量方法，零件的各种尺寸及螺纹、齿轮的测量方法。

2）参考装配示意图确定部件拆卸顺序，明确各零件的名称、作用及位置。

3）对零件进行分类，并进行测绘。

①标准件：测绘其标准结构的尺寸，查国标，定规格，将标记编入明细表。

②常用件：测绘并推算出其主要结构参数，查国标，圆整为标准值，然后再确定各部件的尺寸，画出草图。

③一般零件：按测绘的尺寸和形状绘制草图，标注尺寸和技术要求。

4）由草图整理出零件工作图。

（2）齿轮油泵的标准件如图 4 - 99 所示，测绘其标准结构的尺寸，查国标，定规格，将标记编入明细表（略），标准件零件图如图 4 - 100 所示。

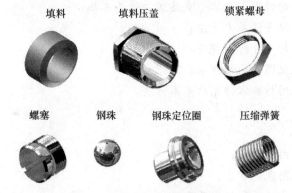

图 4 - 99　齿轮油泵的标准件

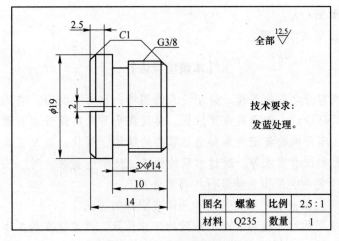

图 4 - 100　标准件零件图

学习情境5　装配图的识读与绘制

【知识目标】

(1) 掌握装配图的作用、内容、表达方法等基本知识；
(2) 掌握绘制装配图的基本方法；
(3) 掌握装配图的尺寸标注规范；
(4) 掌握识读装配图的基本方法；
(5) 掌握由装配图拆画零件图的基本方法。

【技能目标】

(1) 装配图的作用、内容；
(2) 装配图的视图表达方法；
(3) 装配图的尺寸标注和技术要求；
(4) 零件序号、标题栏、明细表的编写；
(5) 绘制装配图；
(6) 由装配图拆画零件图。

【本情境导语】

表示机器组成部分之间的连接、装配关系的图样，称为装配图。它是机器设计中设计意图的反映，是机器设计、制造的重要依据。装配图需要反映设计者的意图，表达机器或部件的工作原理、零件间的装配关系和主要零件的结构、形状，以及在装配、检测、安装时所需的尺寸数据和技术要求等。通过本章的学习，使学生能够做到：

(1) 阅读中等复杂装配图，能进行拆画零件图。
(2) 掌握查阅机械技术手册的方法和阅读装配图的方法。
(3) 培养同学间的协作精神、耐心细致的工作作风、严肃认真的工作态度。

任务5.1　认识装配图的作用、内容、表达方法

5.1.1　任务描述

对全部拆卸成单个零件的滑动轴承座，要求学生将其装配成部件，达到能使用的条件和精度要求。

要完成该任务就需要滑动轴承座的装配图。认识滑动轴承座的装配图，了解滑动轴承座的工作原理、组成关系、各个零件的作用与在装配图上的位置，参照装配图进行装配。

观察装配图，了解其包含哪些内容，同时找出装配图与零件图在表达方法上有哪些不同的地方。由于与零件图的作用不同，故装配图除运用零件图的表达方法外，还要增加一些特殊的表达方法。

只有了解装配工艺结构，才能正确测绘零件和绘制装配图。

5.1.2　任务组织与实施

采用项目驱动法。具体实施步骤如下：

（1）教师将上述任务布置给学生；

（2）学生利用前面学习的知识来完成任务；

（3）教师针对学生完成的任务进行评讲，针对问题再学习相关知识；

（4）教师提问启发学生在装配图的作用、内容、表达方法方面的思考：

1）装配图的作用是什么，它包含哪些内容？

2）装配图的规定画法有哪些，装配图的特殊画法有哪些？

3）为什么两零件在同一方向（横向或竖向）上只能有一对接触面？

4）螺纹防松装置有何作用？

5.1.3　相关知识学习

5.1.3.1　装配图的作用

任何复杂的机器都是由若干个零件按照一定的相互关系和技术要求装配而成的。由若干个零件装配而成的机器（或部件）称为装配体。表达装配体的图样称为装配图。

装配图通常用来表达机器或部件的工作原理以及零、部件间的装配与连接关系，是机械设计和机械制造中的重要技术文件之一。在机械产品设计中，一般先根据产品的工作原理图画出装配草图，由装配草图整理成装配图，然后再根据装配图进行零件设计，并画出零件图。在机械产品制造中，装配图是制定装配工艺规程、进行装配和检验的技术依据。在机器的使用和维修时，也必须通过装配图来了解机器的构造和工作原理。

图 5-1 为滑动轴承的装配轴测图，它直观地表达了滑动轴承的外形结构，但不能清晰地表达各个零件的装配关系。图 5-2 为滑动轴承的装配图，图中采用了三个基本视图，比较清楚地表达了轴承盖、轴承座、轴瓦之间的装配关系。

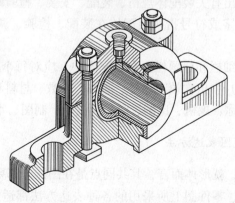

图 5-1　滑动轴承轴测图

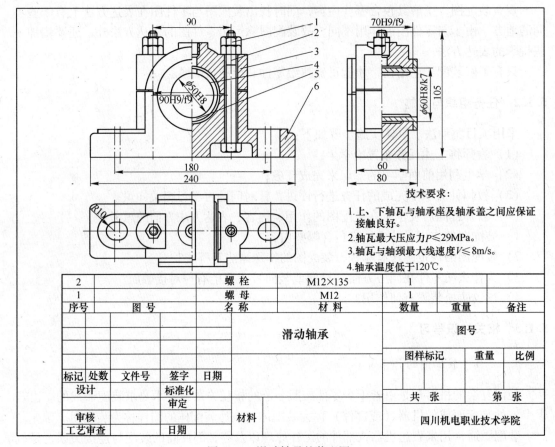

图 5 – 2　滑动轴承的装配图

5.1.3.2　装配图的内容

一张完整的装配图应包括以下内容：

（1）一组图形。用一组视图完整、清晰、准确地表达出装配体的工作原理、各个零件的相对位置及装配关系、连接方式和重要零件的结构、形状。

（2）必要的尺寸。注出有关装配体规格、装配、安装、检验时所需要的重要尺寸。

（3）技术要求。用文字或符号指明装配体在装配、检验、调试时的要求、规格和说明等。

（4）零部件序号、明细栏和标题栏。在装配图中，应对每个不同的零部件编写序号，并在明细栏（也称明细表）中依次填写序号、名称、件数、材料和备注等内容。标题栏一般应包含部件或机器的名称、规格、比例、图号及设计、制图、审核人员的签名等。

5.1.3.3　装配图的视图表达方法

零件和装配体的表达，就形体而言，其共同点是在图样中都要正确、清晰地反映出它们的内、外部结构。所以，零件图上所采用的各种表达方法都适用于装配图的表达方法。但零件图是表达单个零件的结构和形状，装配图则重点表达零件间的装配关系，因此，

《机械制图》标准对装配图的画法还作了若干专门规定。

　　A　规定画法

　　（1）装配图中的相邻零件应取不同的剖面线（方向相反，或方向相同但间隔不等），分别如图 5-3 和图 5-4 所示。

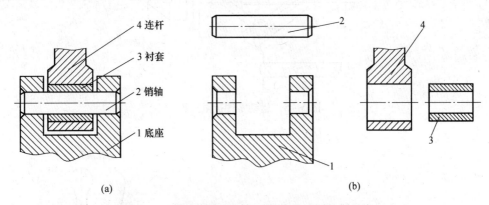

图 5-3　装配图中的相邻零件应取不同的剖面线

　　但必须注意：装配图中同一零件在各剖视图、断面图上的剖面线方向和间隔必须一致，这样有利于找出同一零件的各个视图。

　　（2）相邻两零件的接触面处只画一条线；相邻两零件不接触时，即使间隙很小，也应用两条线夸大画出，如图 5-4 所示。

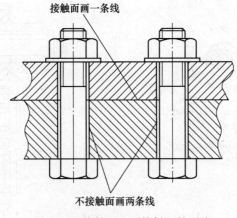

图 5-4　接触面和不接触面的画法

　　（3）当剖切平面通过实心件（轴、杆、球等）或紧固件的基本轴线时，这些零件按不剖绘制，如图 5-3 所示的销轴及图 5-2 和图 5-4 所示的螺栓、垫圈、螺母等。

　　B　特殊画法

　　（1）拆卸画法。当某些零件的图形遮住了其后面的需要表达的零件，或在某一视图中不需要画出某些零件时，可拆去某些零件后再画；也可以选择沿零件的结合面进行剖切的画法。如图 5-2 所示的俯视图采用了后一种拆卸画法。

　　（2）假想画法。当需要表示某些运动件的运动范围和极限位置时，可以用双点划线画出这些零件的轮廓，这种画法称假想画法，如图 5-5 和图 5-6(a) 所示的手柄不同位置。

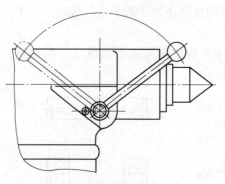

图 5 - 5　运动零件极限位置

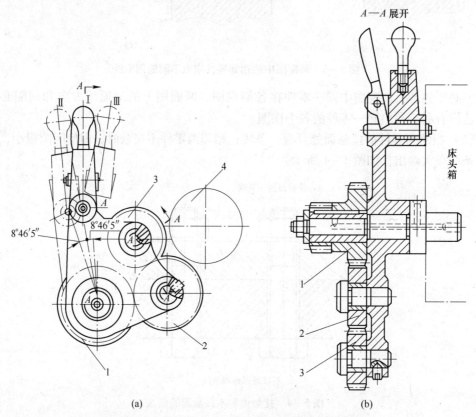

(a)　　　　　　　　　　　　　　(b)

图 5 - 6　展开画法（三星齿轮传动机构装配图）

　　在装配图中，有时需要表示不属于本装配体，但与本装配体的表达密切相关的其他零、部件，此时也可采用假想画法，用双点划线画出其轮廓，如图 5 - 6(a) 所示的齿轮 4 及左视图中的床头箱轮廓。

　　(3) 展开画法。在传动机构中，为了表示多级传动机构的传动路线及各轴的装配关系，可假想按传动顺序将各轴沿轴线剖开后依次展开摊平，画在同一平面上（与某投影面平行），如图 5 - 6(b) 所示。

　　(4) 简化画法：

1）对于装配图中重复出现的相同零件组（如螺栓连接），允许仅详细地画出一处或几处，其余则以点划线示出其中心位置，如图 5-7 所示。

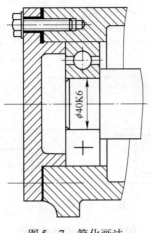

图 5-7　简化画法

2）装配图上零件的工艺结构如倒角、倒圆及退刀槽等，在不影响看图的前提下，允许不画出；螺母及螺栓头部因倒角而产生的曲线也可不画出，如图 5-7 所示。

3）装配图中厚度小于或等于 2mm 的零件被剖开时可以涂黑，代替剖面线，如图 5-7 所示。

（5）夸大画法。当装配图中的较小结构如薄片、小间隙、较小斜度和锥度等，按原比例表示不清楚时，可将该部分适当夸大画出。

5.1.3.4　常见的装配工艺结构

装配结构是否合理，将直接影响部件（或机器）的装配、工作性能及检修时的拆装。了解有关常识，可使图样画得更为合理。

A　装配工艺结构

（1）为了避免装配时表面互相发生干涉，两零件在同一方向上（横向或竖向）只能有一对接触面，如图 5-8 所示。

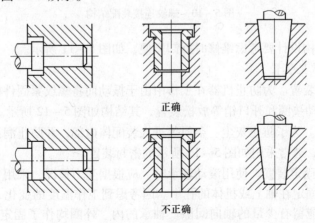

图 5-8　同一方向只能有一对接触面

（2）两零件有一对相交的表面接触时，在转角处应制出倒角、圆角、凹槽等，以保证转折处接触良好，如图 5 – 9 所示。

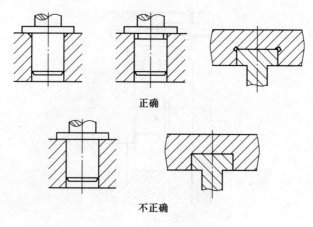

正确

不正确

图 5 – 9　转折处的结构

（3）用螺栓连接的地方要留足够的拆装活动空间，如图 5 – 10 所示。

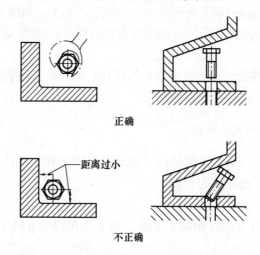

正确

距离过小

不正确

图 5 – 10　螺纹连接装配结构

（4）零件的结构设计要考虑维修时拆卸方便，如图 5 – 11 所示。

B　机器上的常见装置

（1）螺纹防松装置。为防止机器在工作中由于振动而将螺纹紧固件松开，常采用双螺母、弹簧垫圈、止动垫圈和开口销等放松装置，其结构如图 5 – 12 所示。

（2）密封装置。为了防止灰尘、杂屑等进入装配体内部，并防止润滑油外溢等，必要时可采用密封装置，通常采用如图 5 – 13 所示的密封装置。

（3）滚动轴承固定装置。使用滚动轴承时，应根据受力情况，采用一定的结构，将滚动轴承的内、外圈固定在轴上或机体的孔中。因考虑到工作温度的变化，会导致滚动轴承工作时卡死，所以应留有少量的轴向间隙。轴承的内、外圈均作了固定（如图 5 – 14（b）所示），轴承只固定了内圈（如图 5 – 14（a）所示）。

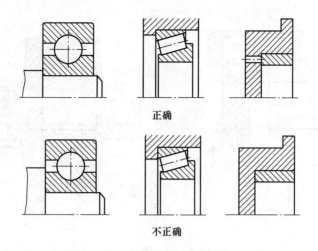

正确

不正确

图 5 - 11　装配结构要便于拆卸

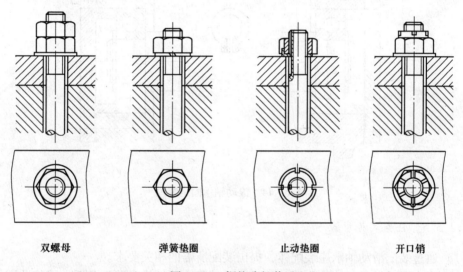

双螺母　　　　　　弹簧垫圈　　　　　　止动垫圈　　　　　开口销

图 5 - 12　螺纹防松装置

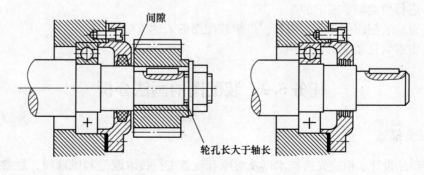

间隙

轮孔长大于轴长

(a)

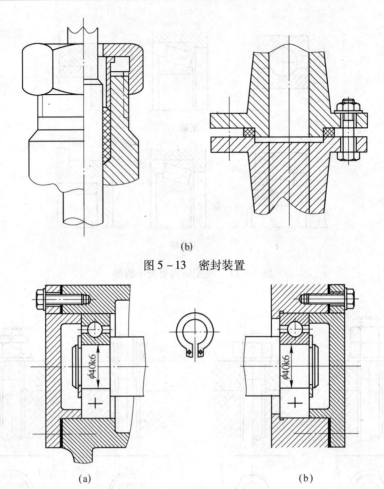

(b)

图 5 - 13　密封装置

(a)　　　　　　　　　　　　　　　　　(b)

图 5 - 14　滚动轴承固定装置

5.1.3.5　任务实施步骤

（1）通过装配滑动轴承座装配体，提出装配所需的相关要求。

（2）观察滑动轴承座的装配图，熟悉滑动轴承座的结构和装配关系，了解装配图的作用和内容。

（3）进行滑动轴承座的装配。

（4）总结装配图的作用、内容，讲解装配图的表达方法。

（5）讲解常见装配工艺结构。

任务 5.2　装配图的画法分析

5.2.1　任务描述

在新产品设计、引进先进技术以及对原有设备进行技术改造和维修时，经常需要对现有的机器和零、部件进行测绘，绘出装配图和零件图。因此，掌握装配体的测绘技术对于工程技术人员具有非常重要的意义。现以图 5 - 15 所示滑动轴承座为例，介绍装配体测绘的方法及步骤。通过对本章的学习使学生能画出装配示意图和装配草图，能测绘和绘制零件草图，为画装配图、读装配图和拆画零件图打下良好的基础。

任务：拆装滑动轴承座，画装配示意图、零件草图和装配草图（只需画出视图，不标注尺寸、不填写标题栏和明细表）。

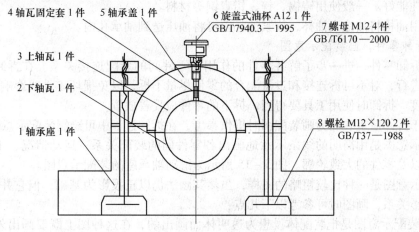

图 5 - 15　滑动轴承座装配示意图

5.2.2　任务组织与实施

采用项目驱动法。具体实施步骤如下：
（1）教师将上述任务布置给学生；
（2）学生利用前面学习的知识来完成任务；
（3）教师针对学生完成的任务进行评讲，针对问题再学习相关知识；
（4）教师提问启发学生在装配图的作用、内容、表达方法方面的思考：
1）说出装配图的测绘步骤。
2）什么是装配示意图，它有何作用？

5.2.3　相关知识学习

5.2.3.1　装配体的测绘

根据现有的机器（或部件）画出其装配图和零件图的过程，称为机器（或部件）测绘。掌握装配体的测绘技术对于工程技术人员具有非常重要的意义。因此作为机械专业的工科学生来说，学好本章的相关知识就显得格外重要。现以图 5 - 1 所示滑动轴承座为例，介绍装配体测绘的方法及步骤。

A　了解测绘对象

在开始测绘之前，应对被测绘的装配体进行详细观察，了解其用途、性能、工作原理、结构特点、零件之间的装配关系等。也可以对照产品说明书或参考同类产品的有关资料，以便对测绘对象心中有数，使测绘工作顺利进行。

剖分式滑动轴承是用来支承轴的部件，它主要由轴承座、轴承盖、上轴瓦、下轴瓦、连接螺栓、螺母、定位套、油杯组成。轴承与轴颈接触的是上、下轴瓦，故轴瓦与轴颈之间在工作时有相对运动。为方便定位和防止工作时的错动，轴承座与轴承盖的剖分面是阶梯状，上轴瓦与轴承盖之间有防止轴瓦转动的定位套。改善表面摩擦状态，设有润滑装置油杯，油杯中的润滑油通过轴承盖和上轴瓦的油孔流进轴承间隙中，在轴瓦内壁不承受载荷的表面上设有油沟，用来将油输送到轴颈的全长上。

由于被直接磨损的是轴瓦，所以对材料的要求是有一定的强度、耐磨、防腐蚀、耐温、传热性能好。一般使用铸锡、锌、铅青铜等材料。

一般用油枪将油注入油杯，旋紧油杯盖可将油压送到轴承孔内。

B　拆卸零件，画装配示意图

通过拆卸零件，进一步了解各零件的作用及零件间的装配连接关系。在拆卸零件时，要按顺序进行，对不可拆连接和过盈配合的零件尽量不拆，以免损坏零件或影响装配体的性能及精度。拆卸时使用工具要得当，拆下的零件应妥善放置。

为便于拆卸后重装和为画装配图时提供参考，在拆卸过程中可绘制装配示意图。

装配示意图是用简明的线条示意地画出各零件间的装配关系、运动情况、工作原理、连接方式以及零件的大致轮廓。图 5 - 15 所示为滑动轴承座的装配示意图。

装配示意图是一种比较粗略的图样，虽然其画法仍以正投影为基础，但它并没有遵循严格的投影关系，画图时可参考以下几点：

（1）装配示意图是把装配体设想为透明体而画出的，在这种图上既要画出外部轮廓，又要画出内部构造，但它既不同于外形图，又不是剖视图。

（2）装配示意图是用规定代号以及示意画法画出的图。各零件只画出大致的轮廓，甚至可用单线条表示。

（3）装配示意图一般只画出 1 ~ 2 个视图，而且两接触面之间要留出间隙，以便区分零件，这一点与画装配图的规定是不同的。

（4）零件中的通孔、凹槽可画成开口的，这样表示通路关系比较清楚。

（5）装配示意图各部分之间应大致符合比例，个别零件可根据情况酌情放大或缩小。

（6）装配示意图上的内、外螺纹，均采用示意画法。内、外螺纹配合处，可将螺纹全部画出，也可只按外螺纹画出。

（7）装配示意图一般按零件顺序编号，而将零件名称写在序号后面或图纸适当位置。也可按拆卸顺序编号，并在零件编号处注明零件名称及件数，不同位置的同一种零件仍然只编一个号码。

C　测绘零件并画出零件草图

零件草图是绘制装配图和零件图的原始资料和主要依据。在装配体的零件测绘中，必须注意以下几点：

（1）凡是两零件有配合关系的部位，其基本尺寸是相同的，测绘时可对其中一个零件测量后，分别注在两个零件的对应部分；同时，必须注意到相邻零件间相关尺寸的协调关系。

（2）标准件一般只需测量其主要尺寸，再通过有关标准手册查出它们的标准代号，填入明细表内，不必画零件草图。

（3）零件图上技术要求的注写，初学者可通过参阅同类产品的图纸，用类比法决定。

D　徒手绘制装配图

根据装配示意图、零件草图画装配图的过程，是对零件草图进行检验、校对和修改的过程。只有将草图中形状、尺寸的错误或不妥之处予以修正，才能使零件之间的装配关系在装配图上正确地反映出来。当需要根据所测绘的零件草图和装配图整理出零件工件图时，对零件上的某些标准结构（如倒角、倒圆、退刀槽等），应查阅有关标准，加以补充；

对零件的重要尺寸特别是配合尺寸，应按零件的结构要求和画装配图时给定的配合种类详细标注并进行必要的计算等。

5.2.3.2　绘制装配图

A　装配图的视图选择

装配图的作用是表达机器或部件的工作原理、装配关系以及主要零件的结构、形状。视图选择的目的是以最少的视图，能够完整、清晰地表达出机器或部件的装配关系和工作原理。装配图的视图选择步骤如下。

（1）进行部件分析。分析需要绘制的机器或部件的工作原理、装配关系以及主要零件的形状、零件与零件之间的相对位置、定位方式等。

（2）确定主视图。主视图的选择应能较好地表达机器或部件的工作原理和主要的装配关系，并尽可能按工作位置放置，使主要装配轴线处于水平或垂直位置。

（3）确定其他视图。针对主视图中尚未表达清楚的装配关系和零件之间的相对位置，选用其他视图给予补充，其目的是将装配关系、工作原理表达清楚。

B　装配图的绘图步骤

确定表达方案后，就可以着手绘制装配图。绘图时必须遵循以下步骤：

（1）选比例、定图幅、布图、绘制基础零件的轮廓线。选比例时，应尽可能采用 1∶1 的比例，这样有利于想象机器或部件的形状和大小。但如果确实需要放大或缩小比例时，必须采用 GB/T 14690—1993 推荐的比例。确定比例后，再根据表达方案确定图幅。确定图幅和布图时要考虑标题栏和明细栏的大小和位置，然后从基础零件的轮廓线入手开始绘制。例如绘制滑动轴承的装配图应从轴承座开始，如图 5－16 所示。

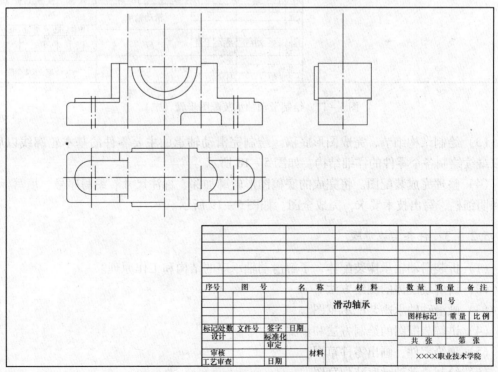

图 5－16　绘制滑动轴承装配图步骤（一）

（2）绘制主要零件的轮廓线。滑动轴承的主要零件是轴承座、轴承盖以及上、下轴瓦。画出轴承座的主要轮廓线以后，紧接着绘制上、下轴瓦的轮廓线，再绘制轴承盖的轮廓线。如图 5 – 17 所示。

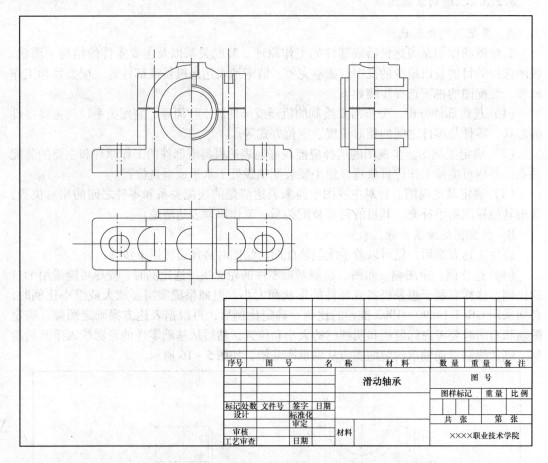

序号	图　　号	名　称	材　料	数　量	重　量	备　注

图 5 – 17　绘制滑动轴承装配图步骤（二）

（3）绘制结构细节，完成图形底稿。绘制完滑动轴承的主要零件的基本轮廓线以后，可以继续绘制各个零件的详细结构。如图 5 – 18 所示。

（4）整理完成装配图。将完成的底稿图形轮廓加深、标注尺寸、编写序号、填写标题栏和明细栏，写出技术要求，完成全图。如图 5 – 19 所示。

5.2.3.3　任务实施步骤

（1）拆装滑动轴承座装配体，了解滑动轴承座的结构和工作原理。

（2）讲解装配体的测绘方法。

（3）画滑动轴承座装配示意图。

（4）讲解装配图的绘制方法和步骤。

（5）测绘零件，画出零件草图。

（6）绘制滑动轴承座装配草图。

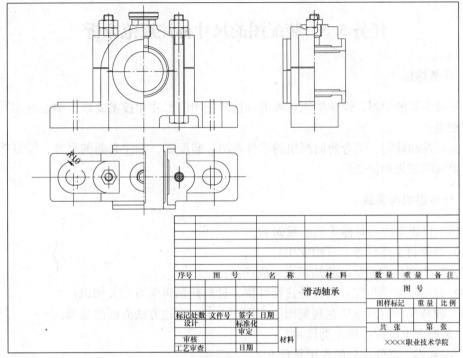

图 5－18　绘制滑动轴承装配图步骤（三）

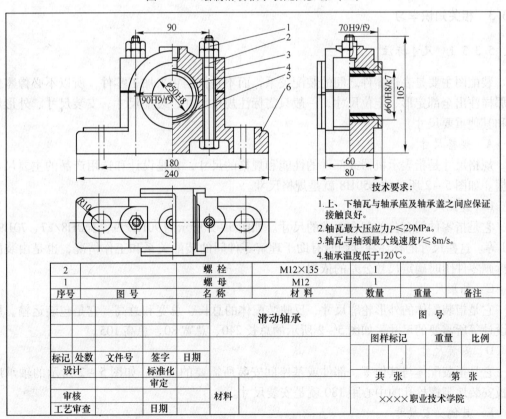

2		螺 栓	M12×135	1		
1		螺 母	M12	1		
序号	图　号	名　称	材　料	数量	重量	备注

技术要求：

1. 上、下轴瓦与轴承座及轴承盖之间应保证接触良好。
2. 轴瓦最大压应力 $P \leqslant 29\text{MPa}$。
3. 轴瓦与轴颈最大线速度 $V \leqslant 8\text{m/s}$。
4. 轴承温度低于 120℃。

图 5－19　绘制滑动轴承装配图步骤（四）

任务 5.3　装配图的尺寸标注规范分析

5.3.1　任务描述

通过对本章的学习，使学生能正确的标注装配图的尺寸和技术要求，编制和填写标题栏和明细表。

任务：拆卸球阀，结合前面画出的零件草图、装配图，标注必要的尺寸，编制零部件序号，填写明细表和标题栏。

5.3.2　任务组织与实施

采用项目驱动法。具体实施步骤如下：

（1）教师将上述任务布置给学生；

（2）学生利用前面学习的知识来完成任务；

（3）教师针对学生完成的任务进行评讲，针对问题再学习相关知识；

（4）教师提问启发学生在装配图的作用、内容、表达方法方面的思考：

1）装配图上应标注哪几类尺寸？

2）编制零、部件序号的作用是什么？

5.3.3　相关知识学习

5.3.3.1　尺寸标注

装配图主要是表达零件之间的装配关系，而不是依据它来加工零件，所以不必像零件图那样注出全部定形、定位尺寸，一般只需标注规格尺寸、装配尺寸、安装尺寸、外形尺寸和其他重要尺寸。

A　规格尺寸

规格尺寸是指表示机器或部件的性能和规格的尺寸，它是设计和选用产品的主要尺寸依据。如图 5 - 2 所示的 ϕ50H8 就是规格尺寸。

B　装配尺寸

它是指零件间有公差配合要求的尺寸。如图 5 - 2 所示的 90H9/f9、ϕ60H8/k7、70H9/f9d 等。这些尺寸的标注在读图时有助于理解零件间的装配关系和工作情况，也是由装配图拆画零件图时确定尺寸公差的依据。

C　外形尺寸

它是指装配体的外形轮廓尺寸，反映装配体的总长、总宽和总高。它是包装运输、厂房设计等所需要的尺寸。如图 5 - 2 所示的总长 240、总宽 80、总高 105。

D　安装尺寸

它是指装配体与其他零、部件或基座间安装所需要的尺寸。如图 5 - 2 所示的轴承座底板安装地脚螺栓孔的中心距 180 就是安装尺寸。

E　其他必要尺寸

它是指除以上四类尺寸外，在装配或使用中必须说明的尺寸，如运动零件的位移尺寸等。需要说明的是，装配图上的某些尺寸有时兼有几种意义，而且每一张装配图上也不一定都有上述五种尺寸。在标注尺寸时，必须明确每个尺寸的作用，而对装配图没有意义的结构尺寸不需标注。

5.3.3.2　零、部件序号

在生产中，为便于图纸管理、生产准备、机器装配和读懂装配图，对装配图上各零、部件都要编序号。序号是为了看图方便而编的，零、部件的序号或图号要与明细栏中的序号相一致，不能产生差错。

A　一般规定

（1）装配图中所有的零、部件都必须编序号。规格完全相同的零件可只编一个序号，标准化组件如滚动轴承、电动机等，可以看成一个整体编一个序号。

（2）装配图中零件序号应与明细栏中的序号一致。

B　序号的组成

装配图中的序号一般由指引线（细实线）、圆点（或箭头）、横线（或圆圈）和序号数字组成，如图 5-20 所示。具体要求如下：

（1）指引线不要与轮廓线、剖面线等图线平行，指引线之间不允许相交，但指引线允许弯折一次。

（2）指引线末端不便画出圆点时，可以在指引线末端画出箭头，箭头指向该零件的轮廓线，如图 5-20 所示。

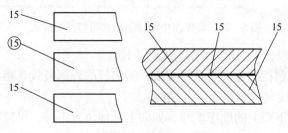

图 5-20　序号的组成

（3）序号数字比装配图中的尺寸数字大一号。

C　零件组序号

对紧固件组或装配关系清楚的零件组，允许采用公共指引线，如图 5-21 所示。

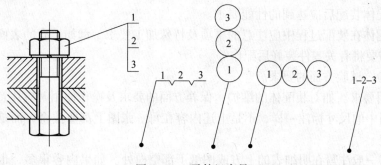

图 5-21　零件组序号

D　序号的排列

零件的序号应按顺时针或逆时针方向在整个一组图形外围顺次整齐排列，如图 5 - 21 所示。

5.3.3.3　标题栏和明细栏

国标《机械制图》（GB/T 10609.1—2008 和 GB/T 10609.2—2009）对标题栏和明细栏有专门规定，但企业有时也采用自行设计的标题栏和明细栏格式。一般学生完成装配图作业时标题栏和明细栏采用图 5 - 22 所示的格式。

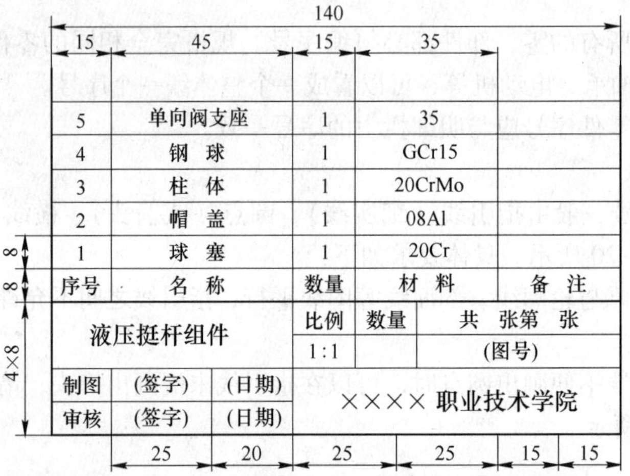
140
15
45
15
35
5
单向阀支座
1
35
4
钢　球
1
GCr15
3
柱　体
1
20CrMo
2
帽　盖
1
08Al
1
球　塞
1
20Cr
序号
名　称
数量
材　料
备　注
8
8
4×8
液压挺杆组件
比例
数量
共　张第　张
1:1
(图号)
制图
(签字)
(日期)
审核
(签字)
(日期)
×××× 职业技术学院
25
20
25
25
15
15

图 5 - 22　装配图中的标题栏和明细栏的格式

绘制和填写标题栏、明细栏时应注意以下问题：

（1）明细栏和标题栏的分界线是粗实线，明细栏的外框竖线是粗实线，明细栏的横线和内部竖线均为细实线（包括最上一条横线）。

（2）序号应按自下而上的顺序填写，如向上延伸位置不够，可以在标题栏紧靠左边的位置自下而上地排列。

（3）标准件的国标代号可写入备注栏。

5.3.3.4　装配图上技术要求的注写

装配图中的技术要求，一般可从以下几个方面来考虑：

（1）装配体装配后应达到的性能要求。

（2）装配体在装配过程中应注意的事项及特殊加工要求。例如，有的表面需装配后加工，有的孔需要将有关零件装好后配作等。

（3）检验、试验方面的要求。

（4）使用要求。如对装配体的维护、保养方面的要求及操作使用时应注意的事项等。

与装配图中的尺寸标注一样，不是上述内容在每一张图上都要注全，而是根据装配体的需要来确定。

技术要求一般注写在明细表的上方或图纸下部空白处。如果内容很多，也可另外编写成技术文件作为图纸的附件。

5.3.3.5　任务实施步骤

由滑动轴承座装配图和实物,根据装配图的作用,讨论分析图样中所标注的尺寸、零部件序号、明细表和标题栏的作用,从而引出课题内容并加以总结。

(1) 由滑动轴承座(或齿轮油泵或减速器)实物测绘零件草图,讨论应标注哪些尺寸。

(2) 通过滑动轴承座的装配图样本,分析图中所标注的尺寸、零部件序号、明细表和标题栏的作用。

(3) 讲解装配图的尺寸标注、技术要求及零部件编号与明细栏的基本内容。

(4) 在装配示意图上初步完成滑动轴承座的尺寸标注、技术要求,编制零部件序号,填写明细栏和标题栏。

任务 5.4　识读装配图及拆画零件图

5.4.1　任务描述

通过对本章的学习能够使学生掌握阅读装配图的方法,根据装配图明确拆装顺序,能拆画零件图。

机用虎钳是安装在机床工作台上,用于夹紧工件,以便进行切削加工的一种通用工具。该部件共有零件 11 种(见图 5-23)。

任务:阅读机用虎钳的装配图,阅读阀体的装配图,拆画零件图。

5.4.2　任务组织与实施

采用项目驱动法。具体实施步骤如下:

(1) 教师将上述任务布置给学生;

(2) 学生利用前面学习的知识来完成任务;

(3) 教师针对学生完成的任务进行评讲,针对问题再学习相关知识;

(4) 教师提问启发学生在装配图的作用、内容、表达方法方面的思考:

1) 简述阅读装配图的方法。

2) 简述拆画零件图的基本步骤。

5.4.3　相关知识学习

5.4.3.1　装配图的阅读方法

在实际工作中,无论是设计机器、装配产品还是从事设备的安装、检修及进行技术交流、技术革新等,都会遇到读装配图的问题。因此,工程技术人员必须具备读装配图的能力。

A　读装配图的基本要求

(1) 了解装配体的名称、用途、结构及工作原理。

（2）了解零件之间的连接形式及装配关系。

（3）了解各零件的主要结构、形状和作用。

（4）了解装配体的拆卸顺序。

B　读装配图的方法和步骤

现以图 5 – 23 所示的机用虎钳装配图为例，介绍读装配图的一般方法和步骤。

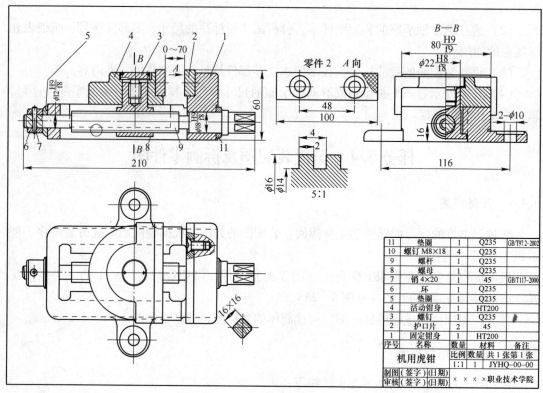

图 5 – 23　机用虎钳装配图

（1）浏览全图，概括了解。从标题栏可知，这是一台机用虎钳，即机床上夹持工件用的。由明细栏可知，该虎钳由 11 种零件装配而成，其中标准件 2 种，非标准件 9 种。总体浏览的结果，知道该装配体体积不大，结构也不太复杂。

（2）分析视图，了解各视图表达的重点。机用虎钳装配图用了三个基本视图、一个局部放大图、一个局部视图和一个断面图共六个图形。其中主视图采用全剖视，把围绕螺杆 9 装配的各零件沿轴线方向的位置和装配关系表达得很清楚；左视图采用半剖，反映了固定钳身、活动钳身、螺母、螺钉之间的接触配合情况；俯视图以表达外形为主，其上局部剖表达了螺钉 10 连接护口片 2 和固定钳身 1 的情况；局部放大图表明了螺杆 9 的牙形，"零件 2 A 向"则表明了护口片上的螺钉安装孔位置及护口片工作表面的情况；螺杆 9 头部的四方头用移出断面图表明了其大小。

（3）分析零件，进一步了解工作原理和装配关系。装配图与零件图最大的区别在于装配图是在同一个图中表达多个零件，读图时很关键的一步是要将这些零件"分得开，合得拢"。对于装配体中的标准件、常用件，因其结构形状固定，较容易从视图中区分出来；对于一般零件，则应由各零件剖面线的不同方向和间隔、根据实心杆件在装配图中的画法

规定等，分清各零件的轮廓范围，由配合代号了解零件间的配合关系，根据零件序号和明
细表了解各零件的名称、数量、材料、规格等，研究零件间的装配连接关系，为读懂装配
体的工作原理打下基础。

固定钳身是虎钳的主体零件。从主视图可以看出，主要传动件之一螺杆 9 的两个圆柱
面分别装在固定钳身左、右两端的孔内，且分别以 $\phi12H9/f8$、$\phi18H9/f8$ 相配合；螺杆向
左的轴向移动由其自身右段的轴肩限制，向右的轴向移动由垫圈 5、环 6、销 7 限制，即
螺杆 9 在固定钳身内只能转动而不能做轴向移动；从左视图可以看出，活动钳身像马鞍一
样"骑"在固定钳身上，其底面与固定钳身的上面接触，螺母 8 上部与活动钳身的孔以
$\phi22H8/f8$ 相配合，并可由螺钉 3 调整其上、下位置；螺母 8 下部与螺杆 9 旋合，当螺杆 9
转动时，螺母只能沿螺杆 9 做轴向移动，从而带动活动钳身移动，实现钳口的开、合。在
固定钳身和活动钳身内侧夹持工件的部位分别装有护口片，便于磨损后更换。

综上所述，可以分析得出该虎钳的工作原理是：转动螺杆 9—螺母 8 轴向移动—活动
钳身 4 轴向移动—钳口开、合—松开、夹紧工件。

由钳口距离 0～70（规格尺寸）可知，被夹持工件的厚度范围为 0～70mm。

（4）分析拆、装顺序。分析装配体拆、装顺序的目的是为了使拆、装工作能顺利进
行，同时也是对装配图读图结果的检验。

从前述结构分析可知，机用虎钳的拆卸顺序如下：

拆下销 7—取下环 6、垫圈 5—旋出螺杆 9、取下垫圈 11—旋出螺钉 3—取下螺母 8—
卸下活动钳身 4—分别拆下固定钳身 1、活动钳身上的护口片 1。

装配顺序与拆卸顺序相反。图 5 - 24 所示为机用虎钳装配轴测图。

5.4.3.2 由装配图拆画零件图

由装配图拆画零件图，必须在读懂装配图的基础上进行。拆画零件图不是简单地从装
配图中照抄零件，而是一个继续设计零件的过程。

以图 5 - 25 所示的阀的装配图拆画阀体的零件图为例，介绍其拆画的步骤。

（1）将要拆画的零件从装配图中分离出来。画装配图的基本方法仍是投影法，所以，
根据多面正投影中各视图的对应关系，加之装配图中区分相邻零件的若干表达规定，在读
懂装配图的基础上，要分离出需要拆画的零件图，并想象出它的大致形状并不困难。如图
5 - 26 所示。

（2）按装配体结构构思零件的结构和形状。在装配图上，并不要求把每个零件的结构
和形状都表达得十分详尽，所以，拆画零件图时应根据装配体的性能、特点及所画零件与
其他零件的关系，并考虑到该零件在装配体中的作用及其制造与使用过程中的有关工艺要
求，把在装配图中允许省略不画的结构（如倒角、倒圆、退刀槽等）和其他允许省略和简
化的结构予以补充和完善，完整地构思出零件的结构、形状。如图 5 - 27 所示。

（3）视图表达方案的确定。由于装配图和零件图在表达上的侧重点不同，所以拆画零
件图时不能照搬装配图对该零件的表达方案，而应根据零件的结构特点和表达需要重新考
虑或适当调整。如图 5 - 28 所示。

（4）零件图上的尺寸标注。从装配图中拆画的零件图，其尺寸应根据装配图来确定，
如图 5 - 28 所示。通常按以下方式确定各尺寸。

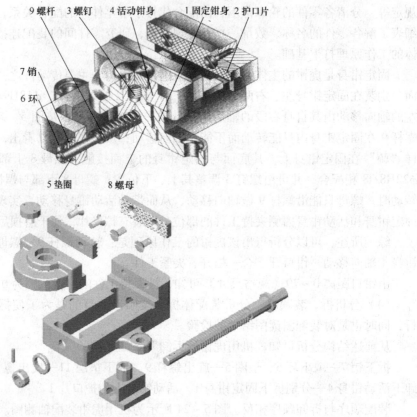

图 5 - 24　机用虎钳装配轴测图

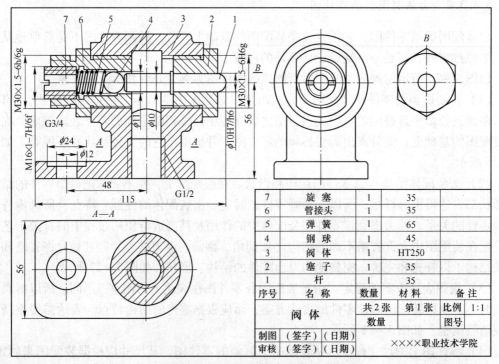

7	旋　塞	1	35	
6	管接头	1	35	
5	弹　簧	1	65	
4	钢　球	1	45	
3	阀　体	1	HT250	
2	塞　子	1	35	
1	杆	1	35	
序号	名　称	数量	材料	备　注

阀　体		共 2 张	第 1 张	比例	1:1
		数量		图号	
制图	（签字）	（日期）		××××职业技术学院	
审核	（签字）	（日期）			

图 5 - 25　阀体装配图

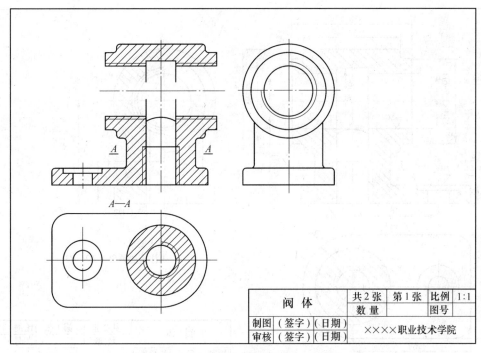

阀　体	共 2 张	第 1 张	比例	1:1
	数　量		图号	
制图 （签字）（日期）	××××职业技术学院			
审核 （签字）（日期）				

图 5 - 26　拆分的阀体

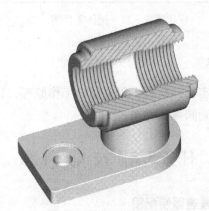

图 5 - 27　拆分的阀体

　　1）抄注。装配图中注出的尺寸，多为重要尺寸，其中与所拆画零件有关的尺寸可直接抄注；配合尺寸可根据装配图中注出的配合代号查出偏差数值，注在相应的零件图上。

　　2）查找。零件图上的一些常见结构如钻孔、螺孔深、键槽、销孔、倒角、圆角、退刀槽等，应从有关资料中查阅后确定尺寸。

　　3）计算。某些尺寸数值，应根据装配图所给定的尺寸，通过计算确定，如齿轮的轮齿部分（如分度圆、齿顶圆）等尺寸。

　　4）量取。装配图上没有标注的尺寸，可按装配图的画图比例在图中量取，但要注意零件之间的相互协调。

　　（5）技术要求。可根据零件加工、检验、装配及使用中的要求，查阅有关资料，制定技术要求，初学者可参照同类产品用类比法确定。如图 5 - 28 所示。

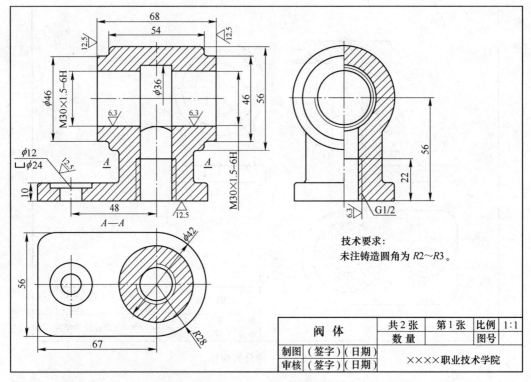

图 5 - 28　阀体零件图

5.4.3.3　任务实施步骤

由机用虎钳的装配图和实物，分析机用虎钳的工作原理，讨论分析机用虎钳的拆装顺序。阅读阀体的装配图，拆画阀体零件图。

任务 5.5　技 能 训 练

【项目 1】　测绘减速器，画减速器装配图

【任务引入】
装拆减速器，绘制零件草图，绘制减速器装配图。

通过对减速器的测绘，提高测绘零件的能力，学习和掌握装配图的绘制方法。

【任务描述】
（1）测绘减速器装配体的全部非标准件，画零件图；

（2）测绘标准件的主要参数，查阅有关标准，确定标准件的代号。

（3）由零件草图拼画一张减速器装配图。

【知识目标】
（1）掌握测绘零、部件的方法和步骤，学习绘制零件图、装配图；能测绘零件并绘制零件图，能绘制中等复杂部件的装配图。能查阅机械技术手册中介绍的方法。

（2）提高绘制零件草图和工作图的能力。

（3）培养学生的协作精神、耐心细致的工作作风、严肃认真的工作态度。

【任务实施】

（1）减速器简介：

1）减速器的功用、类型和结构特点。

①功用：减速器是位于原动机和工作机之间，用以改变转速和转矩的机械传动装置。常用的减速器已经标准化和规格化，用户可根据各自的工作条件来选择。

②类型：减速器种类很多，一般按传动件可分为圆柱齿轮减速器（轮齿有直齿、斜齿或人字齿等）、圆锥齿轮减速器（轮齿有直齿、斜齿、螺旋齿等）、蜗杆蜗轮减速器（蜗杆上置式或下置式）和行星齿轮减速器等；按传动的级数不同，可分为单级、双级和多级减速器；按轴在空间的相对位置不同，可分为卧式和立式减速器。减速器的立体图和分解图分别见图5-29和图5-30。

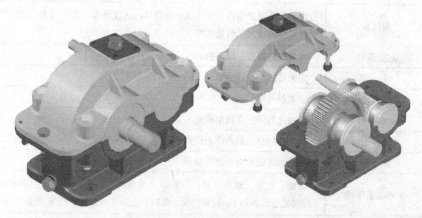

图5-29　减速器立体图

图5-30　减速器分解图

（2）减速器上各零件的功用，见表5-1。

表 5 - 1　减速器上各零、部件和结构的功用

名　称		用　途
箱体及箱体结构	箱　体	箱体由箱盖和箱座组成,起着支撑轴及轴上零件的作用。为装拆方便,常采用剖分式结构,箱盖和箱座用螺栓连成整体。箱体毛坯可采用铸造或钢板焊接
	加强肋	用来增加箱体刚度,以免因箱体变形而影响传动精度
	箱体凸缘	主要用来保证箱盖和箱座的连接刚度,同时也可增大扳手空间
	凸台或凹坑	用来减少加工面
	油　沟	滚动轴承采用油润滑时,通过油沟进入轴承进行润滑。脂润滑时,一般不用油沟,但为了提高箱体的密封性,有时在箱体的剖分面上制出回油沟
	窥视孔	设在箱盖顶部,用来观察、检查齿轮的啮合和润滑情况,润滑油也由此注入
减速器附件及其结构	螺　塞	设在箱座下部,供排除油污和清洗减速器内腔时放油用
	油　标	用来检查箱内润滑油的油面高度
	通气器	用来沟通减速器内、外气流,使箱体内因发热而产生的油蒸气及时排出,从而保证箱体的密封不致被破坏
	起盖螺钉	用来顶起箱盖,以利拆卸
	吊　钩	用来吊运整台减速器
	吊环螺钉或吊耳	用来起吊箱盖
	地脚螺丝	将减速器固定在机架或地基上
	定位销	在箱体剖分面的凸缘上设两个定位销,用来确定箱盖和箱座轴承孔的相互位置
	轴承盖	用来封闭轴承室和固定轴承
轴系零件	主动轴系零件	由轴、齿轮、轴承、键、挡油环、调整环、套筒、透盖、闷盖和皮带轮组成(皮带轮已经拆卸)、轴端挡板、螺钉、止退垫片组成。用来传递运动和动力
	从动轴系零件	由轴、齿轮、轴承、键、调整环、套筒、透盖、闷盖和联轴器(联轴器已经拆卸)组成。用来传递运动和动力

(2) 部件测绘的方法步骤:

1) 了解分析和拆卸部件。全面了解和分析测绘对象是测绘的第一步。前面对测绘对象减速器的介绍,为了解和分析减速器提供了认知条件。

①拆前的了解与分析:

分析减速器的功用、性能、特点和工作原理。

分析减速器的构造、组成零件的位置、作用以及两轴系零件的相互关系和定位特点。

分析各零件间的装配关系或连接关系,认知主要配合的基准制特点。

分析减速器的拆装顺序、外廓尺寸、主要零件间的相对位置(如两轴中心距等),以便在拆卸前测量并记下外廓尺寸和主要相对位置尺寸,为画装配图提供依据。

②拆卸部件。拆卸部件时应注意以下几点:

要周密制订拆卸顺序,划分部件的组成部分,以便按组成部分进行分类、分组列零件清单(明细表)。如减速器,应按上下箱体及其附件、上下箱体连接件、两轴系零件这三大部分划分。

要合理选用拆卸工具和拆卸方法,按一定顺序拆卸,严防乱敲打,硬撬拉,避免损坏零件。

对精度较高的装配，在不致影响画图和确定尺寸、技术要求的前提下，应尽量不拆或少拆（如大齿轮与从动轴的键连接处可不拆），以免降低精度或损伤零件。

拆下的零件要分类、分组，并对零件进行编号登记，列出的零件明细表应注明零件序号、名称、类别、数量、材料，如为标准件应及时测出主要尺寸，查有关标准，定标记；并注明国标号；如为齿轮应注明模数 m、齿数 z。

拆下的零件，应指定专人负责保管。一般零件、常用件是测绘对象，标准件定标记后应妥善保管，防止丢失。避免零件间的碰撞受损或生锈。

记下拆卸顺序，以便按相反顺序复装。

仔细查点和复核零件种类和数量。单级齿轮减速器零件种数，一般为 30 ~ 40 种（件），应在教师指导下对零件统一命名，以免造成混乱。

拆卸中要认真研究每个零件的作用、结构特点及零件间装配关系或连接关系，正确判断配合性质、尺寸精度和加工要求，为画零件图、装配图创造条件。

2）画装配示意图。装配示意图是以简单的线条和国标规定的简图符号，以示意方法表示每个零件的位置、装配关系和部件工作情况的记录性图样。画装配示意图应注意以下几点：

①对零件的表达通常不受前后层次的限制，尽可能将所有零件集中在一个视图上表达。如仅仅用一个视图难以表达清楚时，也可补充其他视图。

②图形画好后，应将零件编号或写出零件名称，凡是标准件均应定准标志。

③测绘较复杂的部件时，必须画装配示意图。此次测绘，如经指导教师统一批准，也可不画装配示意图，而以装配草图取代。图 5 - 31 为单级齿轮减速器装配示意图。

3）测绘零件，画零件草图。由于测绘时间所限，只要求画主要零件的零件草图和零件图。测绘减速器，应画下列零件：箱盖、箱座、主动齿轮轴、大齿轮、从动齿轮轴、两种透盖、两种闷盖等零件。

①对零件草图的要求：

要内容俱全。即应有完整表达方案的一组图形，齐全的尺寸，技术要求标注和标题栏。

要目测徒手。即只凭目测实际零件形状、大小，采用大致比例，用铅笔徒手画出图形（不使用绘图工具，可少量借助绘图工具画底稿，但必须徒手加深）。要先画后测注尺寸，切不可边画边测边注。

要清晰工整。零件草图与零件图的区别仅在于前者徒手画，后者用绘图工具画，其字体、图线、尺寸注法、技术要求、标题栏等项内容均应符合基本要求。

②画零件草图的步骤：

了解分析零件：在拆前、拆中初步了解分析零件的基础上，具体画某一零件时，应进一步认清零件的名称、功用以及它在部件中的位置和装配、连接关系；明确零件的材料、牌号；对零件进行结构分析，凡属标准结构要素，均应测后查有关标准，取标准尺寸；对零件进行工艺分析，分析具体制造方法和加工要求，以便综合设计要求和工艺要求，较合理地确定尺寸公差、形位公差、表面粗糙度和热处理等一系列技术要求。其中最主要的是要会区分加工面与非加工面、接触面与非接触面、配合面与非配合面以及配合的基准制、

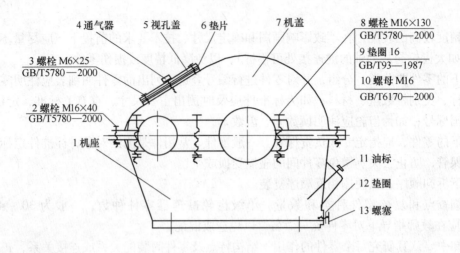

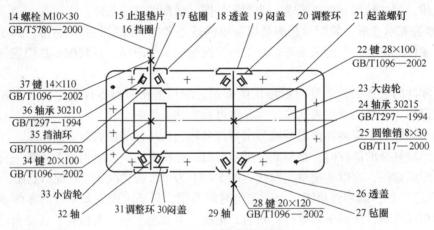

图 5－31　减速器装配示意图

配合种类和公差等级的高、低取向，表面粗糙度参数值的高、低取向。

确定零件表达方案：选择主视图，应遵循不同典型零件主视图选择的原则，根据零件的具体结构、形状特点来确定；选择其他视图，要以既要表达充分，又要避免重复为前提，综合确定表达方案。

画零件草图的具体步骤：根据零件的总体尺寸和大致比例，确定图幅；画边框线和标题栏；布置图形，定出各视图的位置，画主要轴线、中心线或作图基准线。布置图形还要考虑各视图间应留有足够位置，以便标注尺寸。目测徒手画图形。先画零件主要轮廓，再画次要轮廓和细节，每一部分都应几个视图对应起来画，以对正投影关系，逐步画出零件的全部结构、形状。仔细检查，擦去多余线；再按规定线型加深；画剖面线；确定尺寸基准，依次画出所有的尺寸界线，尺寸线和箭头。测量尺寸，协调联系尺寸，查有关标准，核对标准结构尺寸，这时才能依次填写尺寸数值和技术要求；填写标题栏，完成零件草图的全部工作。

注意有装配关系的配合尺寸或结合面尺寸，测出尺寸后应及时填写在各自的零件草图中，避免发生矛盾。

（3）画装配草图和装配图。画装配草图和装配图的方法、步骤基本相同，不同的只是前者徒手画，后者用绘图工具画。画装配图时，对照装配草图和零件草图可对装配图做必要的修改，不强求装配图与装配草图的表达方案完全一致。

下面介绍画装配草图或装配图的方法、步骤。

1) 拟定表达方案。拟定表达方案的原则是：能正确、完整、清晰和简便地表达部件的工作原理、零件间的装配关系和零件的主要结构、形状。其中，应注意：

①主视图的投射方向、安放方位应与部件的工作位置（或安装位置）相一致。主视图与其他视图联系起来要能明显反映部件的上述表达原则与目的。

②部件的表达方法包括一般表达方法、规定画法、各种特殊画法和简化画法。选择表达方法时，应尽量采用特殊画法和简化画法，以简化绘图工作。

2) 画装配图的具体步骤。画装配图的具体步骤，因部件的类型和结构形式不同而异。一般先画主体零件或核心零件，可"先里后外"地逐渐扩展；再画次要零件，最后画结构细节。画某个零件的相邻零件时，要几个视图联系起来画，以对准投影关系和正确反映装配关系。

画单级齿轮减速器装配图，建议按以下步骤进行：

①先画主视图：在主视图中，应以底面为基准先画下箱体；再画上箱体及其附件、上下箱体连接件；然后对几处作必要的局部剖视。

②画俯视图：沿箱体结合面剖切，按投影关系定准两轴中心距，画下箱体的轴承座孔、内壁和周边凸缘、螺栓孔、螺栓断面，定位销断面和油沟等结构；再将两轴坐落在下箱体的轴承座孔上，依次画出两轴系零件及其轴承端盖，注意轴上零件的轴向定位关系和画法。俯视图亦可沿结合面作全剖视，即不保留上箱体的局部外形。

③画左视图：按投影关系，处理好左视图上应反映的外部结构、形状及其位置，注意过渡线画法。下箱体底缘上的安装孔，如不在主视图上作局部剖视，也可改在左视图上作此处局部剖视。

3) 标注装配图上的尺寸和技术要求：

①尺寸。装配图中需标注性能（规格）尺寸、装配尺寸、安装尺寸、外形尺寸和其他重要尺寸五类。

这五类尺寸在某一具体部件装配图中不一定都有，且有时同一尺寸可能有几层含义，分属几类尺寸，因此要做具体分析，凡属上述五类尺寸，有多少个，就要注多少个，既不要多注，也不能漏注，以保证装配工作的需要。

②技术要求。装配图中的技术要求包括配合要求，性能、装配、检验、调整要求，验收条件，试验与使用、维修规则等。其中，配合要求是用配合代号注在图中，其余用文字或符号列条写在明细栏上方或左方。确定部件装配图中技术要求时，可参阅同类产品的图样，根据具体情况而定。图 5-32 中，共列出了 7 条技术要求，可供参考。

4) 编写零件序号和明细栏。参照教材所述零件序号编注的规定、形式和画法编写序号；并与之对应地编写明细栏（标准件要写明标记代号，齿轮应注明 m、z）。

图 5-32 为单级圆柱齿轮减速器的装配图。

(4) 画零件图。根据装配图和零件草图，整理绘制指定必画的主要零件工作图（零件图）。

画零件图应注意以下几点。

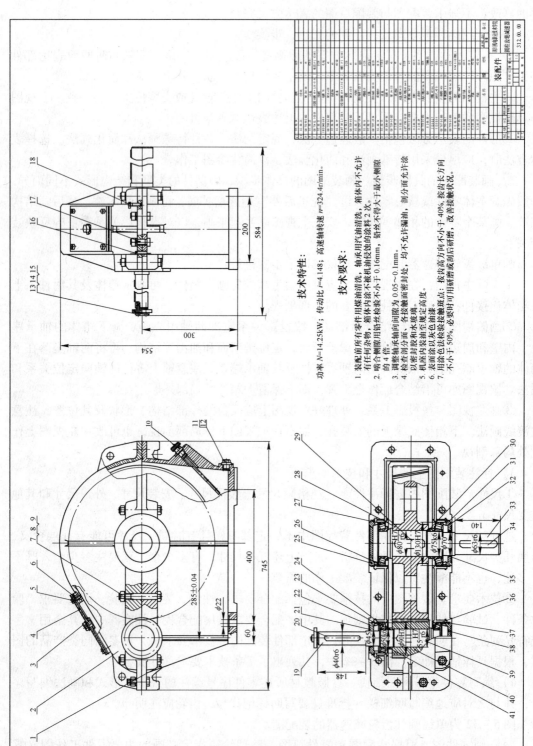

技术特性:

功率 N=14.25kW; 传动比 i=4.148; 高速轴转速 n=324.4r/min。

技术要求:

1. 装配前所有零件用煤油清洗。轴承用汽油清洗,箱体内不允许有任何杂物,箱体内涂不被机油侵蚀的涂料 2 次。

2. 啮合侧隙用铅丝检验不小于 0.16mm,铅丝不得大于最小侧隙的 4 倍。

3. 调整轴承轴向间隙为 0.05~0.1mm。

4. 检查剖分面、各接触面密封处,均不允许漏油。剖分面允许涂以密封胶和水玻璃。

5. 机座内装油至规定高度。

6. 表面涂以灰色油漆。

7. 用涂色法检验接触斑点:按齿高方向不小于 40%,按齿长方向不小于 50%,必要时可用研磨或刮后研磨,改善接触状况。

图 5-32　减速器总装配图

　　1）画零件图时，其视图选择不强求与零件草图或在装配图上该零件的表达完全一致，可进一步改进表达方案。

　　2）对画装配图后发现的已画过零件草图中的问题，应在画零件图时加以纠正。

　　3）配合尺寸或相关尺寸应协调一致。

　　4）零件的技术要求（表面粗糙度、尺寸公差、形位公差、热处理等）可参照同类产品或相近产品图样，查阅相关资料后确定，其标注形式应规范。

　　图 5-33~图 5-45 所示的单级圆柱齿轮减速器部分零件图，可供参考。

　　（5）任务实施步骤：

　　1）拆卸减速器，了解减速器的结构和工作原理。

　　2）拆卸减速器零部件。

　　3）画装配示意图。

　　4）画零件图。

　　5）绘制装配图。

　　6）装配减速器。

　　（6）经验总结：

　　1）拆卸减速器零部件时，要注意观察减速器的外形与箱体附件，了解附件的功能、结构特点和位置，测出外廓尺寸、中心距、中心高。

　　2）零件测绘时的注意事项：

　　①对实际测量所得的数据有时不能直接标注在图上，而要进行有效的处理。

　　②零件上非配合面、非接触面、不重要表面在测量所得的尺寸有小数时，应圆整，并尽可能与标准尺寸系列中的数值相同或相近。

　　③零件中相配合的轴、孔尺寸应取一致；有配合关系的尺寸应在测出其基本尺寸的基础上，经分析、查阅有关手册后确定；一般常见的孔、轴配合如表 5-2 所示。

表 5-2　减速器主要零件的配合

配合代号	应　用　举　例	装配和拆卸条件
H7/s6	重载荷并有冲击载荷时的齿轮与轴的配合，轴向力较大且无辅助固定	压力机装配和拆卸
H7/r6	蜗轮轮缘与轮体的配合；齿轮和齿式联轴器与轴的配合；中等的轴向力，但无辅助固定装置	压力机
H7/n6	电机轴上的小齿轮，摩擦离合器和爪式离合器，蜗轮轮缘。承受轴向力时，必须有辅助固定	压力机、拆卸器、木锤
H7/m6	经常拆卸的圆锥齿轮（为了减少配合处的磨损）	压力机、拆卸器、木锤
H8/h9	滚动轴承组合中的端盖	徒手
	止退环、填料压盖、带锥形紧固套的轴承与轴	
H8/f9	滑动轴承与轴、填料压盖	
轴承内圈与轴：一般采用 n6、m6、k6、js6 等配合		
轴承外圈与基座孔：一般采用 J6、J7、H7、G7 等配合		

　　④对一些计算尺寸不能圆整的，应精确到小数点后三位，如中心距、中心高等重要尺寸的计算。

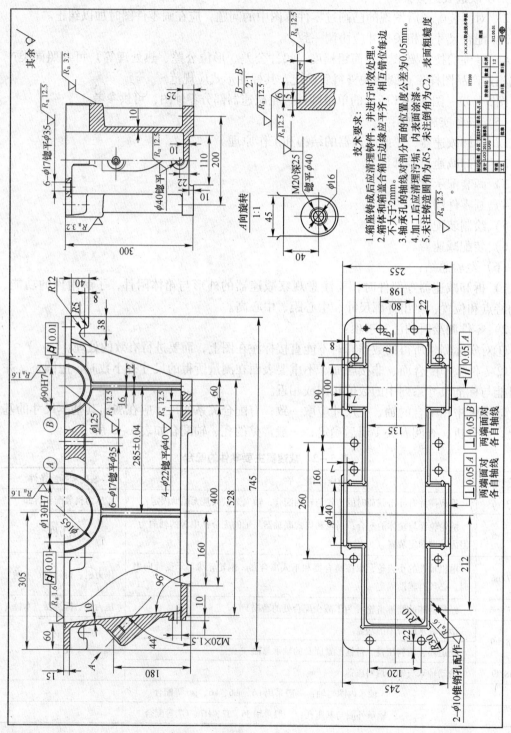

图 5-33　减速器箱箱座零件图

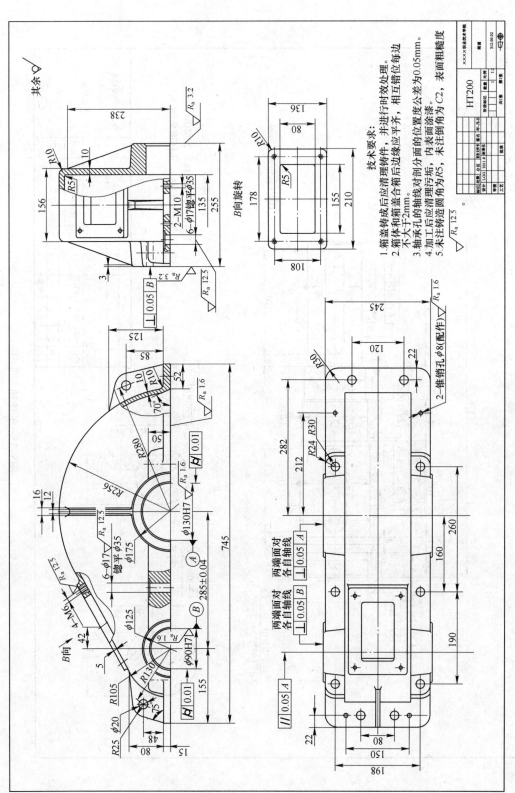

技术要求:
1. 箱盖铸成后应清理型铸件, 并进行时效处理。
2. 箱体和箱盖合箱后箱后边线应平齐, 相互错位每边不大于2mm。
3. 轴承孔的轴线对剖分面的位置度公差为0.05mm。
4. 加工后应清理污垢, 内表面涂漆。
5. 未注铸造圆角为R5, 未注倒角为C2, 表面粗糙度

HT200

图 5-34 减速器箱盖零件图

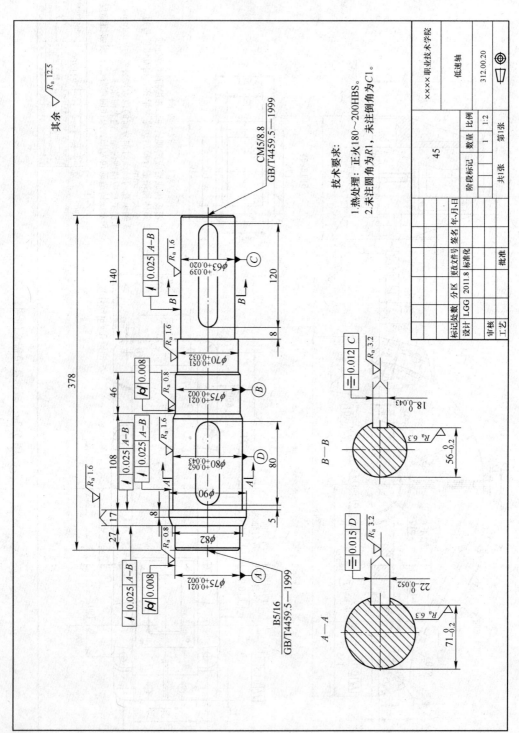

图5-35　低速轴零件图

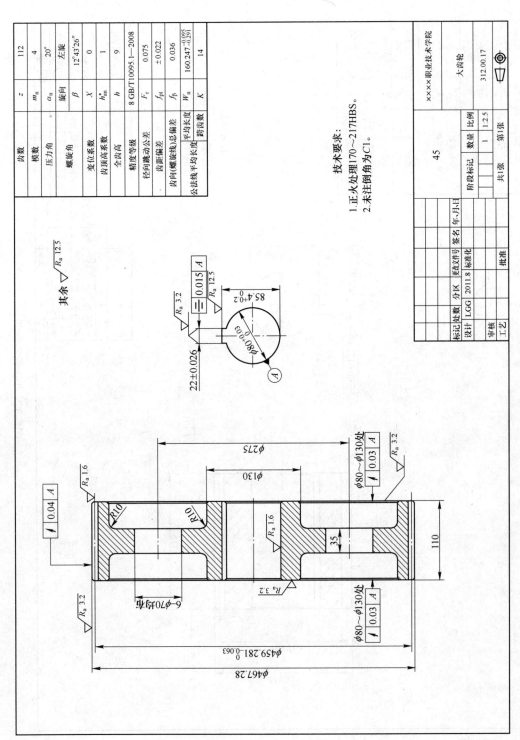

图5-36 大齿轮零件图

齿数	z	112
模数	m_n	4
压力角	α_n	20°
螺旋角	旋向	左旋
	β	12°43′26″
变位系数	X	0
齿顶高系数	h_{an}^*	1
全齿高	h	9
精度等级	8 GB/T10095.1—2008	
径向跳动公差	F_r	0.075
齿距偏差	f_{pt}	±0.022
齿向(螺旋线)总偏差	f_β	0.036
公法线平均长度	W_n	$160.247^{-0.095}_{-0.291}$
跨齿数	K	14

技术要求：
1. 正火处理170～217HBS。
2. 未注倒角为C1。

××××职业技术学院		大齿轮	
			312.00.17

45

阶段标记		数量	比例
		1	1:2.5
共 张		第1张	

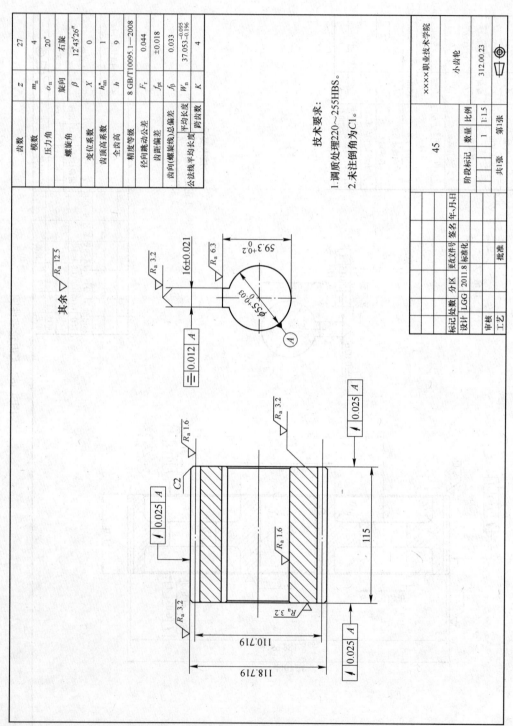

图5-37　小齿轮零件图

齿数	Z	27
模数	m_n	4
压力角	α_n	20°
螺旋角	旋向	右旋
	β	12°43'26"
变位系数	X	0
齿顶高系数	h_{an}^*	1
全齿高	h	9
精度等级	8 GB/T10095.1—2008	
径向跳动公差	F_r	0.044
齿距偏差	f_{pt}	±0.018
齿向(螺旋线)总偏差	f_β	0.033
公法线平均长度	W_n	$37.053^{-0.095}_{-0.196}$
跨齿数	K	4

技术要求：

1. 调质处理220~255HBS。
2. 未注倒角为C1。

标记	处数	分区	更改文件号	签名	年、月、日		××××职业技术学院	
设计	LGG	2011.8	标准化			45	小齿轮	
审核							阶段标记	数量	比例	312.00.23
工艺			批准					1	1:1.5	
							共张	第1张		

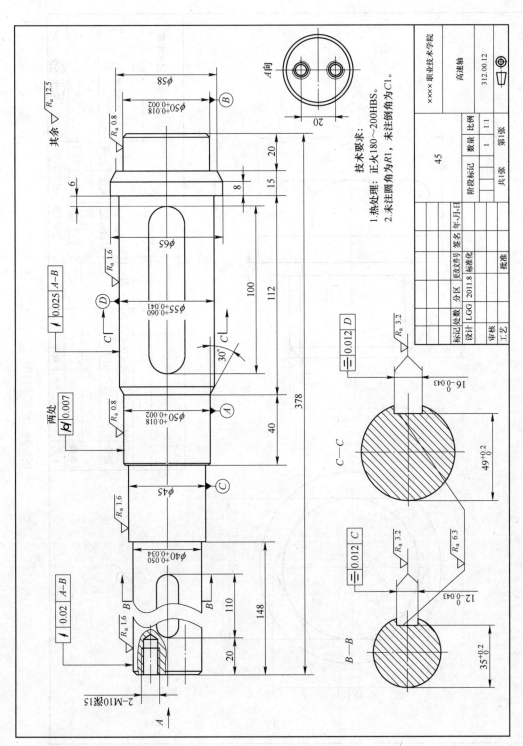

图5-38　高速轴零件图

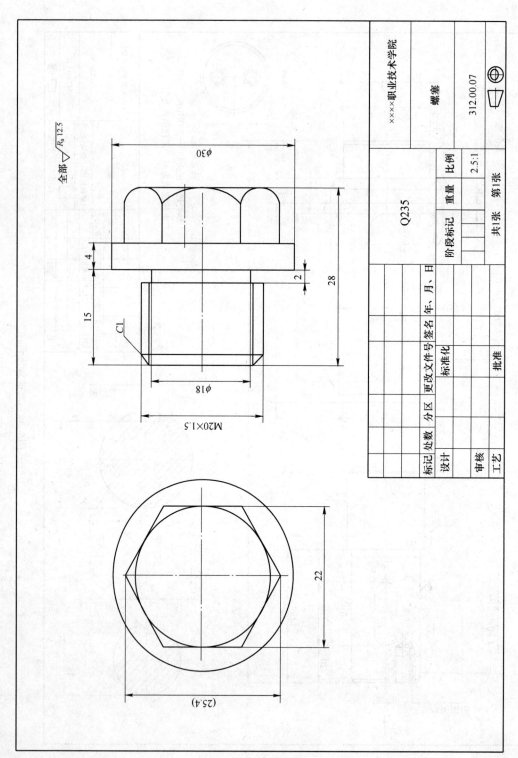

图5-39　螺塞零件图

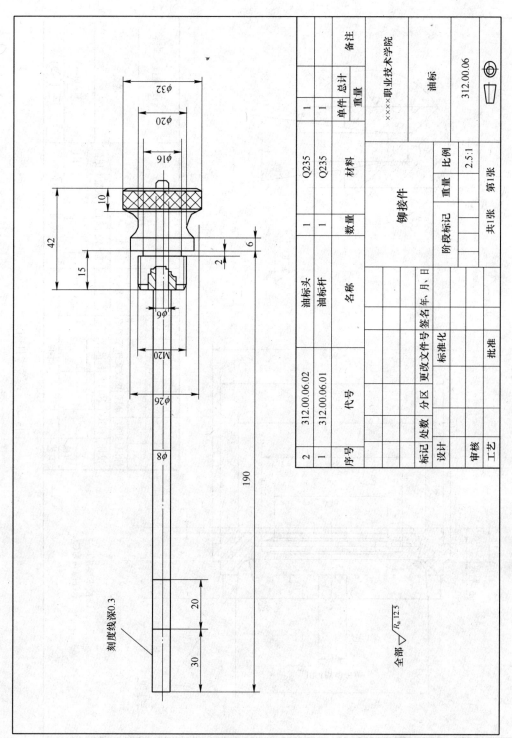

图5-40 油标零件图

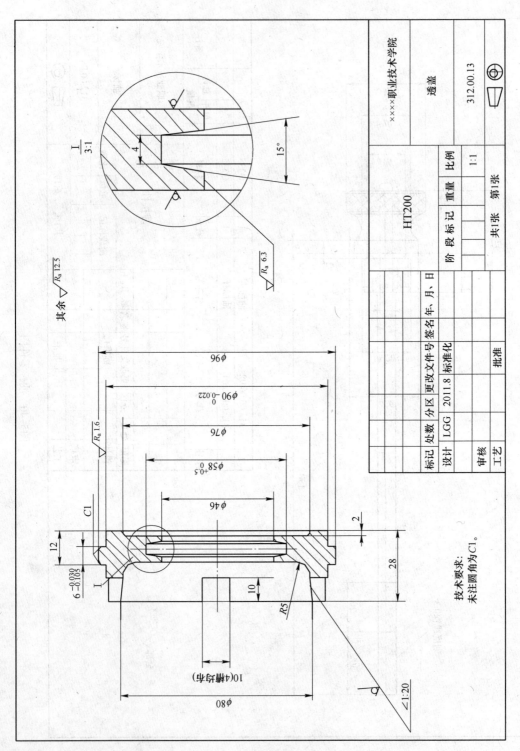

图5-41　透盖零件图

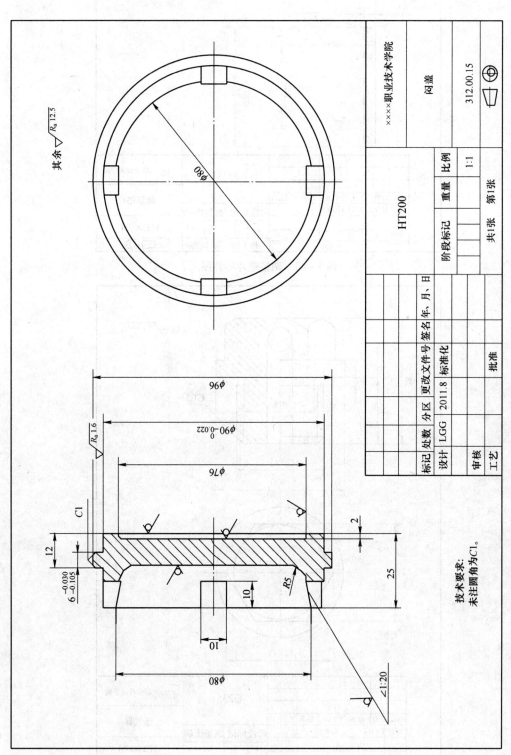

图5-42　闷盖零件图

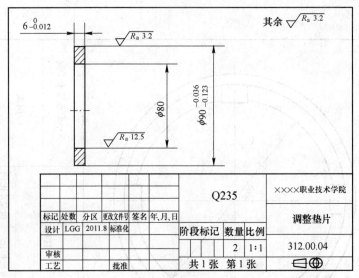

图5-43　调整垫片零件图

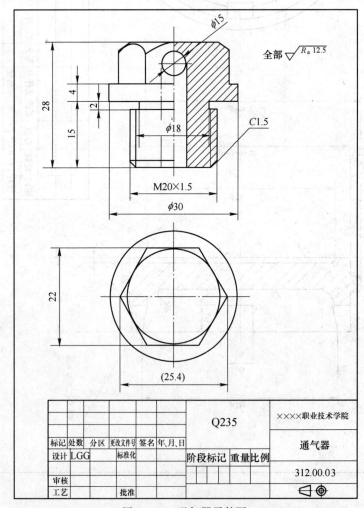

图5-44　通气器零件图

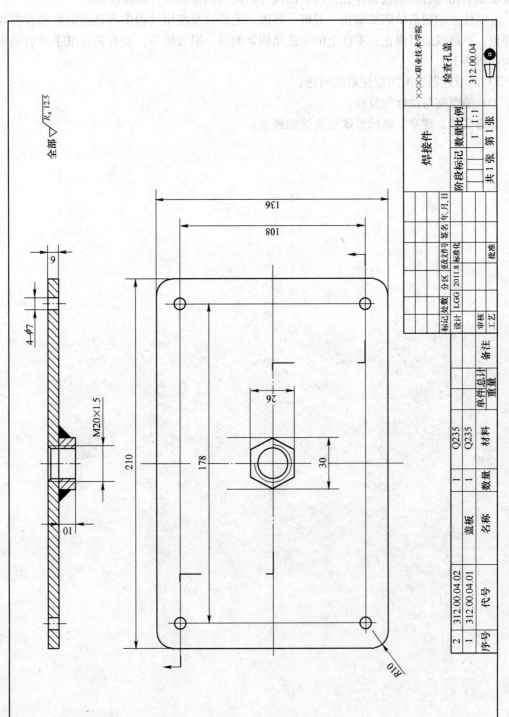

图5—45 检查孔盖零件图

⑤对标准结构或与标准件相配合的结构，如直径、键槽、轮齿、退刀槽、销孔等以及与滚动轴承相配合的轴或箱体孔，测量出尺寸后应查国家标准，取标准值。

⑥零件上的制造缺陷如缩孔、刀痕、砂眼、毛刺以及使用过程中所造成的磨损或损坏的部位，不画或加以修正；零件上的工艺结构如倒角、退刀槽等，查有关标准手册后确定并画在图样上。

3）画减速器装配图应注意的问题：

①放油螺塞与油标的位置。

②通气器、螺塞、油标等螺纹连接的画法。

附 录

附录 A 极限与配合

附表 A-1 标准公差数值（GB/T 1800.3—1998 摘编）

基本尺寸 /mm		标准公差等级																	
大于	至	IT1	IT2	IT3	IT4	IT5	IT6	IT7	IT8	IT9	IT10	IT11	IT12	IT13	IT14	IT15	IT16	IT17	IT18
		μm											mm						
—	3	0.8	1.2	2	3	4	6	10	14	25	40	60	0.1	0.14	0.25	0.4	0.6	1	1.4
3	6	1	1.5	2.5	4	5	8	12	18	30	48	75	0.12	0.18	0.3	0.48	0.75	1.2	1.8
6	10	1	1.5	2.5	4	6	9	15	22	36	58	90	0.15	0.22	0.36	0.58	0.9	1.5	2.2
10	18	1.2	2	3	5	8	11	18	27	43	70	110	0.18	0.27	0.43	0.7	1.1	1.8	2.7
18	30	1.5	2.5	4	6	9	13	21	33	52	84	130	0.21	0.33	0.52	0.84	1.3	2.1	3.3
30	50	1.5	2.5	4	7	11	16	25	39	62	100	160	0.25	0.39	0.62	1	1.6	2.5	3.9
50	80	2	3	5	8	13	19	30	46	74	120	190	0.3	0.46	0.74	1.2	1.9	3	4.6
80	120	2.5	4	6	10	15	22	35	54	87	140	220	0.35	0.54	0.87	1.4	2.2	3.5	5.4
120	180	3.5	5	8	12	18	25	40	63	100	160	250	0.4	0.63	1	1.6	2.5	4	6.3
180	250	4.5	7	10	14	20	29	46	72	115	185	290	0.46	0.72	1.15	1.85	2.9	4.6	7.2
250	315	6	8	12	16	23	32	52	81	130	210	320	0.52	0.81	1.3	2.1	3.2	5.2	8.1
315	400	7	9	13	18	25	36	57	89	140	230	360	0.57	0.89	1.4	2.3	3.6	5.7	8.9
400	500	8	10	15	20	27	40	63	97	155	250	400	0.63	0.97	1.55	2.5	4	6.3	9.7
500	630	9	11	16	22	32	44	70	110	175	280	440	0.7	1.1	1.75	2.8	4.4	7	11
630	800	10	13	18	25	36	50	80	125	200	320	500	0.8	1.25	2	3.2	5	8	12.5
800	1000	11	15	21	28	40	56	90	140	230	360	560	0.9	1.4	2.3	3.6	5.6	9	14
1000	1250	13	18	24	33	47	66	105	165	260	420	660	1.05	1.65	2.6	4.2	6.6	10.5	16.5
1250	1600	15	21	29	39	55	78	125	195	310	500	780	1.25	1.95	3.1	5	7.8	12.5	19.5
1600	2000	18	25	35	46	65	92	150	230	370	600	920	1.5	2.3	3.7	6	9.2	15	23
2000	2500	22	30	41	55	78	110	175	280	440	700	1100	1.75	2.8	4.4	7	11	17.5	28
2500	3150	26	36	50	68	96	135	210	330	540	860	1350	2.1	3.3	5.4	8.6	13.5	21	33

注：1. 基本尺寸大于 500mm 的 IT1 ～ IT5 的标准公差数值为试行的。

2. 基本尺寸小于或等于 1mm 时，无 IT14 ～ IT18。

附表 A－2　孔的基本偏差数值（GB/T 1800.3—1998 摘编）

基本偏差数值/μm　　下偏差 EI（所有标准公差等级）　　上偏差 ES

基本尺寸/mm 大于	至	A	B	C	CD	D	E	EF	F	FG	G	H	JS	J(IT6)	J(IT7)	J(IT8)	K(≤IT8)	K(>IT8)	M(≤IT8)	M(>IT8)	N(≤IT8)	N(>IT8)
—	3	+270	+140	+60	+34	+20	+14	+10	+6	+4	+2	0	偏差 = ±$\frac{ITn}{2}$	+2	+4	+6	0	0	-2	-2	-4	-4
3	6	+270	+140	+70	+46	+30	+20	+14	+10	+6	+4	0		+5	+6	+10	-1 +Δ		-4 +Δ	-4	-8 +Δ	0
6	10	+280	+150	+80	+56	+40	+25	+18	+13	+8	+5	0		+5	+8	+12	-1 +Δ		-6 +Δ	-6	-10 +Δ	0
10	14	+290	+150	+92		+50	+32		+16		+6	0		+6	+10	+15	-1 +Δ		-7 +Δ	-7	-12 +Δ	0
14	18	+290	+150	+92		+50	+32		+16		+6	0		+6	+10	+15	-1 +Δ		-7 +Δ	-7	-12 +Δ	0
18	24	+300	+160	+110		+65	+40		+20		+7	0		+8	+12	+20	-2 +Δ		-8 +Δ	-8	-15 +Δ	0
24	30	+300	+160	+110		+65	+40		+20		+7	0		+8	+12	+20	-2 +Δ		-8 +Δ	-8	-15 +Δ	0
30	40	+310	+170	+120		+80	+50		+25		+9	0		+10	+14	+24	-2 +Δ		-9 +Δ	-9	-17 +Δ	0
40	50	+320	+180	+130		+80	+50		+25		+9	0		+10	+14	+24	-2 +Δ		-9 +Δ	-9	-17 +Δ	0
50	65	+340	+190	+140		+100	+60		+30		+10	0		+13	+18	+28	-2 +Δ		-11 +Δ	-11	-20 +Δ	0
65	80	+360	+200	+150		+100	+60		+30		+10	0		+13	+18	+28	-2 +Δ		-11 +Δ	-11	-20 +Δ	0
80	100	+380	+220	+170		+120	+72		+36		+12	0		+16	+22	+34	-3 +Δ		-13 +Δ	-13	-23 +Δ	0
100	120	+410	+240	+180		+120	+72		+36		+12	0		+16	+22	+34	-3 +Δ		-13 +Δ	-13	-23 +Δ	0
120	140	+460	+260	+200		+145	+85		+43		+14	0		+18	+26	+41	-3 +Δ		-15 +Δ	-15	-27 +Δ	0
140	160	+520	+280	+210		+145	+85		+43		+14	0		+18	+26	+41	-3 +Δ		-15 +Δ	-15	-27 +Δ	0
160	180	+580	+310	+230		+145	+85		+43		+14	0		+18	+26	+41	-3 +Δ		-15 +Δ	-15	-27 +Δ	0
180	200	+660	+340	+240		+170	+100		+50		+15	0		+22	+30	+47	-4 +Δ		-17 +Δ	-17	-31 +Δ	0
200	225	+740	+380	+260		+170	+100		+50		+15	0		+22	+30	+47	-4 +Δ		-17 +Δ	-17	-31 +Δ	0
225	250	+820	+420	+280		+170	+100		+50		+15	0		+22	+30	+47	-4 +Δ		-17 +Δ	-17	-31 +Δ	0
250	280	+920	+480	+300		+190	+100		+56		+17	0		+25	+36	+55	-4 +Δ		-20 +Δ	-20	-34 +Δ	0
280	315	+1050	+540	+330		+190	+100		+56		+17	0		+25	+36	+55	-4 +Δ		-20 +Δ	-20	-34 +Δ	0
315	355	+1200	+600	+360		+210	+125		+62		+18	0		+29	+39	+60	-4 +Δ		-21 +Δ	-21	-37 +Δ	0
355	400	+1350	+680	+400		+210	+125		+62		+18	0		+29	+39	+60	-4 +Δ		-21 +Δ	-21	-37 +Δ	0
400	450	+1500	+760	+440		+230	+135		+68		+20	0		+33	+43	+66	-5 +Δ		-23 +Δ	-23	-40 +Δ	0
450	500	+1650	+840	+480		+230	+135		+68		+20	0		+33	+43	+66	-5 +Δ		-23 +Δ	-23	-40 +Δ	0
500	560					+260	+145		+76		+22	0					0		-26		-44	
560	630					+260	+145		+76		+22	0					0		-26		-44	
630	710					+290	+160		+80		+24	0					0		-30		-50	
710	800					+290	+160		+80		+24	0					0		-30		-50	
800	900					+320	+170		+86		+26	0					0		-34		-56	
900	1000					+320	+170		+86		+26	0					0		-34		-56	
1000	1120					+350	+195		+98		+28	0					0		-40		-65	
1120	1250					+350	+195		+98		+28	0					0		-40		-65	
1250	1400					+390	+220		+110		+30	0					0		-48		-78	
1400	1600					+390	+220		+110		+30	0					0		-48		-78	
1600	1800					+430	+240		+120		+32	0					0		-58		-92	
1800	2000					+430	+240		+120		+32	0					0		-58		-92	
2000	2240					+480	+260		+130		+34	0					0		-68		-110	
2240	2500					+480	+260		+130		+34	0					0		-68		-110	
2500	2800					+520	+290		+145		+38	0					0		-76		-135	
2800	3150					+520	+290		+145		+38	0					0		-76		-135	

注：（1）基本尺寸小于或等于 1mm 时，基本偏差 A 和 B 及大于 IT8 的 N 均不采用。

（2）公差带 JS7～JS11，若 ITn 值是奇数，则取偏差 = ±$\frac{ITn-1}{2}$。

（3）对小于或等于 IT8 的 K、M、N 和小于或等于 IT7 的 P～ZC，所需 Δ 值从表内右侧选取，例如：18～30mm 段的 K7：Δ=8μm，所以 ES = -2+8 = +6μm，18～30mm 段的 S6：Δ=4μm，所以 ES = -35+4 = -31μm。

（4）特殊情况：250～315mm 段的 M6，ES = -9μm（代替 -11μm）。

续附表 A－2

基本尺寸/mm		基本偏差数值/μm — 上偏差 ES													Δ 值 — 标准公差等级					
		≤IT7	标准公差等级大于 IT7																	
大于	至	P~ZC	P	R	S	T	U	V	X	Y	Z	ZA	ZB	ZC	IT3	IT4	IT5	IT6	IT7	IT8
—	3	在大于IT7的相应数值上增加一个Δ值	-6	-10	-14		-18		-20		-26	-32	-40	-60	0	0	0	0	0	0
3	6		-12	-15	-19		-23		-28		-35	-42	-50	-80	1	1.5	1	3	4	6
6	10		-15	-19	-23		-28		-34		-42	-52	-67	-97	1	1.5	2	3	6	7
10	14		-18	-23	-28		-33		-40		-50	-64	-90	-130	1	2	3	3	7	9
14	18		-18	-23	-28		-33	-39	-45		-60	-77	-108	-150	1	2	3	3	7	9
18	24		-22	-28	-35		-41	-47	-54	-63	-73	-98	-136	-188	1.5	2	3	4	8	12
24	30		-22	-28	-35	-41	-48	-55	-64	-75	-88	-118	-160	-218	1.5	2	3	4	8	12
30	40		-26	-34	-43	-48	-60	-68	-80	-94	-112	-148	-200	-274	1.5	3	4	5	9	14
40	50		-26	-34	-43	-54	-70	-81	-97	-114	-136	-180	-242	-325	1.5	3	4	5	9	14
50	65		-32	-41	-53	-66	-87	-102	-122	-144	-172	-226	-300	-405	2	3	5	6	11	16
65	80		-32	-43	-59	-75	-102	-120	-146	-174	-210	-274	-360	-480	2	3	5	6	11	16
80	100		-37	-51	-71	-91	-124	-146	-178	-214	-258	-335	-445	-585	2	4	5	7	13	19
100	120		-37	-54	-79	-104	-144	-172	-210	-254	-310	-400	-525	-690	2	4	5	7	13	19
120	140		-43	-63	-92	-122	-170	-202	-248	-300	-365	-470	-620	-800	3	4	6	7	15	23
140	160		-43	-65	-100	-134	-190	-228	-280	-340	-415	-535	-700	-900	3	4	6	7	15	23
160	180		-43	-68	-108	-146	-210	-252	-310	-380	-465	-600	-780	-1000	3	4	6	7	15	23
180	200		-50	-77	-122	-166	-236	-284	-350	-425	-520	-670	-880	-1150	3	4	6	9	17	26
200	225		-50	-80	-130	-180	-258	-310	-385	-470	-575	-740	-960	-1250	3	4	6	9	17	26
225	250		-50	-84	-140	-196	-284	-340	-425	-520	-640	-820	-1050	-1350	3	4	6	9	17	26
250	280		-56	-94	-158	-218	-315	-385	-475	-580	-710	-920	-1200	-1550	4	4	7	9	20	29
280	315		-56	-98	-170	-240	-350	-425	-525	-650	-790	-1000	-1300	-1700	4	4	7	9	20	29
315	355		-62	-108	-190	-268	-390	-475	-590	-730	-900	-1150	-1500	-1900	4	5	7	11	21	32
355	400		-62	-114	-208	-294	-435	-530	-660	-820	-1000	-1300	-1650	-2100	4	5	7	11	21	32
400	450		-68	-126	-232	-330	-490	-595	-740	-920	-1100	-1450	-1850	-2400	5	5	7	13	23	34
450	500		-68	-132	-252	-360	-540	-660	-820	-1000	-1250	-1600	-2100	-2600	5	5	7	13	23	34
500	560		-78	-150	-280	-400	-600													
560	630		-78	-155	-310	-450	-660													
630	710		-88	-175	-340	-500	-740													
710	800		-88	-185	-380	-560	-840													
800	900		-100	-210	-430	-620	-940													
900	1000		-100	-220	-470	-680	-1050													
1000	1120		-120	-250	-520	-780	-1150													
1120	1250		-120	-260	-580	-810	-1300													
1250	1400		-140	-300	-640	-960	-1450													
1400	1600		-140	-330	-720	-1050	-1600													
1600	1800		-170	-370	-820	-1200	-1850													
1800	2000		-170	-400	-920	-1350	-2000													
2000	2240		-195	-440	-1000	-1500	-2300													
2240	2500		-195	-460	-1100	-1650	-2500													
2500	2800		-240	-550	-1250	-1900	-2900													
2800	3150		-240	-580	-1400	-2100	-3200													

附表 A－3　轴的基本偏差数值（GB/T 1800.3—1998 摘编）

基本尺寸/mm		基本偏差数值/μm															
		上偏差 es												下偏差 ei			
		所有标准公差等级												IT5 和 IT6	IT7	IT8	IT4 ~ IT7
大于	至	a	b	c	cd	d	e	ef	f	fg	g	h	js	j			k
—	3	−270	−140	−60	−34	−20	−14	−10	−6	−4	−2	0		−2	−4	−6	0
3	6	−270	−140	−70	−46	−30	−20	−14	−10	−6	−4	0		−2	−4		+1
6	10	−280	−150	−80	−56	−40	−25	−18	−13	−8	−5	0		−2	−5		+1
10	14	−290	−150	−95		−50	−32		−16		−6	0		−3	−6		+1
14	18																
18	24	−300	−160	−110		−65	−40		−20		−7	0		−4	−8		+2
24	30																
30	40	−310	−170	−120		−80	−50		−25		−9	0		−5	−10		+2
40	50	−320	−180	−130													
50	65	−340	−190	−140		−100	−60		−30		−10	0		−7	−12		+2
65	80	−360	−200	−150									偏差 = ± $\dfrac{ITn}{2}$				
80	100	−380	−220	−170		−120	−72		−36		−12	0		−9	−15		+3
100	120	−410	−240	−180													
120	140	−460	−260	−200		−145	−85		−43		−14	0		−11	−18		+3
140	160	−520	−280	−210													
160	180	−580	−310	−230													
180	200	−660	−340	−240		−170	−100		−50		−15	0		−13	−21		+4
200	225	−740	−380	−260													
225	250	−820	−420	−280													
250	280	−920	−480	−300		−190	−110		−56		−17	0		−16	−26		+4
280	315	−1050	−540	−330													
315	355	−1200	−600	−360		−210	−125		−62		−18	0		−18	−28		+4
355	400	−1350	−680	−400													
400	450	−1500	−760	−440		−230	−135		−68		−20	0		−20	−32		+5
450	500	−1650	−840	−480													
500	560					−260	−145		−76		−22	0					0
560	630																
630	710					−290	−160		−80		−24	0					0
710	800																
800	900					−320	−170		−86		−26	0					0
900	1000																
1000	1120					−350	−195		−98		−28	0					0
1120	1250																
1250	1400					−390	−220		−110		−30	0					0
1400	1600																
1600	1800					−430	−240		−120		−32	0					0
1800	2000																
2000	2240					−480	−260		−130		−34	0					0
2240	2500																
2500	2800					−520	−290		−145		−38	0					0
2800	3150																

注：（1）基本尺寸小于或等于 1mm 时，基本偏差 a 和 b 均不采用。

　　（2）公差带 js7 ~ js11，若 ITn 值是奇数，则取偏差 = ± $\dfrac{ITn-1}{2}$。

基本尺寸/mm		≤IT3 >IT7	基本偏差数值/μm 下偏差 ei 所有标准公差等级													
大于	至	k	m	n	p	r	s	t	u	v	x	y	z	za	zb	zc
—	3	0	+2	+4	+6	+10	+14		+18		+20		+26	+32	+40	+60
3	6	0	+4	+8	+12	+15	+19		+23		+28		+35	+42	+50	+80
6	10	0	+6	+10	+15	+19	+23		+28		+34		+42	+52	+67	+97
10	14	0	+7	+12	+18	+23	+28		+33		+40		+50	+64	+90	+130
14	18	0	+7	+12	+18	+23	+28		+33	+39	+45		+60	+77	+108	+150
18	24	0	+8	+15	+22	+28	+35		+41	+47	+54	+63	+73	+98	+136	+188
24	30	0	+8	+15	+22	+28	+35	+41	+48	+55	+64	+75	+88	+118	+160	+218
30	40	0	+9	+17	+26	+34	+43	+48	+60	+68	+80	+94	+112	+148	+200	+274
40	50	0	+9	+17	+26	+34	+43	+54	+70	+81	+97	+114	+136	+180	+242	+325
50	65	0	+11	+20	+32	+41	+53	+66	+87	+102	+122	+144	+172	+226	+300	+405
65	80	0	+11	+20	+32	+43	+59	+75	+102	+120	+146	+174	+210	+274	+360	+480
80	100	0	+13	+23	+37	+51	+71	+91	+124	+146	+178	+214	+258	+335	+445	+585
100	120	0	+13	+23	+37	+54	+79	+104	+144	+172	+210	+254	+310	+400	+525	+690
120	140	0	+15	+27	+43	+63	+92	+122	+170	+202	+248	+300	+365	+470	+620	+800
140	160	0	+15	+27	+43	+65	+100	+134	+190	+228	+280	+340	+415	+535	+700	+900
160	180	0	+15	+27	+43	+68	+108	+146	+210	+252	+310	+380	+465	+600	+780	+1000
180	200	0	+17	+31	+50	+77	+122	+166	+236	+284	+350	+425	+520	+670	+880	+1150
200	225	0	+17	+31	+50	+80	+130	+180	+258	+310	+385	+470	+575	+740	+960	+1250
225	250	0	+17	+31	+50	+84	+140	+196	+284	+340	+425	+520	+640	+820	+1050	+1350
250	280	0	+20	+34	+56	+94	+158	+218	+315	+385	+475	+580	+710	+920	+1200	+1550
280	315	0	+20	+34	+56	+98	+170	+240	+350	+425	+525	+650	+790	+1000	+1300	+1700
315	355	0	+21	+37	+62	+108	+190	+268	+390	+475	+590	+730	+900	+1150	+1500	+1900
355	400	0	+21	+37	+62	+114	+208	+294	+435	+530	+600	+820	+1000	+1300	+1650	+2100
400	450	0	+23	+40	+68	+126	+232	+330	+490	+595	+740	+920	+1100	+1450	+1850	+2400
450	500	0	+23	+40	+68	+132	+252	+360	+540	+600	+820	+1000	+1250	+1600	+2100	+2600
500	560	0	+26	+44	+78	+150	+280	+400	+600							
560	630	0	+26	+44	+78	+155	+310	+450	+660							
630	710	0	+30	+50	+88	+175	+340	+500	+740							
710	800	0	+30	+50	+88	+185	+380	+560	+840							
800	900	0	+34	+56	+100	+210	+430	+620	+940							
900	1000	0	+34	+56	+100	+220	+470	+680	+1050							
1000	1120	0	+40	+66	+120	+250	+520	+780	+1150							
1120	1250	0	+40	+66	+120	+260	+580	+840	+1300							
1250	1400	0	+48	+78	+140	+300	+640	+960	+1450							
1400	1600	0	+48	+78	+140	+330	+720	+1050	+1600							
1600	1800	0	+58	+92	+170	+370	+820	+1200	+1850							
1800	2000	0	+58	+92	+170	+400	+920	+1350	+2000							
2000	2240	0	+68	+110	+195	+440	+1000	+1500	+2300							
2240	2500	0	+68	+110	+195	+460	+1100	+1650	+2500							
2500	2800	0	+76	+135	+240	+550	+1250	+1900	+2900							
2800	3150	0	+76	+135	+240	+580	+1400	+2100	+3200							

附表 A-4　优先配合中的轴的极限偏差 （GB/T 1800.4—1999 摘编）

基本尺寸/mm		公差带/μm												
		c	d	f	g	h				k	n	p	s	u
大于	至	11	9	7	6	6	7	9	11	6	6	6	6	6
—	3	−60 −120	−20 −45	−6 −16	−2 −8	0 −6	0 −10	0 −25	0 −60	+6 0	+10 +4	+12 +6	+20 +14	+24 +18
3	6	−70 −145	−30 −60	−10 −22	−4 −12	0 −8	0 −12	0 −30	0 −75	+9 +1	+16 +8	+20 +12	+27 +19	+31 +23
6	10	−80 −170	−40 −76	−13 −28	−5 −14	0 −9	0 −15	0 −36	0 −90	+10 +1	+19 +10	+24 +15	+32 +23	+37 +28
10	14	−95 −205	−50 −93	−16 −34	−6 −17	0 −11	0 −18	0 −43	0 −110	+12 +1	+23 +12	+29 +18	+39 +28	+44 +33
14	18													
18	24	−110 −240	−65 −117	−20 −41	−7 −20	0 −13	0 −21	0 −52	0 −130	+15 +2	+28 +15	+35 +22	+48 +35	+54 +41
24	30													+61 +48
30	40	−120 −280	−80 −142	−25 −50	−9 −25	0 −16	0 −25	0 −62	0 −160	+18 +2	+33 +17	+42 +26	+59 +43	+76 +60
40	50	−130 −290												+86 +70
50	65	−140 −330	−100 −174	−30 −60	−10 −29	0 −19	0 −30	0 −74	0 −190	+21 +2	+39 +20	+51 +32	+72 +53	+106 +87
65	80	−150 −340											+78 +59	+121 +102
80	100	−170 −390	−120 −207	−36 −71	−12 −34	0 −22	0 −35	0 −87	0 −220	+25 +3	+45 +23	+59 +37	+93 +71	+146 +124
100	120	−180 −400											+101 +79	+166 +144
120	140	−200 −450	−145 −245	−43 −83	−14 −39	0 −25	0 −40	0 −100	0 −250	+28 +3	+52 +27	+68 +43	+117 +92	+195 +170
140	160	−210 −460											+125 +100	+215 +190
160	180	−230 −480											+133 +108	+235 +210
180	200	−240 −530	−170 −285	−50 −96	−15 −44	0 −29	0 −46	0 −115	0 −290	+33 +4	+60 +31	+79 +50	+151 +122	+265 +236
200	225	−260 −550											+159 +130	+287 +258
225	250	−280 −570											+169 +140	+313 +284
250	280	−300 −620	−190 −320	−56 −108	−17 −49	0 −32	0 −52	0 −130	0 −320	+36 +4	+66 +34	+88 +56	+190 +158	+347 +315
280	315	−330 −650											+202 +170	+382 +350
315	355	−360 −720	−210 −350	−62 −119	−18 −54	0 −36	0 −57	0 −140	0 −360	+40 +4	+73 +37	+98 +62	+226 +190	+426 +390
355	400	−400 −760											+244 +208	+471 +435
400	450	−440 −840	−230 −385	−68 −131	−20 −60	0 −40	0 −63	0 −155	0 −400	+45 +5	+80 +40	+108 +68	+272 +232	+530 +490
450	500	−480 −880											+292 +252	+580 +540

附表 A-5　优先配合中孔的极限偏差（GB/T 1800.4—1999 摘编）

基本尺寸/mm		公差带/μm											
		C	D	F	G	H				K	N	P	S	U
大于	至	11	9	8	7	7	8	9	11	7	7	7	7	7
80	100	+390 +170	+207 +120	+90 +36	+47 +12	+35 0	+54 0	+87 0	+220 0	+10 -25	-10 -45	-24 -59	-58 -93	-111 -146
100	120	+400 +180											-66 -101	-131 -166
120	140	+450 +200	+245 +145	+106 +43	+54 +14	+40 0	+63 0	+100 0	+250 0	+12 -28	-12 -52	-28 -68	-77 -117	-155 -195
140	160	+460 +210											-85 -125	-175 -215
160	180	+480 +230											-93 -133	-195 -235
180	200	+530 +240	+285 +170	+122 +50	+61 +15	+46 0	+72 0	+115 0	+290 0	+13 -33	-14 -60	-33 -79	-105 -151	-219 -265
200	225	+550 +260											-113 -159	-241 -287
225	250	+570 +280											-123 -169	-267 -313
250	280	+620 +300	+320 +190	+137 +56	+69 +17	+52 0	+81 0	+130 0	+320 0	+16 -36	-14 -66	-36 -88	-138 -190	-295 -347
280	315	+650 +330											-150 -202	-330 -382
315	355	+720 +360	+350 +210	+151 +62	+75 +18	+57 0	+89 0	+140 0	+360 0	+17 -40	-16 -73	-41 -98	-169 -226	-369 -426
355	400	+760 +400											-187 -244	-414 -471
400	450	+840 +440	+385 +230	+165 +68	+83 +20	+63 0	+97 0	+155 0	+400 0	+18 -45	-17 -80	-45 -108	-209 -272	-467 -530
450	500	+880 +480											-229 -292	-517 -580

附表 A－6　形位公差带定义、图例和解释（GB/T 1182—1996 摘编）

分类	项目	公差带定义	标注和解释
形状公差	直线度公差	在给定平面内，公差带是距离为公差值 t 的两平行直线之间的区域	被测表面的素线，必须位于平行于图样所示投影面且距离为公差值0.1的两平行直线内
	平面度公差	公差带是距离为公差值 t 的两平行平面之间的区域	被测表面必须位于距离为公差 0.08 的两平行平面内
	圆度公差	公差带是在同一正截面上，半径差为公差值 t 的两同心圆之间的区域	被测圆柱面任一正截面的圆周，必须位于半径差为公差值0.03 的同心圆之间
	圆柱度公差	公差带是半径差为公差值 t 的两同轴圆柱面之间的区域	被测圆柱面，必须位于半径差为公差值 0.1 的两同轴圆柱面之间
形状或位置公差	线轮廓度公差	公差带是包络一系列直径为公差值 t 的圆的两包络线之间的区域。诸圆的圆心位于具有理论正确几何形状的线上（图为无基准要求的线轮廓度公差） 　$d=t$	在平行于图样所示投影面的任一截面上，被测轮廓线必须位于包络一系列直径为公差值0.04，且圆心位于具有理论正确几何形状的线上的两包络线之间
	面轮廓度公差	公差带是包络一系列直径为公差值 t 的球的两包络面之间的区域，诸球的球心应位于具有理论正确几何形状的面上（图为有基准要求面轮廓度公差） 　$d=t$	被测轮廓面必须位于包络一系列球的两包络面之间，诸球的直径为公差值0.1，且球心位于具有理论正确几何形状的面上的两包络面之间

分类	项目	公差带定义	标注和解释
位置公差	平行度公差	公差带是距离为公差值 t 且平行于基准面的两平行平面之间的区域	被测表面必须位于距离为公差值 0.01 且平行于基准表面 D（基准平面）的两平行平面之间
	垂直度公差	如果公差值前加注 ϕ，则公差带是直径为公差值 t 且垂直于基准面的圆柱面内的区域	被测轴线必须位于直径为公差值 $\phi0.01$ 且垂直于基准面 A（基准平面）的圆柱面内
	倾斜度公差	被测线与基准线在同一平面内：公差带是距离为公差值 t 且与基准线呈一给定角度的两平行平面之间的区域	被测轴线必须位于距离为公差值 0.08 且与 $A-B$ 公共基准线呈一理论正确角度的两平行平面之间
	位置度公差	如果公差值前加注 ϕ，则公差带是直径为公差值 t 的圆内的区域。圆公差带的中心点的位置，由相对于基准 A 和 B 的理论正确尺寸确定	两个中心线的交点，必须位于直径为公差值 0.3 的圆内，该圆的圆心位于由相对基准 A 和 B（基准直线）的理论正确尺寸所确定的点的理想位置上
	同轴度公差	公差带是直径为公差值 ϕt 的圆柱面内的区域，该圆柱面的轴线与基准轴线同轴	大圆柱面的轴线，必须位于直径为公差值 $\phi0.08$ 且与公共基准线 $A-B$（公共基准轴线）同轴的圆柱面内

分类	项目	公差带定义	标注和解释
位置公差	对称度公差	公差带是距离为公差值 t 且相对基准的中心平面对称配置的两平行平面之间的区域 基准平面 $t/2$　t	被测中心平面，必须位于距离为公差值 0.08 且相对于基准中心平面 A 对称配置的两平行平面之间 A　　$\equiv\ \boxed{0.08\ \vert\ A}$

附录 B　常用材料及热处理

附表 B-1　常用金属材料

标准	名称	牌号		应用举例	说明
GB/T 700—1988	普通碳素结构钢	Q215	A级	金属结构件、拉杆、套圈、铆钉、螺栓。短轴、心轴、凸轮（载荷不大的）、垫圈、渗碳零件及焊接件	"Q"为碳素结构钢屈服点"屈"字的汉语拼音首位字母，后面的数字表示屈服点的数值。如 Q235 表示碳素结构钢的屈服点为 235MPa。 新旧牌号对照： Q215 – A2 Q235 – A3 Q275 – A5
			B级		
		Q235	A级	金属结构件，心部强度要求不高的渗碳或氰化零件，吊钩、拉杆、套圈、汽缸、齿轮、螺栓、螺母、连杆、轮轴、楔、盖及焊接件	
			B级		
			C级		
			D级		
		Q275		轴、轴销、刹车杆、螺母、螺栓、垫圈、连杆、齿轮以及其他强度较高的零件	
GB/T 699—1999	优质碳素结构钢	10		用作拉杆、卡头、垫圈、铆钉及用于焊接零件	牌号的两位数字表示平均碳的质量分数，45 号钢即表示碳的质量分数为 0.45%； 碳的质量分数小于或等于 0.25% 的碳钢属低碳钢（渗碳钢）； 碳的质量分数为 0.25% ~ 0.6% 的碳钢属中碳钢（调质钢）； 碳的质量分数大于 0.6% 的碳钢属高碳钢； 锰的质量分数较高的钢，须加注化学元素符号"Mn"
		15		用于受力不大和韧性较高的零件、渗碳零件及紧固件（如螺栓、螺钉）、法兰盘和化工贮器	
		35		用于制造曲轴、转轴、轴销、杠杆、连杆、螺栓、螺母、垫圈、飞轮（多在正火、调质下使用）	
		45		用作要求综合力学性能高的各种零件，通常经正火或调质处理后使用。用于制造轴、齿轮、齿条、链轮、螺栓、螺母、销钉、键、拉杆等	
		60		用于制造弹簧、弹簧垫圈、凸轮、轧辊等	
		15Mn		制作心部力学性能要求较高且须渗碳的零件	
		65Mn		用作要求耐磨性高的圆盘、衬板、齿轮、花键轴、弹簧等	
GB/T 3077—1999	合金结构钢	20Mn2		用作渗碳小齿轮、小轴、活塞销、柴油机套筒、气门推杆、缸套等	钢中加入一定量的合金元素，提高了钢的力学性能和耐磨性，也提高了钢的淬透性，保证金属在较大截面上获得高的力学性能
		15Cr		用于要求心部韧性较高的渗碳零件，如船舶主机用螺栓、活塞销、凸轮、凸轮轴，汽轮机套环，机车小零件等	
		40Cr		用于受变载、中速、中载、强烈磨损而无很大冲击的重要零件，如重要的齿轮、轴、曲轴、连杆、螺栓、螺母等	
		35SiMn		耐磨、耐疲劳性均佳，适用于小型轴类、齿轮及 430℃ 以下的重要紧固件等	
		20CrMnTi		工艺性特优，强度、韧性均高，可用于承受高速、中载或重负荷以及冲击、磨损等的重要零件，如渗碳齿轮、凸轮等	

标准	名称	牌号	应 用 举 例	说　明
GB/T 11352—1989	铸钢	ZG230 - 450	轧机机架、铁道车辆摇枕、侧梁、铁铮台、机座、箱体、锤轮、450℃以下的管路附件等	"ZG"为"铸钢"的汉语拼音的首位字母，后面的数字表示屈服点和抗拉强度。如 ZG230 - 450 表示屈服点为 230MPa、抗拉强度为 450MPa
		ZG310 - 570	适用于各种形状的零件，如联轴器、齿轮、汽缸、轴、机架、齿圈等	
GB/T 9439—1988	灰铸铁	HT150	用于小负荷和对耐磨性无特殊要求的零件，如端盖、外罩、手轮、一般机床的底座、床身及其复杂零件、滑台、工作台和低压管件等	"HT"为"灰铁"的汉语拼音的首位字母，后面的数字表示抗拉强度。如 HT200 表示抗拉强度为 200MPa 的灰铸铁
		HT200	用于中等负荷和对耐磨性有一定要求的零件，如机床床身、立柱、飞轮、汽缸、泵体、轴承座、活塞、齿轮箱、阀体等	
		HT250	用于中等负荷和对耐磨性有一定要求的零件，如阀壳、油缸、汽缸、联轴器、机体、齿轮、齿轮箱外壳、飞轮、液压泵和滑阀的壳体等	
GB/T 1176—1987	5 - 5 - 5 锡青铜	ZCuSn5Pb5Zn5	耐磨性和耐蚀性均好，易加工，铸造性和气密性较好。用于较高负荷、中等滑动速度下工作的耐磨、耐腐蚀零件，如轴瓦、衬套、缸套、活塞、离合器、蜗轮等	"Z"为"铸造"的汉语拼音的首位字母，各化学元素后面的数字表示该元素含量的质量分数，如 ZCuAl10Fe3 表示含 Al、Fe 量：$w_{Al} = 8.1\% \sim 11\%$ $w_{Fe} = 2\% \sim 4\%$ 其余为 Cu 的铸造铝青铜
	10 - 3 铝青铜	ZCuAl10Fe3	力学性能高、耐磨性、耐蚀性、抗氧化性好，可以焊接，不易钎焊，大型铸件自 700℃空冷可防止变脆。可用于制造强度高、耐磨、耐蚀的零件，如蜗轮、轴承、衬套、管嘴、耐热管配件等	
	25 - 6 - 3 - 3 铝黄铜	ZCuZn25Al6Fe3Mn3	有很高的力学性能，铸造性良好，耐蚀性较好，有应力腐蚀开裂倾向，可以焊接。适用于高强耐磨零件，如桥梁支承板、螺母、螺杆、耐磨板、滑块、蜗轮等	
	38 - 2 - 2 锰黄铜	ZCuZn38Mn2Pb2	有较高的力学性能和耐蚀性，耐磨性较好，切削性良好。可用于一般用途的构件，船舶仪表等使用的外形简单的铸件，如套筒、衬套、轴瓦、滑块等	
GB/T 1173—1995	铸造铝合金	ZAlSi12 代号 ZL102	用于制造形状复杂、负荷小、耐腐蚀的薄壁零件和工作温度低于或等于 200℃的高气密性零件	$w_{Si} = 10\% \sim 13\%$ 的铝硅合金
GB/T 3190—1996	硬铝	2Al2 （原 LY12）	焊接性能好，适于制作高载荷的零件及构件（不包括冲压件和锻件）	2Al2 表示 $w_{Cu} = 3.8\% \sim 4.9\%$、$w_{Mg} = 1.2\% \sim 1.8\%$、$w_{Mn} = 0.3\% \sim 0.9\%$ 的硬铝
	工业纯铝	1060 （代 L2）	塑性、耐腐蚀性高，焊接性好，强度低。适于制作贮槽、热交换器、防污染及深冷设备等	1060 表示杂质含量小于或等于 0.4% 的工业纯铝

附表 B－2　常用非金属材料

标准	名称	牌号	说　明	应　用　举　例
GB/T 359—1995	耐油石棉橡胶板	NY250 HNY300	有 0.4～3.0mm 的 10 种厚度规格	供航空发动机用的煤油、润滑油及冷气系统结合处的密封衬垫材料
GB/T 5574—1994	耐酸碱橡胶板	2707 2807 2709	较高硬度 中等硬度	具有耐酸碱性能，在温度为 －30～+60℃的20%浓度的酸碱液体中工作，用于冲制密封性能较好的垫圈
	耐油橡胶板	3707 3807 3709 3809	较高硬度	可在一定温度的全损耗系统用油、变压器油、汽油等介质中工作，适用于冲制各种形状的垫圈
	耐热橡胶板	4708 4808 4710	较高硬度 中等硬度	可在 －30～+100℃ 且压力不大的条件下，在热空气、蒸汽介质中工作，用于冲制各种垫圈及隔热垫板

附表 B－3　常用材料热处理和表面热处理名词解释

名称	代　号	说　明	目　的
退火	5111	将钢件加热到适当温度，保温一段时间，然后以一定速度缓慢冷却	实现材料在性能和显微组织上的预期变化，如细化晶粒、消除应力等，并为下道工序进行显微组织准备
正火	5121	将钢件加热到临界温度以上，保温一段时间，然后在空气中冷却	调整钢件硬度，细化晶粒，改善加工性能，为淬火或球化退火做好显微组织准备
淬火	5131	将钢件加热到临界温度以上，保温一段时间，然后急剧冷却	提高机件强度及耐磨性。但淬火后会引起内应力，使钢变脆，所以淬火后必须回火
回火	5141	将淬火后的钢件重新加热到临界温度以下某一温度，保温一段时间后冷却	降低淬火后的内应力和脆性，保证零件尺寸稳定性
调质	5151	淬火后在 500～700℃进行高温回火	提高韧性及强度。重要的齿轮、轴及丝杠等零件需调质
感应加热淬火	5132	用高频电流将零件表面迅速加热到临界温度以上，急速冷却	提高机件表面的硬度及耐磨性，而芯部又保持一定的韧性，使零件既耐磨又能承受冲击，常用来处理齿轮等
渗碳及直接淬火	5311g	将零件在渗碳剂中加热，使碳渗入钢的表面后，再淬火回火	提高机件表面的硬度、耐磨性、抗拉强度等。主要适用于低碳结构钢的中小型零件
渗氮	5330	将零件放入氨气内加热，使渗氮工作表面获得含氮强化层	提高机件表面的硬度、耐磨性、疲劳强度和抗蚀能力。适用于合金钢、碳钢、铸铁件，如机床主轴、丝杠，重要液压元件中的零件
时效处理	时效.	机件精加工前，加热到 100～150℃后，保温 5～20h，空气冷却；铸件可天然时效，露天放一年以上	消除内应力，稳定机件形状和尺寸，常用于处理精密机件，如精密轴承、精密丝杠等

名称	代　号	说　明	目　的
发蓝发黑	发蓝或发黑	将零件置于氧化性介质内加热氧化，使表面形成一层氧化铁保护膜	防腐蚀，美化，如用于螺纹连接件
镀镍	镀镍	用电解方法，在钢件表面镀一层镍	防腐蚀，美化
镀铬	镀铬	用电解方法，在钢件表面镀一层铬	提高机件表面的硬度、耐磨性和耐蚀能力，也用于修复零件上磨损的表面
硬度	HB（布氏硬度） HRC（洛氏硬度） HV（维氏硬度）	材料抵抗硬物压入其表面的能力，按测定方法不同可分为布氏、洛氏、维氏硬度等几种	用于检验材料经热处理后的硬度。HB 用于退火、正火、调质的零件及铸件；HRC 用于经淬火、回火及表面渗碳、渗氮等处理的零件；HV 用于薄层硬化零件

附录C 螺 纹

附表 C-1 普通螺纹公称直径、螺距和基本尺寸（根据 GB/T 196—2003） （mm）

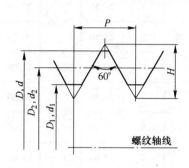

螺纹轴线

$$d_2 = d - 2 \times \frac{3}{8}H, \quad D_2 = D - 2 \times \frac{3}{8}H$$

$$d_1 = d - 2 \times \frac{5}{8}H, \quad D_1 = D - 2 \times \frac{5}{8}H$$

$$H = \frac{\sqrt{3}}{2}P$$

式中 D, d——分别为内、外螺纹基本大径；

D_2, d_2——分别为内、外螺纹基本中径；

D_1, d_1——分别为内、外螺纹基本小径；

P——螺距；

H——原始三角形高度。

公称直径 D、d		螺距 P		粗牙小径 D_1、d_1	公称直径 D、d		螺距 P		粗牙小径 D_1、d_1
第一系列	第二系列	粗牙	细牙		第一系列	第二系列	粗牙	细牙	
3		0.5	0.35	2.459	16		2	1.5、1	13.835
	3.5	0.6		2.850		18	2.5		15.294
4		0.7		3.242	20		2.5	2、1.5、1	17.294
	4.5	0.75	0.5	3.688		22	2.5		19.294
5		0.8		4.134	24		3	2、1.5、1	20.752
6		1	0.75	4.917		27	3	2、1.5、1	23.752
8		1.25	1、0.75	6.647	30		3.5	(3)、2、1.5、1	26.211
10		1.5	1.25、1、0.75、(0.5)	8.376		33	3.5	(3)、2、1.5	29.211
12		1.75	1.5、1.25	10.106	36		4	3、2、1.5	31.670
	14	2	1.5、1.25、1	11.835		39	4		34.670

注：1. 优先选用第一系列。

2. M14×1.25 仅用于火花塞。

附表 C-2 梯形螺纹（GB/T 5796.2—1986、GB/T 5796.3—2005 摘编） （mm）

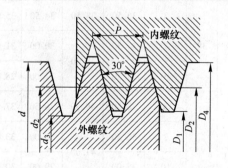

d—外螺纹大径；D_4—内螺纹大径；

d_2—外螺纹中径；D_2—内螺纹中径；

d_3—外螺纹小径；D_1—内螺纹小径。

标记示例：

公称直径28mm，螺距5mm，中径公差带代号为7H 的单线右旋梯形内螺纹，其标记为：

Tr28×5-7H

公称直径28mm，导程10mm，螺距5mm，中径公差带代号为8e 的c 双线左旋梯形外螺纹，其标记为：

Tr28×10（P5）LH-8e

公称直径 d 第一系列	公称直径 d 第二系列	螺距 P	基本中径 $d_2=D_2$	基本大径 D_4	基本小径 d_3	基本小径 D_1
8		1.5	7.25	8.30	6.20	6.50
	9	1.5	8.25	9.30	7.20	7.50
	9	2	8.00	9.50	6.50	7.00
10		1.5	9.25	10.30	8.20	8.50
10		2	9.00	10.50	7.50	8.00
	11	2	10.00	11.50	8.50	9.00
	11	3	9.50		7.50	8.00
12		2	11.00	12.50	9.50	10.00
12		3	10.50		8.50	9.00
	14	2	13.00	14.50	11.50	12.00
	14	3	12.50		10.50	11.00
16		2	15.00	16.50	13.50	14.00
16		4	14.00		11.50	12.00
	18	2	17.00	18.50	15.50	16.00
	18	4	16.00		13.50	14.00
20		2	19.00	20.50	17.50	18.00
20		4	18.00		15.50	16.00
	22	3	20.00	22.50	18.50	19.00
	22	5	19.50		16.50	17.00
	22	8	18.00	23.00	13.00	14.00
24		3	22.50	24.50	20.50	21.00
24		5	21.50		18.50	19.00
24		8	20.00	25.00	15.00	16.00
	26	3	24.50	26.50	22.50	23.00
	26	5	23.50		20.50	21.00
	26	8	22.00	27.00	17.00	18.00
28		3	26.50	28.50	24.50	25.00
28		5	25.50		22.50	23.00
28		8	24.00	29.00	19.00	20.00
	30	3	28.50	30.50	26.50	27.00
	30	6	27.00	31.00	23.00	24.00
	30	10	25.00		19.00	20.00
32		3	30.50	32.50	28.50	29.00
32		6	29.00	33.00	25.00	26.00
32		10	27.00		21.00	22.00
	34	3	32.50	34.50	30.50	31.00
	34	6	31.00	35.00	27.00	28.00
	34	10	29.00		23.00	24.00
36		3	34.50	36.50	32.50	33.00
36		6	33.00	37.00	29.00	30.00
36		10	31.00		25.00	26.00
	38	3	36.50	38.50	34.50	35.00
	38	7	34.50	39.00	30.00	31.00
	38	10	33.50		27.00	28.00
40		3	38.50	40.50	36.50	37.00
40		7	36.50	41.00	32.00	33.00
40		10	35.00		29.00	30.00

附表 C – 3　管螺纹（GB/T 7306—2000、GB/T 7307—2001 摘编）

55° 密封管螺纹(GB/T 7306—2000)　　　　55° 非螺纹密封管螺纹(GB/T 7307—2001)

螺纹特征代号
圆柱内螺纹R_p

有效螺纹长度

螺纹特征代号 G

圆锥内螺纹R_c

有效螺纹长度

圆锥外螺纹R

有效螺纹长度
基准长度

标记示例:

1/2A级左旋螺纹标记: G1/2A–LH
3/4右旋圆锥内螺纹R_c标记: R_c3/4

尺寸代号	每 1in 内的牙数（n）	螺距 P/mm	牙高 h/mm	圆弧半径 /mm	基本直径/mm			基准距离 /mm	有效螺纹长度 /mm
					大径 $d = D$	中径 $d_2 = D_2$	小径 $d_1 = D_1$		
1/16	28	0.907	0.581	0.125	7.723	7.142	6.561	4	6.5
1/8					9.728	9.147	8.566	4	6.5
1/4	19	1.337	0.856	0.184	13.157	12.301	11.445	6	9.7
3/8					16.662	15.806	14.950	6.4	10.1
1/2	14	1.814	1.162	0.249	20.955	19.793	18.631	8.2	13.2
5/8 *					22.911	21.749	20.587		
3/4					26.441	25.279	24.117	9.5	14.5
7/8 *					30.201	29.039	27.877		
1	11	2.309	1.479	0.317	33.249	31.770	30.291	10.4	16.8
1 1/4					37.897	40.431	38.952	12.7	19.1
1 1/2					41.910	46.324	44.845	12.7	19.1
2					59.614	58.135	56.656	15.9	23.4
2 1/2					75.184	73.705	72.226	17.5	26.7
3					87.884	86.405	84.926	20.6	29.8
4					113.030	111.551	110.072	25.4	35.8

注: 1. 尺寸代号有"*"者，仅有非螺纹的管螺纹。

　　2. 用螺纹密封的管螺纹的"基本直径"为基准平面上的基本直径。

　　3. "基准长度"、"有效螺纹长度"均为螺纹密封的管螺纹的参数。

附表 C‑4　普通螺纹收尾、肩距、退刀槽、倒角（GB/T 3—1997 摘编）　　　（mm）

名称	螺距 P	粗牙螺纹大径 D、d	外螺纹 螺纹收尾L（不大于）一般	短的	肩距a（不大于）一般	长的	短的	退刀槽 B/一般	r≈	d3	倒角 C	内螺纹 螺纹收尾l1（不大于）一般	长的	肩距a1（不大于）一般	长的	退刀槽 B1/一般	R≈	D4
普通螺纹	0.2	—	0.5	0.25	0.6	0.8	0.4				0.2	0.4	0.6	1.2	1.6			
	0.25	1；1.2	0.6	0.3	0.75	1	0.5	0.75				0.5	0.8	1.5	2			
	0.3	1.4	0.75	0.4	0.9	1.2	0.6	0.9			0.3	0.6	0.9	1.8	2.4			
	0.35	1.6；1.8	0.9	0.45	1.05	1.4	0.7	1.05		$d-0.6$		0.7	1.1	2.2	2.8			
	0.4	2	1	0.5	1.2	1.6	0.8	1.2		$d-0.7$	0.4	0.8	1.2	2.5	3.2			
	0.45	2.2；2.5	1.1	0.6	1.35	1.8	0.9	1.35		$d-0.7$		0.9	1.4	2.8	3.6			
	0.5	3	1.25	0.7	1.5	2	1	1.5		$d-0.8$	0.5	1	1.5	3	4			
	0.6	3.5	1.5	0.75	1.8	2.4	1.2	1.8		$d-1$		1.2	1.8	3.2	4.8	2		
	0.7	4	1.75	0.9	2.1	2.8	1.4	2.1		$d-1.1$	0.6	1.4	2.1	3.5	5.6			$D+0.3$
	0.75	4.5	1.9	1	2.25	3	1.5	2.25		$d-1.2$		1.5	2.3	3.8	6	3		
	0.8	5	2	1	2.4	3.2	1.6	2.4		$d-1.3$	0.8	1.6	2.4	4	6.4			
	1	6；7	2.5	1.25	3	4	2	3	$0.5P$	$d-1.6$	1	2	3	5	8	4	$0.5P$	
	1.25	8	3.2	1.6	4	5	2.5	3.75		$d-2$	1.2	2.5	3.8	6	10	5		
	1.5	10	3.8	1.9	4.5	6		4.5		$d-2.3$	1.5	3	4.5	7	12	6		
	1.75	12	4.3	2.2	5.3	7	3.5	5.25		$d-2.6$	2	3.5	5.2	9	14	7		
	2	14；16	5	2.5	6	8	4	6		$d-3$		4	6	10	16	8		
	2.5	18；20；22	6.3	3.2	7.5	10	5	7.5		$d-3.6$	2.5	5	7.5	12	20	10		$D+0.5$
	3	24；27	7.5	3.8	9	12	6	9		$d-4.4$		6	9	14	22	12		
	3.5	30；33	9	4.5	10.5	14	7	10.5		$d-5$	3	7	10.5	16	24	14		
	4	36；39	10	5	12	16	8	12		$d-5.7$		8	12	18	26	16		
	4.5	42；45	11	5.5	13.5	18	9	13.5		$d-6.4$	4	9	13.5	21	29	18		
	5	48；52	12.5	6.3	15	20	10	15		$d-7$		10	15	23	32	20		
	5.5	56；60	14	7	16.5	22	11	17.5		$d-7.7$	5	11	16.5	25	35	22		
	6	64；68	15	7.5	18	24	12	18		$d-8.3$		12	18	28	38	24		

附录 D　常用零件结构要素

附表 D-1　粗牙螺柱、螺钉的拧入深度、攻丝深度和钻孔深度（JB/GQ 0126—1980 摘编）　（mm）

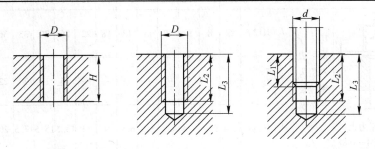

公称直径 $D(d)$	钢和青铜				铸　铁				铝			
	通孔拧入深度 H	盲孔拧入深度 L_1	攻丝深度 L_2	钻孔深度 L_3	通孔拧入深度 H	盲孔拧入深度 L_1	攻丝深度 L_2	钻孔深度 L_3	通孔拧入深度 H	盲孔拧入深度 L_1	攻丝深度 L_2	钻孔深度 L_3
3	4	3	4	7	6	5	6	9	8	6	7	10
4	5.5	4	5.5	9	8	6	7.5	11	10	8	10	14
5	7	5	7	11	10	8	10	14	12	10	12	16
6	8	6	8	13	12	10	12	17	15	12	15	20
8	10	8	10	16	15	12	14	20	20	16	18	24
10	12	10	13	20	18	15	18	25	24	20	23	30
12	15	12	15	24	22	18	21	30	28	24	27	36
16	20	16	20	30	28	24	28	38	36	32	36	46
20	25	20	24	36	35	30	35	47	45	40	45	57
24	30	24	30	44	42	35	42	55	65	48	54	68
30	36	30	36	52	50	45	52	68	70	60	67	84
36	45	36	44	62	65	55	64	82	80	72	80	98
42	50	42	50	72	75	65	74	95	95	85	94	115
48	60	48	58	82	85	75	85	108	105	95	105	128

附表 D-2　零件倒圆与倒角（GB/T 6403.4—1986 摘编）　　　（mm）

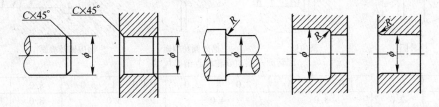

与直径 φ 相应的倒角 C、圆角 R 的推荐值

φ	~3	>3~6	>6~10	>10~18	>18~30	>30~50	>50~80	>80~120	>120~180
C 或 R	0.2	0.4	0.6	0.8	1.0	1.6	2.0	2.5	3.0

附表 D-3　紧固件通孔（GB/T 5277—1985）**及沉头座尺寸**（GB/T 152.2～152.4—1988）　　（mm）

螺纹规格 d			2	2.5	3	4	5	6	8	10	12	14	16	18	20	22	24
通孔直径	精装配		2.2	2.7	3.2	4.3	5.3	6.4	8.4	10.5	13	15	17	19	21	23	25
	中等装配		2.4	2.9	3.4	4.5	5.5	6.6	9	11	13.5	15.5	17.5	20	22	24	26
	粗装配		2.6	3.1	3.6	4.8	5.8	7	10	12	14.5	16.5	18.5	21	24	26	28
六角头螺栓和螺母用沉孔　t—刮平为止　GB/T152.4—1988	用于标准对边六角头螺栓及六角螺母	d_2(H12)	6	8	9	10	11	13	18	22	26	30	33	36	40	43	48
		d_3	—	—	—	—	—	—	—	—	16	18	20	22	24	26	28
		d_1(H13)	2.4	2.9	3.4	4.5	5.5	6.6	9	11	13.5	15.5	17.5	20	22	24	26
圆柱头用沉孔　GB/T152.3—1988	用于 GB/T 65 及 GB/T 67	d_2(H13)	4.3	5.0	6.0	8.0	10	11	15	18	20	24	26	—	33	—	40
		t(H13)	2.2	2.9	3.4	4.6	5.7	6.8	9	11	13	15	17.5	—	2.5	—	25.5
		d_3	—	—	—	—	—	—	—	—	16	18	20	—	24	—	28
		d_1(H13)	2.4	2.9	3.4	4.5	5.5	6.6	9	11	13.5	15.5	17.5	—	22	—	26
		d_2(H13)	—	—	—	8	10	11	15	18	20	24	26	—	33	—	—
		t(H13)	—	—	—	3.2	4	4.7	6	7	8	9	10.5	—	12.5	—	—
		d_3	—	—	—	—	—	—	—	—	16	18	20	—	24	—	—
		d_1(H13)	—	—	—	4.5	5.5	6.6	9	11	13.5	15.5	17.5	—	22	—	—
沉头用沉孔　GB/T153.2—1988	用于沉头及半沉头螺钉	d_2(H13)	4.5	5.6	6.4	9.6	10.6	12.8	17.6	20.3	24.4	28.4	32.4	—	40.4		
		$t≈$	1.2	1.5	1.6	2.7	2.7	3.3	4.6	5	6	7	8	—	10		
		d_1(H13)	2.4	2.9	3.4	4.5	5.5	6.6	9	11	13.5	15.5	17.5	—	22		

注：带括弧的为其公差带。

附表 D-4　砂轮越程槽（GB/T 6043.5—1986 摘编）　　（mm）

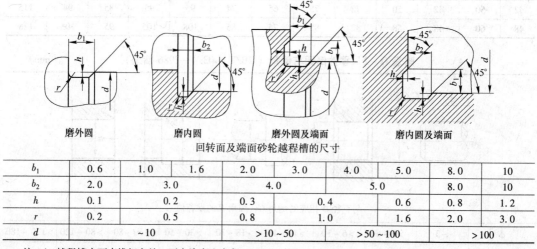

磨外圆　　　磨内圆　　　磨外圆及端面　　　磨内圆及端面
回转面及端面砂轮越程槽的尺寸

b_1	0.6	1.0	1.6	2.0	3.0	4.0	5.0	8.0	10
b_2	2.0	3.0		4.0		5.0		8.0	10
h	0.1	0.2		0.3	0.4		0.6	0.8	1.2
r	0.2	0.5		0.8	1.0		1.6	2.0	3.0
d	~10			>10~50			>50~100	>100	

注：1. 越程槽内两直线相交处，不允许产生尖角；
　　2. 越程槽深度 h 与圆弧半径 r，应满足 $r≤3h$。

附录 E　常用的标准件

附表 E-1　六角头螺栓（GB/T 5782—2000 、GB/T 5783—2000 摘编）　　（mm）

六角头螺栓（GB/T 5782—2000）　　　　　　　六角头螺栓全螺纹（GB/T 5783—2000）

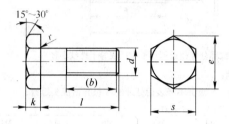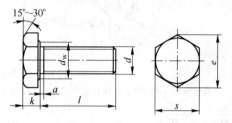

标记示例：

螺纹规格　d = M12，公称长度 l = 80mm，性能等级为 8.8 级，表面氧化，A 级的六角螺栓标记：

螺栓　GB/T 5782　M12 × 80

优选的螺纹规格

螺纹规格 d			M3	M4	M5	M6	M8	M10	M12	M16	M20	M24
螺距 P			0.5	0.7	0.8	1	1.25	1.5	1.75	2	2.5	3
$s_{公称}$ = max			5.5	7	8	10	13	16	18	24	30	36
$k_{公称}$			2	2.8	3.5	4	5.3	6.4	7.5	10	12.5	15
r_{min}			0.1	0.2	0.2	0.25	0.4	0.4	0.6	0.6	0.8	0.8
e_{min}	产品等级	A	6.1	7.65	8.79	11.5	14.38	17.77	20.03	26.75	33.53	39.98
		B	5.88	7.5	8.63	10.83	14.2	17.59	19.85	26.17	32.95	39.55
d_{wmin}	产品等级	A	4.57	5.88	6.88	8.88	11.63	14.63	16.63	22.49	28.19	33.61
		B	4.45	5.74	6.74	8.74	11.47	14.47	16.47	22	27.7	33.25
a	max		0.4	0.4	0.5	0.5	0.6	0.6	0.6	0.8	0.8	0.8
	min		0.15	0.15	0.15	0.15	0.15	0.15	0.15	0.2	0.2	0.2
$b_{参考}$ GB/T 5782	$l \leqslant 125$		12	14	16	18	22	26	30	38	46	54
	$125 < l \leqslant 200$		18	20	22	24	28	32	36	44	52	60
	$l > 200$		31	33	35	37	41	45	49	57	65	73
l	GB/T 5782		20~30	25~45	25~50	30~60	40~80	45~100	50~120	60~160	80~200	90~240
	GB/T 5783		6~30	8~40	10~50	12~60	16~80	20~100	25~120	30~200	40~200	50~200
l 系列			6, 8, 10, 12, 16, 20, 25, 30, 35, 40, 45, 50, 55, 60, 65, 70, 80, 90, 100, 110, 120, 130, 140, 150, 160, 180, 200, 220, 240, 260, 280, 300, 340, 360, 380, 400, 420, 440, 460, 480, 500											

附表 E-2　开槽沉头螺钉（GB/T 68—2000 摘编）　　　（mm）

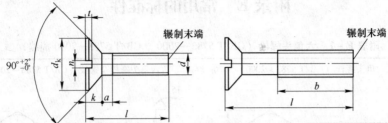

无螺纹部分杆径近似等于中径或等于螺纹小径

标记示例：

螺纹规格　$d = M5$，公称长度 $l = 20\,mm$，性能等级为 4.8 级，不经表面处理的 A 级开槽沉头螺钉，

其标记为：螺钉　GB/T 65　M5 × 20

螺纹规格 d	M1.6	M2	M2.5	M3	M4	M5	M6	M8	M10
P（螺距）	0.35	0.4	0.45	0.5	0.7	0.8	1	1.25	1.5
b	25	25	25	25	38	38	38	38	38
d_k	3.6	4.4	5.5	6.3	9.4	10.4	12.6	17.3	20
k	1	1.2	1.5	1.65	2.7	2.7	3.3	4.65	5
n	0.4	0.5	0.6	0.8	1.2	1.2	1.6	2	2.5
r	0.4	0.5	0.6	0.8	1	1.3	1.5	2	2.5
t	0.5	0.6	0.75	0.85	1.3	1.4	1.6	2.3	2.6
公称长度 l	2.5~16	3~20	4~25	5~30	6~40	8~50	8~60	10~80	12~80
l 系列	2.5, 3, 4, 5, 6, 8, 10, 12, (14), 16, 20, 25, 30, 35, 40, 45, 50, (55), 60, (65), 70, (75), 80								

附表 E-3　开槽圆柱头螺钉（GB/T 65—2000 摘编）　　　（mm）

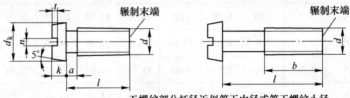

无螺纹部分杆径近似等于中径或等于螺纹小径

标记示例：

螺纹规格　$d = M5$，公称长度 $l = 20\,mm$，性能等级为 4.8 级，不经表面处理的 A 级开销圆柱头螺钉，

其标记为：螺钉　GB/T 65　M5 × 20

螺纹规格 d	M4	M5	M6	M8	M10
P（螺距）	0.7	0.8	1	1.25	1.5
b	38	38	38	38	38
d_t	7	8.5	10	13	16
k	2.6	3.3	3.9	5	6
n	1.2	1.2	1.6	2	2.5
r	0.2	0.2	0.25	0.4	0.4
t	1.1	1.3	1.6	2	2.4
公称长度 l	5~40	6~50	8~60	10~80	12~80
l 系列	5, 6, 8, 10, 12, (14), 16, 20, 25, 30, 35, 40, 45, 50, (55), 60, (65), 70, 80				

注：1. 公称长度 $l \leqslant 40\,mm$ 的螺钉，制出全螺纹。

　　2. 括号中的规格尽可能不采用。

　　3. 螺纹规格：$d = M1.6$；公称长度 $l = 2 \sim 80\,mm$。

附表 E-4 开槽紧定螺钉 （mm）

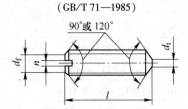

开槽锥端紧定螺钉
（GB/T 71—1985）

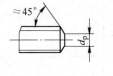

开槽平端紧定螺钉
（GB/T 73—1985）

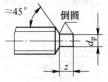

开槽长圆柱端紧定螺钉
（GB/T 75—1985）

标记示例：

螺纹规格 d = M5，公称长度 l = 12mm，性能等级为 14H 级，表面氧化的开槽锥端紧定螺钉，

其标记为：螺钉 GB/T 71 M5 × 12

螺纹规格 d = M8，公称长度 l = 20mm，性能等级为 14H 级，表面氧化的开槽长圆柱端紧定螺钉，

其标记为：螺钉 GB/T 75 M8 × 20

螺纹规格 d		M1.6	M2	M2.5	M3	M4	M5	M6	M8	M10	M12
P（螺距）		0.35	0.4	0.45	0.5	0.7	0.8	1	1.25	1.5	1.75
n		0.25	0.25	0.4	0.4	0.6	0.8	1	1.2	1.6	2
t		0.74	0.84	0.95	1.05	1.42	1.63	2	2.5	3	3.6
d_t		0.16	0.2	0.25	0.3	0.4	0.5	1.5	2	2.5	3
d_p		0.8	1	1.5	2	2.5	3.5	4	5.5	7	8.5
z		1.05	1.25	1.5	1.75	2.25	2.75	3.25	4.3	5.3	6.3
l	GB/T 71—1985	2~8	3~10	3~12	4~16	6~20	8~25	8~30	10~40	12~50	14~60
	GB/T 73—1985	2~8	2~10	2.5~12	3~16	4~20	5~25	6~30	8~40	10~50	12~60
	GB/T 75—1985	2.5~8	3~10	4~12	5~16	6~20	8~25	10~30	10~40	12~50	14~60
l 系列		2, 2.5, 3, 4, 5, 6, 8, 10, 12, (14), 16, 20, 25, 30, 35, 40, 45, 50, (55), 60									

附表 E-5 双头螺柱 （GB/T 897—1998、GB/T 898—1998、GB/T 899—1998、GB/T 900—1998 摘编）
（mm）

双头螺柱 b_m = d（GB/T 897—1988），双头螺柱 b_m = 1.25d（GB/T 898—1988）

双头螺柱 b_m = 1.5d（GB/T 899—1988），双头螺柱 b_m = 2d（GB/T 900—1988）

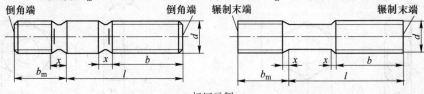

标记示例：

（1）两端为粗牙普通螺纹，d = 10mm，l = 50mm，性能等级为 4.8 级，B 型，b_m = 1d 的双头螺柱标记：

螺柱 GB/T 897 M10 × 50

（2）旋入一端为粗牙普通螺纹，旋螺母一端为螺距 P = 1mm 的细牙普通螺纹，d = 10mm，l = 50mm，

性能等级为 4.8 级，A 型，b_m = 1d 的双头螺柱标记：螺柱 GB/T 897 AM10 - M10 × 1 × 50

（3）旋入机体一端过渡配合螺纹的第一种配合，旋螺母一端为粗牙普通螺纹，d = 10mm，l = 50mm，

性能等级为 8.8 级，镀锌钝化，B 型，b_m = 1d 的双头螺柱标记：

螺柱 GB/T 897 GM10 - M10 × 50 - 8.8—ZnD

螺纹规格 d	b_m				l/b
	GB/T 897	GB/T 898	GB/T 899	GB/T 900	
M3			4.5	6	$(16\sim20)/6$、$(22\sim40)/12$
M4			6	8	$(16\sim22)/8$、$(25\sim40)/14$
M5	5	6	8	10	$(16\sim22)/10$、$(25\sim50)/16$
M6	6	8	10	12	$(18\sim22)/10$、$(25\sim30)/14$、$(32\sim75)/18$
M8	3	10	12	16	$(18\sim22)/12$、$(25\sim30)/16$、$(32\sim90)/22$
M10	10	12	15	20	$(25\sim28)/14$、$(30\sim38)/16$、$(40\sim120)/30$、$130/32$
M12	12	15	18	24	$(25\sim30)/16$、$(32\sim40)/20$、$(45\sim120)/30$、$(130\sim180)/36$
M16	16	20	24	32	$(30\sim38)/20$、$(40\sim55)/30$、$(60\sim120)/38$、$(130\sim200)/44$
M20	20	25	30	40	$(35\sim40)/25$、$(45\sim65)/38$、$(70\sim120)/46$、$(130\sim200)/52$
M24	24	30	36	48	$(45\sim50)/30$、$(55\sim75)/45$、$(80\sim120)/54$、$(130\sim200)/60$
M30	30	48	45	60	$(60\sim65)/40$、$(70\sim90)/50$、$(95\sim120)/66$、$(130\sim200)/72$、$(210\sim250)/85$
M36	36	45	54	72	$(65\sim75)/45$、$(80\sim110)/60$、$120/78$、$(130\sim200)/84$、$(210\sim300)/91$
M42	42	52	63	84	$(70\sim80)/50$、$(85\sim110)/70$、$120/90$、$(130\sim200)/96$、$(210\sim300)/109$
M48	48	60	72	96	$(80\sim90)/60$、$(95\sim110)/80$、$120/102$、$(130\sim200)/108$、$(210\sim300)/121$

l 系列	12, (14), 16, (18), 20, (22), 25, (28), 30, (32), 35, (38), 40, 45, 50, 55, 60, 65, 70, 75, 80, 85, 90, 95, 100, 110, 120, 130, 140, 150, 160, 170, 180, 190, 200, 210, 220, 230, 240, 250, 260, 280, 300

附表 E – 6　六角螺母　　　　　　　　　　　　（mm）

六角螺母—C级　　　　　　Ⅰ型六角螺母—A和B级　　　　　六角薄螺母
（GB/T 41—2000）　　　　　（GB/T 6170—2000）　　　　（GB/T 6172.1—2000）

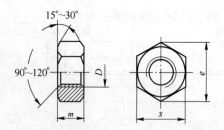
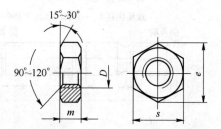

标记示例：

　　螺纹规格　$D=M12$，性能等级为5级，不经表面处理，C级的六角螺母，其标记为：

　　　　螺母　GB/T 41　M12

　　螺纹规格　$D=M12$，性能等级为8级，不经表面处理，A级的Ⅰ型六角螺母，其标记为：

　　　　螺母　GB/T 6170　M12

螺纹规格 d		M3	M4	M5	M6	M8	M10	M12	M16	M20	M24	M30	M36	M42
e	GB/T 41			8.63	10.89	14.20	17.59	19.85	26.17	32.95	39.55	50.85	60.79	72.02
	GB/T 6170	6.01	7.66	8.79	11.05	14.38	17.77	20.03	26.75	32.95	39.55	50.85	60.79	72.02
	GB/T 6172.1	6.01	7.66	8.79	11.05	14.38	17.77	20.03	26.75	32.95	39.55	50.85	60.79	72.02
s	GB/T 41			8	10	13	16	18	24	30	36	46	55	65
	GB/T 6170	5.5	7	8	10	13	16	18	24	30	36	46	55	65
	GB/T 6172.1	5.5	7	8	10	13	16	18	24	30	36	46	55	65
m	GB/T 41			5.6	6.1	7.9	9.5	12.2	15.9	18.7	22.3	23.4	31.5	34.9
	GB/T 6170	2.4	3.2	4.7	5.2	6.8	8.4	10.8	14.8	18	21.5	25.6	31	34
	GB/T 6172.1	1.8	2.2	2.7	3.2	4	5	6	8	10	12	15	18	21

注：A 级用于 $D \leqslant 16$；B 级用于 $D < 16$。

附表 E‐7 平垫圈 (mm)

小垫圈—A 级 　　　　　　平垫圈—A 级 　　　　　平垫圈倒角型—A 级

（GB/T 848—1985） 　　　（GB/T 97.1—1985） 　　（GB/T 97.2—1985）

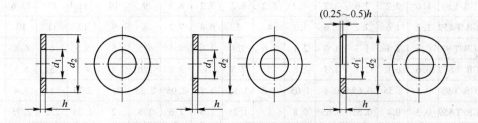

标记示例：

标准系列、规格 8、性能等级为 140HV 级、不经表面处理的平垫圈，其标记为：垫圈 GB/T 97.1 8

公称尺寸 （螺纹规格，d）		1.6	2	2.5	3	4	5	6	8	10	12	14	16	20	24	30	36
d_1	GB/T 848	1.7	2.2	2.7	3.2	4.3	5.3	6.4	8.4	10.5	13	15	17	21	25	31	37
	GB/T 97.1	1.7	2.2	2.7	3.2	4.3	5.3	6.4	8.4	10.5	13	15	17	21	25	31	37
	GB/T 97.2						5.3	6.4	8.4	10.5	13	15	17	21	25	31	37
d_2	GB/T 848	3.5	4.5	5	6	8	9	11	15	18	20	24	28	34	39	50	60
	GB/T 97.1	4	5	6	7	9	10	12	16	20	24	28	30	37	44	56	66
	GB/T 97.2						10	12	16	20	24	28	30	37	44	56	66
h	GB/T 848	0.3	0.3	0.5	0.5	0.5	1	1.6	1.6	1.6	2	2.5	2.5	3	4	4	5
	GB/T 97.1	0.3	0.3	0.5	0.5	0.5	1	1.6	1.6	2	2.5	2.5	2.5	3	4	4	5
	GB/T 97.2						1	1.6	1.6	2	2.5	2.5	2.5	3	4	4	5

附表 E-8　弹簧垫圈　　　　　　　　　　　　　　（mm）

标准型弹簧垫圈　　　　　　　　　　　　　　轻型弹簧垫圈
（GB/T 93—1987）　　　　　　　　　　　　（GB/T 859—1987）

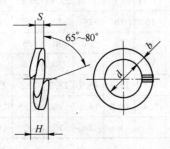
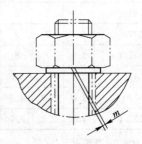

标记示例：

规格 16、材料为 65Mn、表面氧化的标准型弹簧垫圈，其标记为：垫圈　GB/T 93　16

规格 （螺纹大径）		3	4	5	6	8	10	12	(14)	16	(18)	20	(22)	24	(27)	30
d		3.1	4.1	5.1	6.1	8.1	10.1	12.2	14.2	16.2	18.2	20.2	22.5	24.5	27.5	30.5
H	GB/T 93	1.6	2.2	2.6	3.2	4.2	5.2	6.2	7.2	8.2	9	10	11	12	13.6	15
	GB/T 859	1.2	1.6	2.2	2.6	3.2	4	5	6.4	7.2	8	9	10	11	10	12
$S(b)$	GB/T 93	0.8	1.1	1.3	1.6	2.1	2.6	3.1	3.6	4.1	4.5	5	5.5	6	6.8	7.5
S	GB/T 859	0.6	0.8	1.1	1.3	1.6	2	2.5	3	3.2	3.6	4	4.5	5	5.5	6
$m \leqslant$	GB/T 93	0.4	0.55	0.65	0.8	1.05	1.3	1.55	1.8	2.05	2.25	2.5	2.75	3	3.4	3.75
	GB/T 859	0.3	0.4	0.55	0.65	0.8	1	1.25	1.5	1.6	1.8	2	2.25	2.5	2.75	3
b	GB/T 859	1	1.2	1.2	2	2.5	3	3.5	4	4.5	5	5.5	6	7	8	9

附表 E-9　圆柱销（GB/T 119.1—2000 摘编）（不淬硬钢和奥氏体不锈钢）　　　（mm）

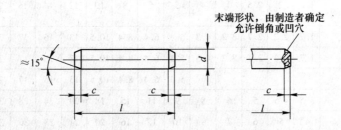

末端形状，由制造者确定
允许倒角或凹穴

标记示例：

公称直径 $d=8$mm，公差为 m6，公称长度 $l=30$mm，材料为钢，不经淬火，不经表面处理的圆柱销，

其标记为：销　GB/T 119.1　6m6×30

公称直径 d	1	1.2	1.5	2	2.5	3	4	5	6	8	10	12
$c\approx$	0.20	0.25	0.30	0.35	0.40	0.50	0.63	0.80	1.2	1.6	2	2.5
l（商品规格范围，公称长度）	4~10	4~12	4~10	6~20	6~24	8~30	8~40	10~50	12~60	14~80	18~95	22~140
l 系列	2, 3, 4, 5, 6, 8, 10, 12, 14, 16, 18, 20, 22, 24, 26, 28, 30, 32, 35, 40, 45, 50, 55, 60, 65, 70, 75, 80, 85, 90, 95, 100, 120, 140											

注：1. 材料用钢时硬度要求为 125~245HV30，用奥氏体不锈钢 A1（GB/T 3098.6）时硬度要求 210~280HV30。

2. 公差 m6：$R_a \leqslant 0.8\mu m$；公差 h8：$R_a \leqslant 1.6\mu m$。

附表 E-10　圆锥销（GB/T 117—2000 摘编）　　　　（mm）

A 型（磨削）　　　　　　　　　　　　　　　　　B 型（切削或冷镦）

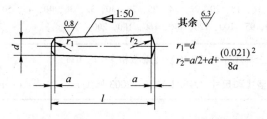

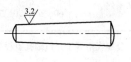

$r_1 = d$

$r_2 = a/2 + d + \dfrac{(0.021)^2}{8a}$

标记示例：

公称直径 $d = 10mm$，长度 $l = 60mm$，材料为 35 钢，热处理硬度 28~38HRC，

表面氧化处理的 A 型圆锥销，其标记为：销　GB/T 117　10×60

公称直径 d	1	1.2	1.5	2	2.5	3	4	5	6	8	10	12
$a\approx$	0.12	0.16	0.2	0.25	0.3	0.4	0.5	0.63	0.8	1	1.2	1.6
l（商品规格范围，公称长度）	6~16	6~20	8~24	10~35	10~35	12~45	14~55	18~60	22~90	22~120	26~160	32~180
l 系列	2, 3, 4, 5, 6, 8, 10, 12, 14, 16, 18, 20, 22, 24, 26, 28, 30, 32, 35, 40, 45, 50, 55, 60, 65, 70, 75, 80, 85, 90, 100, 120, 140, 160, 180											

附表 E-11　开口销（GB/T 91—2000 摘编）　　　　（mm）

允许制造的形式

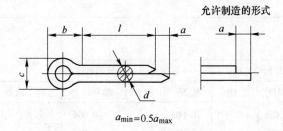

$a_{min} = 0.5 a_{max}$

标记示例：

公称直径 $d = 5mm$，长度 $l = 50mm$，材料为低碳钢，不经表面处理的开口销，

其标记为：销　GB/T 91　5×50

公称规格		0.6	0.8	1	1.2	1.6	2	2.5	3.2	4	5	6.3	8	10	13
d	max	0.5	0.7	0.9	1.0	1.4	1.8	2.3	2.9	3.7	4.6	5.9	7.5	9.5	12.4
	min	0.4	0.6	0.8	0.9	1.3	1.7	2.1	2.7	3.5	4.4	5.7	7.3	9.3	12.1
c	max	1	1.4	1.8	2	2.8	3.6	4.6	5.8	7.4	9.2	11.8	15	19	24.8
	min	0.9	1.2	1.6	1.7	2.4	3.2	4	5.1	6.5	8	10.3	13.1	16.6	21.7
$b \approx$		2	2.4	3	3	3.2	4	5	6.4	8	10	12.6	16	20	26
a_{max}		1.6	1.6	1.6	2.5	2.5	2.5	2.5	3.2	4	4	4	4	6.3	6.3
l（商品规格范围，公称长度）		4 ~ 12	5 ~ 16	6 ~ 20	8 ~ 26	8 ~ 32	10 ~ 40	12 ~ 50	14 ~ 65	18 ~ 80	22 ~ 100	30 ~ 120	40 ~ 160	45 ~ 200	70 ~ 200
l 系列		4，5，6，8，10，12，14，16，18，20，22，24，26，28，30，32，36，40，45，50，55，60，65，70，75，80，85，90，95，100，120，140，160，180，200														

注：公称规格等于开口销孔直径推荐的公差为：公称规格 ≤1.2：H13；公称规格 >1.2：H14。

附表 E - 12　普通平键的型式和尺寸（GB/T 1096—2003 摘编）　　　　　　（mm）

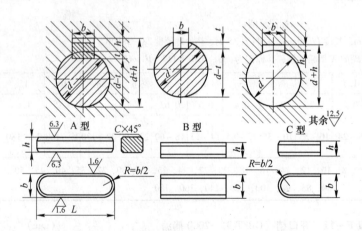

标记示例：

圆头普通平键（A 型），$b =$ 10mm，$h = 8$mm，$l = 25$mm，其标记：

GB/T 1096　键　$10 \times 8 \times 25$

对于同一尺寸的圆头普通平键（B 型）或单圆头普通平键（C 型），其标记：

GB/T 1096　键　$B10 \times 25$

GB/T 1096　键　$C10 \times 25$

轴	键	键 槽										
			宽度 b					深 度				
公称直径 d	公称尺寸 $b \times h$	公称	偏　差					轴 t		毂 t_1		半径 r
			较松键连接		一般键连接		较紧键连接					
			轴 H9	毂 D10	轴 N9	毂 Js9	轴和毂 P9	公称	偏差	公称	偏差	
>6 ~ 8	2×2	2	+0.025 0	+0.060 +0.020	-0.004 -0.029	±0.0125	-0.006 -0.031	1.2	+0.10	1	+0.10	0.08 ~ 0.16
>8 ~ 10	3×3	3						1.8		1.4		
>10 ~ 12	4×4	4	+0.030 0	+0.078 +0.030	0 -0.030	±0.015	-0.012 -0.042	2.5		1.8		
>12 ~ 17	5×5	5						3.0		2.3		
>17 ~ 22	6×6	6						3.5		2.8		

轴	键	键槽										
			宽度 b						深 度			
公称直径 d	公称尺寸 $b \times h$	公称	偏 差						轴 t		毂 t_1	半径 r
			较松键连接		一般键连接		较紧键连接					
			轴 H9	毂 D10	轴 N9	毂 Js9	轴和毂 P9		公称	偏差	公称	偏差	
>22～30	8×7	8	+0.036	+0.098	0	±0.018	-0.015		4.0		3.3	
>30～38	10×8	10	0	+0.040	-0.036		-0.051		5.0		3.3	0.16～0.25
>38～44	12×8	12	+0.043	+0.120	0	±0.0215	-0.018		5.0	+0.2 0	3.3	
>44～50	14×9	14							5.5		3.8	
>50～58	16×10	16	0	+0.050	-0.043		-0.061		6.0		4.3	0.25～0.40
>58～65	18×11	18							7.0		4.4	
>65～75	20×12	20	+0.052	+0.149	0	±0.026	-0.022		7.5	+0.2 0	4.9	
>75～85	22×14	22							9.0		5.4	
>85～95	25×14	25	0	+0.065	-0.052		-0.074		9.0		5.4	0.40～0.60
>95～110	28×16	28							10.0		6.4	

注：1. 在工作图中，轴槽深用 $d-t$ 或 t 标注，轮毂槽深用 $d+t_1$ 标注。$(d-t)$ 和 $(d+t_1)$ 尺寸偏差按相应的 t 和 t_1 的极限偏差选取，但 $(d-t)$ 极限偏差取负号（-）；

    2. l 系列：6、8、10、12、14、16、18、20、22、25、28、32、36、40、45、50、56、63、70、80、90、100、110、125、140、160、180、200、220、250、280、320、330、400、450。

附表 E - 13 矩形花键基本尺寸系列（GB 114—1987 摘编） （mm）

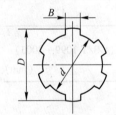

标记示例：

矩形花键的标记代号应依次包括下列项目：键数 N、小径 d、大径 D、键宽 B、花键的公差带代号。

花键 $N=6$，$d=23\dfrac{H7}{f7}$，$D=26\dfrac{H10}{a11}$，$B=6\dfrac{H11}{d11}$ 的标记如下：

花键副 $6 \times 23\dfrac{H7}{f7} \times 26\dfrac{H10}{a11} \times 6\dfrac{H11}{d11}$ GB 1144—87

内花键 $6 \times 23H7 \times 26H10 \times 6H11$ GB 1144—87

外花键 $6 \times 23f7 \times 26a11 \times 6d11$ GB 1144—87

小径 d	轻 系 列			
	规格 $N \times d \times D \times B$	键数 N	大径 D	键宽 B
23	6×23×26×6		26	6
26	6×26×30×6	6	30	6
28	6×28×32×7		32	7
32	8×32×36×6		36	6
36	8×36×40×7		40	7
42	8×42×46×8		46	8
46	8×46×50×9	8	50	9
52	8×52×58×10		58	10
56	8×56×62×10		62	10
62	8×62×68×12		68	12

小径 d	中 系 列			
	规格 N×d×D×B	键数 N	大径 D	键宽 B
11	6×11×14×3		14	3
13	6×13×16×3.5		16	3.5
16	6×16×20×4		20	4
18	6×18×22×5	6	22	5
21	6×21×25×5		25	5
23	6×23×28×6		28	6
26	6×26×32×6		32	6
28	6×28×34×7		34	7
32	8×32×38×6		38	6
36	8×36×42×7		42	7
42	8×42×48×8		48	8
46	8×46×54×9	8	54	9
52	8×52×60×10		60	10
56	8×56×65×10		65	10
62	8×62×72×12		72	12

附表 E - 14　半圆键和键槽的剖面尺寸（GB/T 1098—2003）半圆键的形式尺寸（GB/T 1099—2003）

（mm）

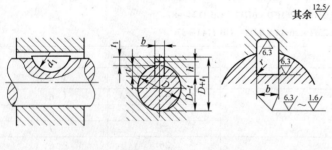

其余 $\overset{12.5}{\triangledown}$

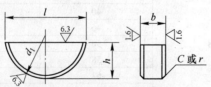

标记示例：

$b = 6mm$、$h = 10mm$、$d_1 = 25mm$
的半圆键：

键　6×25　GB/T 1099—2003

续附表 E-14

轴径 D		键	键 槽									
传递扭矩	键定位用	公称尺寸 $b \times h \times d_1$	宽度 b				深 度				半径 r	
			公称尺寸	极限偏差			轴 t		毂 t_1			
				一般键连接		较紧键连接	公称尺寸	极限偏差	公称尺寸	极限偏差	最小	最大
				轴 N9	毂 JS9	轴和毂 P9						
3~4	自 3~4	1.0×1.4×4	1.0				1.0		0.6		0.08	0.16
4~5	>4~6	1.5×2.6×7	1.5				2.0		0.8			
5~6	>6~8	2.0×2.6×7	2.0	−0.004 −0.029	±0.012	−0.006 −0.031	1.8	+0.10	1.0			
6~7	>8~10	2.0×3.7×10	2.0				2.9		1.0			
7~8	>10~12	2.5×3.7×10	2.5				2.7		1.2			
8~10	>12~15	3.0×5.0×12	3.0				3.8		1.4	+0.10		
10~12	>15~18	3.0×6.5×16	3.0				5.3		1.4			
12~14	>18~20	4.0×6.5×16	4.0				5.0	+0.20	1.8			
14~16	>20~22	4.0×7.5×19	4.0				6.0		1.8		0.16	0.25
16~18	>22~25	5.0×6.5×16	5.0	0 −0.030	±0.015	−0.012 −0.042	4.5		2.3			
18~20	>25~28	5.0×7.5×19	5.0				5.5		2.3			
20~22	>28~32	5.0×9.0×22	5.0				7.0		2.3			
22~25	>32~36	6.0×9.0×22	6.0				6.5		2.8			
25~28	>36~40	6.0×10.0×25	6.0				7.5	+0.30	2.8	+0.20	0.25	0.40
28~32	40	8.0×11.0×28	8.0	0 −0.036	±0.018	−0.015 −0.051	8.0		3.3			
32~38		10.0×13.0×32	10.0				10.0		3.3			

注：$(D-t)$ 和 $(D+t_1)$ 两个组合尺寸的极限偏差按相应的 t 和 t_1 极限偏差选取，但 $(D-t)$ 极限偏差值应取负号 $(-)$。

附表 E-15 深沟球轴承（GB/T 276—1994 摘编）

60000 型

当量动载荷 $P_r = XF_r + YF_a$

当量静载荷 $P_{or} = 0.6F_r + 0.5F_a$

单列、双列：

当 $P_{or} < F_r$ 时，取 $P_{or} = F_r$

相对轴向载荷	$f_0 F_a / C_{or}$	0.172	0.345	0.689	1.03	1.38	2.07	3.45	5.17	6.89
	$F_a / (iZD_w^2)$	0.172	0.345	0.689	1.03	1.38	2.07	3.45	5.17	6.89
单、双列轴承	$F_a / F_r \leq e$ X	1								
	Y	0								
	$F_a / F_r > e$ X	0.56								
	Y	2.3	1.99	1.71	1.55	1.45	1.31	1.15	1.04	1
	e	0.19	0.22	0.26	0.28	0.30	0.34	0.38	0.42	0.44

轴承代号	基本尺寸/mm			安装尺寸/mm			基本额定载荷/kN		极限转速/r·min⁻¹		质量/kg
	d	D	B	d_a min	D_a max	r_{as} max	C_r	C_{or}	脂润滑	油润滑	$W \approx$
61800	10	19	5	12.0	17	0.3	1.80	0.93	28000	36000	0.005
61900		22	6	12.4	20	0.3	2.70	1.30	25000	32000	0.011
6000		26	8	12.4	23.6	0.3	4.58	1.98	22000	30000	0.019
6200		30	9	15.0	26.0	0.6	5.10	2.38	20000	26000	0.032
6300		35	11	15.0	30.0	0.6	7.65	3.48	18000	24000	0.053
61801	12	21	5	14.0	19	0.3	1.90	1.00	24000	32000	0.007
61901		24	6	14.4	22	0.3	2.90	1.50	22000	28000	0.013
16001		28	7	14.4	25.6	0.3	5.10	2.40	20000	26000	0.019
6001		28	8	14.4	25.6	0.3	5.10	2.38	20000	26000	0.022
6201		32	10	17.0	28	0.6	6.82	3.05	19000	24000	0.035
6301		37	12	18.0	32	1	9.72	5.08	17000	22000	0.057
61802	15	24	5	17	22	0.3	2.10	1.30	22000	30000	0.008
61902		28	7	17.4	26	0.3	4.30	2.30	20000	26000	0.018
16002		32	8	17.4	29.6	0.3	5.60	2.80	19000	24000	0.025
6002		32	9	17.4	29.6	0.3	5.58	2.85	19000	24000	0.031
6202	15	35	11	20.0	32	0.6	7.65	3.72	18000	22000	0.045
6302		42	13	21.0	37	1	11.5	5.42	16000	20000	0.080
61803	17	26	5	19.0	24	0.3	2.20	1.5	20000	28000	0.008
61903		30	7	19.4	28	0.3	4.60	2.6	19000	24000	0.020
16003		35	8	19.4	32.6	0.3	6.00	3.3	18000	22000	0.027
6003		35	10	19.4	32.6	0.3	6.00	3.25	17000	21000	0.040
6203		40	12	22.0	36	0.6	9.58	4.78	16000	20000	0.064
6303		47	14	23.0	41.0	1	13.5	6.58	15000	18000	0.109
6403		62	17	24.0	55.0	1	22.7	10.8	11000	15000	0.268
61804	20	32	7	22.4	30	0.3	3.50	2.20	18000	24000	0.020
61904		37	9	22.4	34.6	0.3	6.40	3.70	17000	22000	0.040
16004		42	8	22.4	39.6	0.3	7.90	4.50	16000	19000	0.050
6004		42	12	25.0	38	0.6	9.38	5.02	16000	19000	0.068
6204		47	14	26.0	42	1	12.8	6.65	14000	18000	0.103
6304		52	15	27.0	45.0	1	15.8	7.88	13000	16000	0.142
6404		72	19	27.0	65.0	1	31.0	15.2	9500	13000	0.400

轴承代号	基本尺寸/mm			安装尺寸/mm			基本额定载荷/kN		极限转速/r·min⁻¹		质量/kg
	d	D	B	d_a min	D_a max	r_{as} max	C_r	C_{or}	脂润滑	油润滑	$W \approx$
61805	25	37	7	27.4	35	0.3	4.3	2.90	16000	20000	0.022
61905		42	9	27.4	40	0.3	7.0	4.50	14000	18000	0.050
16005		47	8	27.4	44.6	0.3	8.8	5.60	13000	17000	0.060
6005		47	12	30	43	0.6	10.0	5.85	13000	17000	0.078
6205		52	15	31	47	1	14.0	7.88	12000	15000	0.127
6305		62	17	32	55	1	22.2	11.5	10000	14000	0.219
6405		80	21	34	71	1.5	38.2	19.2	8500	11000	0.529

附表 E-16　圆锥滚子轴承（GB/T 297—1994 摘编）

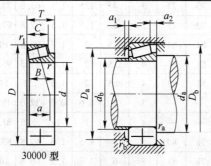

30000 型

当量动载荷

$P_r = F_r$，当 $F_a/F_r \leqslant e$ 时

$P_r = 0.4F_r + YF_a$，当 $F_a/F_r > e$ 时

当量静载荷

$P_{or} = 0.5F_r + Y_0 F_a$

若 $P_{or} < F_r$，取 $P_{or} = F_r$

轴承代号	基本尺寸/mm					安装尺寸/mm								基本额定载荷/kN		极限转速/r·min⁻¹	
	d	D	T	B	C	d_a min	d_b max	D_a max	D_b min	a_1 min	a_2 min	r_{as} max	r_{bs} max	C_r	C_{or}	脂	油
30204	20	47	15.25	14	12	26	27	41	43	2	3.5	1	1	28.2	30.5	8000	10000
30304		52	16.25	15	13	27	28	45	48	3	3.5	1.5	1.5	33.0	33.2	7500	9500
32304		52	22.25	21	18	27	28	45	48	3	4.5	1.5	1.5	42.8	46.2	7500	9500
30205	25	52	16.25	15	13	31	31	46	48	2	3.5	1	1	32.2	37.0	7000	9000
30305		62	18.25	17	15	32	34	55	58	3	3.5	1.5	1.5	46.8	48.0	6300	8000
31305		62	18.25	17	13	32	31	55	59	3	5	1.5	1.5	40.5	46.0	6300	8000
32305		62	25.25	24	20	32	32	55	58	3	5.5	1.5	1.5	61.5	68.8	6300	8000
32006	30	55	17	17	13	—	—	—	—	3	5	—	—	35.8	46.8	6300	8000
30206		62	17.25	16	14	36	37	56	58	2	3.5	1	1	43.2	50.5	6000	7500
32206		62	21.25	20	17	36	36	56	58	3	4.5	1	1	51.8	63.8	6000	7500
30306		72	20.75	19	16	37	40	65	66	3	5	1.5	1.5	59.0	63.0	5600	7000
31306		72	20.75	19	14	37	37	65	68	3	7	1.5	1.5	52.5	60.5	5600	7000
32306		72	28.75	27	23	37	38	65	66	4	6	1.5	1.5	81.5	96.5	5600	7000

续附表 E－16

轴承代号	基本尺寸/mm					安装尺寸/mm								基本额定载荷/kN		极限转速/r·min⁻¹	
	d	D	T	B	C	d_a min	d_b max	D_a max	D_b min	a_1 min	a_2 min	r_{as} max	r_{bs} max	C_r	C_{or}	脂	油
32007	35	62	18	18	14	—	—	—	—	3	5	1	1	43.2	59.2	5600	7000
30207		72	18.25	17	15	42	44	65	67	3	3.5	1.5	1.5	54.2	63.5	5300	6700
32207		72	24.25	23	19	42	42	65	68	3	5.5	1.5	1.5	70.5	89.5	5300	6700
30307		80	22.75	21	18	44	45	71	74	3	5	2	1.5	75.2	82.5	5000	6300
31307		80	22.75	21	15	44	42	71	76	4	8	2	1.5	65.8	76.8	5000	6300
32307		80	32.75	31	25	44	43	71	74	4	8	2	1.5	99.0	118	5000	6300
32908	40	62	15	15	12	—	—	—	—	3	5	0.6	0.6	31.5	46.0	5600	7000
32008		68	19	19	14.5	—	—	—	—	3	5	1	1	51.8	71.0	5300	6700
30208		80	19.75	18	16	47	49	73	75	3	4	1.5	1.5	63.0	74.0	5000	6300
32208		80	24.75	23	19	47	48	73	75	3	6	1.5	1.5	77.8	97.2	5000	6300
30308		90	25.25	23	20	49	52	81	84	3	5.5	2	1.5	90.8	108	4500	5600
31308		90	25.25	23	17	49	48	81	87	4	8.5	2	1.5	81.5	96.5	4500	5600
32308		90	35.25	33	27	49	49	81	83	4	8.5	2	1.5	115	148	4500	5600
32909	45	68	15	15	12	—	—	—	—	3	5	0.6	0.6	32.0	48.5	5300	6700
32009		75	20	20	15.5	—	—	—	—	4	6	1	1	58.5	81.5	5000	6300
30209		85	20.75	19	16	52	53	78	80	3	5	1.5	1.5	67.8	83.5	4500	5600
32209		85	24.75	23	19	52	53	78	81	3	6	1.5	1.5	80.8	105	4500	5600
30309		100	27.25	25	22	54	59	91	94	3	5.5	2	1.5	108	130	4000	5000
31309		100	27.25	25	18	54	54	91	96	4	9.5	2	1.5	95.5	115	4000	5000
32309		100	38.25	36	30	54	56	91	93	4	8.5	2	1.5	145	188	4000	5000
32910		72	15	15	12	—	—	—	—	3	5	0.6	0.6	36.8	56.0	5000	6300
32010		80	20	20	15.5	—	—	—	—	4	6	1	1	61.0	89.0	4500	5600
30210		90	21.75	20	17	57	58	83	86	3	5	1.5	1.5	73.2	92.0	4300	5300
32210	50	90	24.75	23	19	57	57	83	86	3	6	1.5	1.5	82.8	108	4300	5300
30310		110	29.25	27	23	60	65	100	103	4	6.5	2.1	2	130	158	3800	4800
31310		110	29.25	27	19	60	58	100	105	4	10.5	2.1	2	108	128	3800	4800
32310		110	42.25	40	33	60	61	100	102	5	9.5	2.1	2	178	235	3800	4800

附表 E－17　推力轴承（GB/T 301—1995 摘编）

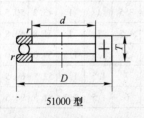

51000 型

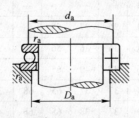

当量动载荷
$P_a = F_a$
当量静载荷
$P_{oa} = F_a$

轴承代号	基本尺寸/mm			安装尺寸/mm			基本额定载荷/kN		最小载荷常数	极限转速/r·min⁻¹	
	d	D	T	d_a min	D_a max	r_{as} max	C_a	C_{oa}	A	脂润滑	油润滑
51104	20	35	10	29	26	0.3	14.2	24.5	0.004	4800	6700
51204		40	14	32	28	0.6	22.2	37.5	0.007	3800	5300
51304		47	18	36	31	1	35.0	55.8	0.016	3600	4500
51105	25	42	11	35	32	0.6	15.2	30.2	0.005	4300	6000
51205		47	15	38	34	0.6	27.8	50.5	0.013	3400	4800
51305		52	18	41	36	1	35.5	61.5	0.021	3000	4300
51405		60	24	46	39	1	55.5	89.2	0.044	2200	3400
51106	30	47	11	40	37	0.6	16.0	34.2	0.007	4000	5600
51206		52	16	43	39	0.6	28.0	54.2	0.016	3200	4500
51306		60	21	48	42	1	42.8	78.5	0.033	2400	3600
51406		70	28	54	46	1	72.5	125	0.082	1900	3000
51107	35	52	12	45	42	0.6	18.2	41.5	0.010	3800	5300
51207		62	18	51	46	1	39.2	78.2	0.033	2800	4000
51307		68	24	55	48	1	55.2	105	0.059	2000	3200
51407		80	32	62	53	1	86.8	155	0.13	1700	2600
51108	40	60	13	52	48	0.6	26.8	62.8	0.021	3400	4800
51208		68	19	57	51	1	47.0	98.2	0.050	2400	3600
51308		78	26	63	55	1	69.2	135	0.096	1900	3000
51408		90	36	70	60	1	112	205	0.22	1500	2200
51109	45	65	14	57	53	0.6	27.0	66.0	0.024	3200	4500
51209		73	20	62	56	1	47.8	105	0.059	2200	3400
51309		85	28	69	61	1	75.8	150	0.130	1700	2600
51409		100	39	78	67	1	140	262	0.36	1400	2000
51110	50	70	14	62	58	0.6	27.2	69.2	0.027	3000	4300
51210		78	22	67	61	1	48.5	112	0.068	2000	3200
51310		95	31	77	68	1	96.5	202	0.21	1600	2400
51410		110	43	86	74	1.5	160	302	0.50	1300	1900
51111	55	78	16	69	64	0.6	33.8	89.2	0.043	2800	4000
51211		90	25	76	69	1	67.5	158	0.13	1900	3000
51311		105	35	85	75	1	115	242	0.31	1500	2200
51411		120	48	94	81	1.5	182	355	0.68	1100	1700
51112	60	85	17	75	70	1	40.2	108	0.063	2600	3800
51212		95	26	81	74	1	73.5	178	0.16	1800	2800
51312		110	35	90	80	1	118	262	0.35	1400	2000
51412		130	51	102	88	1.5	200	395	0.88	1000	1600

附表 E-18　推力轴承（GB/T 292—1994 摘编）

70000 C 型（15°）
70000 AC 型（25°）
70000 B 型（40°）

轴承类型	当量动载荷	当量静载荷	70000 C 型		
			F_a/C_{or}	e	Y
70000 C 型 (15°)	当 $F_aF_r \leqslant e$ 时，$P_r = F_r$ 当 $F_aF_r > e$ 时，$P_r = 0.44F_r + YF_a$	$P_{or} = 0.5F_r + 0.46F_a$ 当 $P_{or} < F_r$ 时，取 $P_{or} < F_r$	0.015	0.38	1.47
			0.029	0.40	1.40
			0.058	0.43	1.30
70000 AC 型 (25°)	当 $F_aR_r \leqslant 0.68$ 时，$P_r = F_r$ 当 $F_aF_r > 0.68$ 时，$P_r = 0.41F_r + 0.87F_a$	$P_{or} = 0.5F_r + 0.38F_a$ 当 $P_{or} < F_r$ 时，取 $P_{or} < F_r$	0.087	0.46	1.23
			0.12	0.47	1.19
			0.17	0.50	1.12
70000 B 型 (40°)	当 $F_aF_r \leqslant 1.14$ 时，$P_r = F_r$ 当 $F_aF_r > 1.14$ 时，$P_r = 0.35F_r + 0.57F_a$	$P_{or} = 0.5F_r + 0.26F_a$ 当 $P_{or} < F_r$ 时，取 $P_{or} < F_r$	0.29	0.55	1.02
			0.44	0.56	1.00
			0.58	0.56	1.00

轴承代号	基本尺寸/mm				安装尺寸/mm			基本额定载荷/kN		极限转速/r·min^{-1}		质量/kg
	d	D	B	a	d_a min	D_a max	r_{as} max	C_r	C_{or}	脂润滑	油润滑	$W\approx$
7002 C	15	32	9	7.6	17.4	29.6	0.3	6.25	3.42	17000	24000	0.028
7002 AC		32	9	10	17.4	29.6	0.3	5.95	3.25	17000	24000	0.028
7202 C		35	11	8.9	20	30	0.6	8.68	4.62	16000	22000	0.043
7202 AC		35	11	11.4	20	30	0.6	8.35	4.40	16000	22000	0.043
7003 C	17	35	10	8.5	19.4	32.6	0.8	6.60	3.85	16000	22000	0.036
7003 AC		35	10	11.1	19.4	32.6	0.3	6.30	3.68	16000	22000	0.036
7203 C		40	12	9.9	22	35	0.6	10.8	5.95	15000	20000	0.062
7203 AC		40	12	12.8	22	35	0.6	10.5	5.65	15000	20000	0.062
7004 C	20	42	12	10.2	25	37	0.6	10.5	6.08	14000	19000	0.064
7004 AC		42	12	13.2	25	37	0.6	10.0	5.78	14000	19000	0.064
7204 C		47	14	11.5	26	41	1	14.5	8.22	13000	18000	0.1
7204 AC		47	14	14.9	26	41	1	14.0	7.82	13000	18000	0.1
7204 B		47	14	21.1	26	41	1	14.0	7.85	13000	18000	0.11
7005 C	25	47	12	10.8	30	42	0.6	11.5	7.45	12000	17000	0.074
7005 AC		47	12	14.4	30	42	0.6	11.2	7.08	12000	17000	0.074
7205 C		52	15	12.7	31	46	1	16.5	10.5	11000	16000	0.12
7205 AC		52	15	16.4	31	46	1	15.8	9.88	11000	16000	0.12
7205 B		52	15	23.7	31	46	1	15.8	9.45	11000	16000	0.13
7305 B		62	17	26.8	32	55	1	26.2	15.2	9500	14000	0.3

轴承代号	基本尺寸/mm				安装尺寸/mm			基本额定载荷/kN		极限转速/r·min⁻¹		质量/kg
	d	D	B	a	d_a min	D_a max	r_{as} max	C_r	C_{or}	脂润滑	油润滑	$W \approx$
7006 C	30	55	13	12.2	36	49	1	15.2	10.2	9500	14000	0.11
7006 AC		55	13	16.4	36	49	1	14.5	9.85	9500	14000	0.11
7206 C		62	16	14.2	36	56	1	23.0	15.0	9000	13000	0.19
7206 AC		62	16	18.7	36	56	1	22.0	14.2	9000	13000	0.19
7206 B		62	16	27.4	36	56	1	20.5	13.8	9000	13000	0.21
7306 B		72	19	31.1	37	65	1	31.0	19.2	8500	12000	0.37
7007 C	35	62	14	13.5	41	56	1	19.5	14.2	8500	12000	0.15
7007 AC		62	14	18.3	41	56	1	18.5	13.5	8500	12000	0.15
7207 C		72	17	15.7	42	65	1	30.5	20.0	8000	11000	0.28
7207 AC		72	17	21	42	65	1	29.0	19.2	8000	11000	0.28
7207 B		72	17	30.9	42	65	1	27.0	18.8	8000	11000	0.3
7307 B		80	21	24.6	44	71	1.5	38.2	24.5	7500	1000	0.51
7008 C	40	68	15	14.7	46	62	1	20.0	15.2	8000	11000	0.18
7008 AC		68	15	20.1	46	62	1	19.0	14.5	8000	11000	0.18
7208 C		80	18	17	47	73	1	36.8	25.8	7500	10000	0.37
7208 AC		80	18	23	47	73	1	35.2	24.5	7500	10000	0.37
7208 B		80	18	34.5	47	73	1	32.5	23.5	7500	10000	0.39
7308 B		90	23	38.8	49	81	1.5	46.2	30.5	6700	9000	0.67
7408 B		110	27	37.7	50	100	2	67.0	47.5	6000	8000	1.4

参 考 文 献

［1］梁国高. 机械制图［M］. 成都：西南交通大学出版社，2007.

［2］梁国高. 机械制图习题集［M］. 成都：西南交通大学出版社，2007.

［3］吕思科. 机械制图［M］. 北京：北京理工大学出版社，2007.

［4］吕思科. 机械制图习题集［M］. 北京：北京理工大学出版社，2007.

冶金工业出版社部分图书推荐

书　名	作　者	定价(元)
现代企业管理（第2版）（高职高专教材）	李　鹰	42.00
Pro/Engineer Wildfire 4.0（中文版）钣金设计与 　焊接设计教程（高职高专教材）	王新江	40.00
Pro/Engineer Wildfire 4.0（中文版）钣金设计与 　焊接设计教程实训指导（高职高专教材）	王新江	25.00
应用心理学基础（高职高专教材）	许丽遐	40.00
建筑力学（高职高专教材）	王　铁	38.00
建筑 CAD（高职高专教材）	田春德	28.00
冶金生产计算机控制（高职高专教材）	郭爱民	30.00
冶金过程检测与控制（第3版）（高职高专教材）	郭爱民	48.00
天车工培训教程（高职高专教材）	时彦林	33.00
机械制图（高职高专教材）	阎　霞	30.00
机械制图习题集（高职高专教材）	阎　霞	28.00
冶金通用机械与冶炼设备（第2版）（高职高专教材）	王庆春	56.00
矿山提升与运输（第2版）（高职高专教材）	陈国山	39.00
高职院校学生职业安全教育（高职高专教材）	邹红艳	22.00
煤矿安全监测监控技术实训指导（高职高专教材）	姚向荣	22.00
冶金企业安全生产与环境保护（高职高专教材）	贾继华	29.00
液压气动技术与实践（高职高专教材）	胡运林	39.00
数控技术与应用（高职高专教材）	胡运林	32.00
洁净煤技术（高职高专教材）	李桂芬	30.00
单片机及其控制技术（高职高专教材）	吴　南	35.00
焊接技能实训（高职高专教材）	任晓光	39.00
心理健康教育（中职教材）	郭兴民	22.00
起重与运输机械（高等学校教材）	纪　宏	35.00
控制工程基础（高等学校教材）	王晓梅	24.00
固体废物处置与处理（本科教材）	王　黎	34.00
环境工程学（本科教材）	罗　琳	39.00
机械优化设计方法（第4版）	陈立周	42.00
自动检测和过程控制（第4版）（本科国规教材）	刘玉长	50.00
金属材料工程认识实习指导书（本科教材）	张景进	15.00
电工与电子技术（第2版）（本科教材）	荣西林	49.00
计算机网络实验教程（本科教材）	白　淳	26.00
FORGE 塑性成型有限元模拟教程（本科教材）	黄东男	32.00